果蔬科学施肥技术丛书

肥料科学施用技术

主　编　宋志伟　王志刚

副主编　杜文青　王　璟　沈发明

参　编　杨首乐　李　平　郭永祥

机械工业出版社

本书主要介绍了科学施肥与现代农业、科学施肥原理与技术、有机肥料、化学肥料、复合（混）肥料、微生物肥料、水溶性肥料、主要粮食作物科学施肥、主要经济作物科学施肥、主要蔬菜科学施肥、主要果树科学施肥等内容。书中设有"温馨提示""施肥歌谣""身边案例"等栏目，体例新颖、针对性强、实用价值高，方便读者在实际生产中选用。

　　本书适合广大种植户、各级农业技术推广部门、肥料生产企业的技术人员和经销人员使用，也可供农林院校相关专业的师生阅读参考。

图书在版编目（CIP）数据

肥料科学施用技术/宋志伟，王志刚主编. —北京：机械工业出版社，2022.11（2024.8重印）
（果蔬科学施肥技术丛书）
ISBN 978-7-111-71647-1

Ⅰ.①肥… Ⅱ.①宋… ②王… Ⅲ.①施肥—技术 Ⅳ.①S147.2

中国版本图书馆 CIP 数据核字（2022）第 173083 号

机械工业出版社（北京市百万庄大街22号　邮政编码100037）
策划编辑：高　伟　周晓伟　责任编辑：高　伟　周晓伟　刘　源
责任校对：薄萌钰　张　薇　责任印制：单爱军
保定市中画美凯印刷有限公司印刷
2024 年 8 月第 1 版第 2 次印刷
145mm×210mm·10 印张·335 千字
标准书号：ISBN 978-7-111-71647-1
定价：49.80 元

电话服务　　　　　　　　　　网络服务
客服电话：010-88361066　　机 工 官 网：www.cmpbook.com
　　　　　010-88379833　　机 工 官 博：weibo.com/cmp1952
　　　　　010-68326294　　金 书 网：www.golden-book.com
封底无防伪标均为盗版　　机工教育服务网：www.cmpedu.com

肥料是作物的"粮食",是农业生产最重要的物质基础。科学施肥,不仅可以提高作物产量,改善作物品质,而且能改良和培肥土壤,减少环境污染。第一,科学施肥是改善和提高作物产量的重要措施。我国近年来的土壤肥力监测结果表明,化学肥料对粮食产量的贡献率平均为40.8%。第二,科学施肥是改善和提高作物产品品质最重要的手段。肥料调控作物品质主要表现在发挥营养元素的生理功能上,影响与该元素有关的品质成分的含量,如施钙可以防止瓜果的水心病、苦痘病、脐腐病,改善瓜果的外观品质;适量施用硼、锌、锰肥可以提高瓜果蔬菜中维生素和糖分含量;施用有机肥料在改善农副产品与果品外观品质、保持营养风味、提高商品价值方面也有独特的功效。第三,科学施肥是培肥地力、提高耕地质量最有效和最直接的途径。施用有机肥料可以增加土壤中的有机质含量,改良土壤的物理、化学和生物特性,熟化土壤,培肥地力;英国洛桑试验站170年的长期试验结果表明,合理施用化学肥料不仅不会使土壤肥力下降,甚至还能使土壤肥力有所提高。第四,科学施肥有利于环境友好,减少污染。科学施肥可以提高土壤营养,改善土壤结构,增进土壤"机体"健康,提高土壤对重金属离子的吸附,减轻重金属对农产品的污染;可以提高化学肥料利用率,减少过量施用化学肥料对土壤环境造成的污染。

目前,我国农业生产中存在着许多施肥问题,如单位面积施用量偏高、施肥不均衡现象突出、有机肥料资源利用率低、施肥结构不平衡等。盲目施肥会增加农业生产成本、浪费资源,造成耕地板结、土壤酸化,引起农业面源污染。为此,农业农村部开展了化肥减量增效行动,对推进农业"转方式、调结构",促进节本增效、节能减排,保障国家粮食安全、农产品质

量安全和农业生态安全具有十分重要的意义。在此背景下，我们组织有关科技人员编写了本书，旨在把肥料科学施用知识传授给农民，改变其传统施肥观念，掌握科学施肥技术，并自觉地运用于农业生产中。

需要特别说明的是，本书中介绍的肥料及其使用量仅供读者参考，不可照搬。在实际生产中，所用肥料学名、常用名与实际商品名称有差异，肥料用量也有所不同，建议读者在使用每一种肥料之前，参阅厂家提供的产品说明以确认肥料用量、使用方法、使用时间及禁忌等。

本书的编写得到了河南农业职业学院、河南省新郑市农业农村工作委员会、河南省开封市蔬菜科学研究所、河南省新郑市龙湖镇农业服务中心等单位领导和有关人员的大力支持，在此表示感谢。同时，本书在编写过程中参考引用了许多文献资料，在此谨向原作者表示感谢。

由于编者水平有限，书中难免存在疏漏和错误之处，敬请专家、同行和广大读者批评指正。

编　者

目录

V

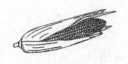

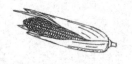

第一章

科学施肥与现代农业

　　科学施肥是综合运用现代农业科技成果，根据作物需肥规律、土壤供肥规律及肥料效应，以施用有机肥料为基础，在生产前提出各种肥料的适宜用量、比例及相应的施用方法的一项综合性科学施肥技术。农业可持续发展要靠科技创新，提高肥料效益和利用率则要靠科技含量高的产品与科学施肥的理念和技术。同时，也要努力实现肥料资源的高效利用，确保粮食安全、农产品安全和环境安全，保证经济、环境和社会效益协调统一。

 ## 第一节　肥料在农业可持续发展中的作用

　　肥料是重要的农业生产资料，是粮食的"粮食"。肥料在农业生产发展中起着不可替代的作用，能保障粮食等主要农产品的有效供给，促进农业可持续发展。施肥有 2 个主要目的：一是为了营养作物，提高作物产量和改善品质；二是为了不断改良和提高土壤肥力。但要达到这 2 个目的，必须坚持科学施肥，而培肥地力、协调土壤和作物营养的平衡、考虑产量与品质的统一、提高肥料利用率和施肥效益、减少生态环境污染、保障农产品质量安全等是科学施肥所必须坚持的原则。

一、培肥地力

　　地力的维持和提高是农业可持续发展的基本保证，不断培肥地力可使农业生产得到持续发展和提高，从而满足人们生活水平的提高对作物产量和品质的要求。许多耕作栽培措施如翻耕、灌溉、轮作、施肥等都具有一定的培肥地力的作用，其中施肥是培肥地力最有效和最直接的途径。

1. 有机肥料在培肥地力中的作用

　　有机肥料中的主要物质是有机质，施用有机肥料增加了土壤中的有机

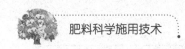
质含量，可以改良土壤的物理、化学和生物学特性，熟化土壤，培肥地力。"地靠粪养、苗靠粪长"的谚语，在一定程度上反映了施用有机肥料对于改良土壤的作用。

施用有机肥料既直接增加了许多有机胶体，又借助微生物的作用把许多有机物分解转化成有机胶体，这就大大增加了土壤的吸附表面，并且产生了许多胶黏物质，使土壤颗粒胶结起来形成稳定的团粒结构，提高了土壤保水、保肥和透气性能，以及调节土壤温度的能力。

施用有机肥料，可以提高土壤的孔隙度，使土壤变得疏松，改善作物根系的生态环境，促进作物根系的发育，提高作物的耐涝能力。

施用有机肥料还可使土壤中的有益微生物大量繁殖，如固氮菌、氨化菌、纤维素分解菌、硝化菌等。有机肥料中有动物消化道分泌的各种活性酶及微生物产生的各种酶，将这些物质施入土壤后，可大大提高土壤的酶活性。多施有机肥料，可以提高土壤中微生物的繁殖转化能力，从而提高土壤的吸收性能、缓冲性能和抗逆性能。

有机肥料中单位养分含量低，但成分多，释放缓慢；而化学肥料中单位养分含量高，成分少，释放快。有机质分解产生的有机酸能促进土壤和化学肥料中矿物质养分的溶解，所以有机肥料与化学肥料合理配合施用，相互补充，相互促进，有利于作物吸收，提高肥料的利用率。

▌温馨提示

农业农村部实施的化学肥料使用量零增长行动中，提出有机肥料替代化学肥料技术，并不是用有机肥料完全替代化学肥料，而是增加有机肥料施用量，逐步减少化学肥料施用量。

2. 化学肥料在培肥地力中的作用

英国洛桑试验站170年的长期试验结果表明，合理施用化学肥料不仅不会使土壤肥力下降，甚至使土壤肥力有所提高。化学肥料对培肥地力有直接作用和间接作用2个方面。

（1）直接作用　由于化学肥料多为养分含量较高的速效性肥料，施入土壤后一般都会在一定时段内显著提高土壤中有效养分的含量，但不同种类的化学肥料其有效成分在土壤中的转化、存留期的长短及后效是不相同的，因此对培肥地力的作用也不相同。

对于氮肥，在中低产条件下，土壤对残留氮的保持能力很弱，残留氮多通过不同途径从土壤损失掉。虽然有一部分氮进入有机氮库保存在土壤中，但大部分土壤氮代替了转变为有机氮库的氮肥被作物吸收利用了，因而单施氮肥不能显著和持续地增加土壤中的氮含量，只是提高土壤的供氮能力。

对于磷肥，绝大多数土壤对磷有强大的吸持、固定力，而且残留在土壤中的磷不易损失，会在土壤中积累起来，使得土壤具有强大和持续的供磷能力。

对于钾肥，富含 2∶1 型黏土矿物的温带地区的黏质土壤，对钾有较强的吸持力，残留在土壤中的钾很少有损失，土壤的供钾能力明显增强；但是缺乏 2∶1 型黏土矿物的热带、亚热带地区的土壤，对钾的吸持力很弱，残留在土壤中的钾会随水流失，只能通过连续大量施用钾肥来增强土壤的供钾能力。

（2）间接作用 化学肥料的施用不仅提高了作物产量，也增大了有机肥料和有机质的资源量，使归还土壤的有机质数量增加，从而起到培肥土壤的间接作用。

▌温馨提示

30 年来，我国主要蔬菜产区的化学肥料施用量很大，使得土壤理化性状恶化、土传病害加重，蔬菜产量下降、品质变劣，人们普遍认为这完全是化学肥料的危害。其实化学肥料本身是无害的，它养分含量高、杂质低，如尿素中含氮量为 46%[⊖]，氮是作物需要的营养元素，其余成分主要是二氧化碳（CO_2），施入土壤后会再次释放并回到大气中，也是无害的。其他的磷肥、钾肥及中、微量元素都是从矿物中提取出来的，基本成分也都是无害的。

二、协调营养平衡

1. 施肥是调控作物营养平衡的有效措施

作物的正常生长发育有赖于其体内各种养分处于一个适宜的含量范围，而且要求各种养分不仅在量上能够满足作物生长需要，还要求各种养分之间保持适当的比例，如谭金芳和韩燕来研究发现，超高产冬小麦对氮、磷、钾的需求比例为 3.44∶1∶4.38。一种养分的过多或不足必然要造

⊖ 文中涉及含量的百分数为质量分数，若有特殊情况再另作说明。

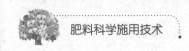

成养分之间的不平衡，从而影响作物的生长发育。在养分不平衡的状况下，通过营养诊断确定养分缺乏的种类和程度，通过施肥调控作物营养平衡是最有效的措施。

2. 施肥是修复土壤营养平衡失调的基本手段

土壤是作物养分的供应库，但土壤中各种养分的有效数量和比例一般与作物需求相差甚远，因此需要通过施肥来调节土壤中有效养分的含量及各种养分的比例，以满足作物的需要。实践证明，农田若长期不施肥，其自身的养分供应能力不仅低下，也会不平衡，便难以满足作物高产和超高产的需要。因此，为了获得高产就必须向土壤施肥。我国北方的石灰性土壤中氮、磷、钾养分的一般状况为缺氮、少磷、钾相对充足；南方的红壤、砖红壤等不仅缺乏氮、磷、钾，而且营养也不平衡。所以，施肥是修复土壤营养平衡失调的基本手段，也是根本手段。

三、增加作物产量

1. 化学肥料的增产作用

化学肥料对作物的增产作用是众所周知的。据联合国粮食及农业组织（FAO）估计，化学肥料在粮食增产中的作用占 40% ~ 60%，肥料的生产系数（每千克肥料养分所增加的作物经济产量千克数）为 7 ~ 30 千克，但不同地区和不同养分的生产系数差异很大，主要受各种养分肥料的施用历史和施用量的影响，随着施用时间的延长和施用量的增加，所施养分的生产系数有下降的趋势。

2. 有机肥料的增产作用

有机肥料的增产作用，一方面通过为作物提供养分起作用，另一方面通过改善和培肥土壤而起作用。英国洛桑试验站小麦施肥试验（1850—1992）结果表明，试验前期化学肥料区的小麦产量略超过厩肥区的小麦产量，但在试验后期（1930 年以后）厩肥区的小麦产量在多数年份超过化学肥料区的小麦产量。因此，从长期的增产效果来看，有机肥料的增产作用绝不逊于化学肥料，甚至可超过化学肥料。

四、改善作物品质

农产品品质主要受作物本身的遗传因素影响，但也受外界环境条件影响，其中施肥对改善作物品质具有重要作用。

1. 有机肥料与农产品品质

大量试验结果表明，施用有机肥料不仅能提高植物营养品质，而且在改善农副产品与果品外观品质、保持营养风味、提高商品价值方面也有独特的功效。"七五"期间，由农业部组织的攻关组对 20 多种植物的研究表明，在合理施用化学肥料的基础上增施有机肥料，能在不同程度上提高所有供试植物的产品品质，如小麦和玉米的蛋白质含量增加 2% ~ 3.5%，面筋含量增加 1.4% ~ 3.6%，8 种必需氨基酸含量增加 0.3% ~ 0.48%；大豆的脂肪含量增加 0.56%，亚油酸和油酸含量分别增加 0.31% 和 0.92%；烤烟的优级烟率提高 7.3% ~ 9.8%；西瓜的糖分增加 0.8 ~ 4.2 度，瓜汁中甜味和鲜味氨基酸含量分别增加 27% 和 9.9%；芦笋的一级品率提高 6% ~ 9%，维生素 B_1 和维生素 C 含量增加 5%。通过增施有机肥料，减少化学氮肥施用，可使叶菜类蔬菜硝酸盐含量降低 33% ~ 35.5%。

2. 氮肥与农产品品质

在农产品中，与品质有关的含氮化合物有硝酸盐、亚硝酸盐、粗蛋白质、氨基酸、酰胺类和环氮化合物等。氮肥对植物品质的影响主要是通过提高植物中的蛋白质含量来实现的。在正常生长的植物所吸收的氮中，大约有 75% 形成蛋白质。对于小麦而言，增施氮肥不仅能提高小麦的蛋白质含量，还能增加面筋的延伸性、面粉的强度，提高面粉的烘烤品质。

3. 磷肥与农产品品质

增施磷肥可以增加植物的粗蛋白质含量，特别是增加必需氨基酸的含量。合理供应磷肥可以使植物的淀粉和糖含量达到正常水平，并增加多种维生素含量。试验结果表明，增施磷肥可以显著增加小麦籽粒中维生素 B_1 的含量，改良小麦面粉的烘烤品质，但随着磷肥施用量的增加，小麦籽粒的蛋白质含量却会降低。此外，随着施磷量的增加，谷子的粗蛋白质含量增加、粗脂肪含量降低、支链淀粉含量增加及胶稠度提高。

4. 钾肥与农产品品质

钾可以活化植物体内的一系列酶，改善碳水化合物代谢，并能提高植物的抗逆能力。合理供应钾肥可以增加农产品的碳水化合物含量，如糖分、淀粉和纤维素；对改善西瓜、甘蔗、马铃薯、麻类等作物的品质也有良好的作用，还可以增加维生素含量。长期田间试验结果表明，合理施用钾肥增加了小麦千粒重，改善了面粉的烘烤品质；使大豆的脂肪含量增加，蛋白质含量减少，但对大豆籽粒中的氨基酸影响较小；使棉铃增大，增加了纤维长度和强度，从而改善了棉花品质。

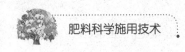

5. 微量元素肥料与农产品品质

增施不同的微量元素肥料对农产品品质的影响不同。例如，适度增施铁肥（主要采用喷施的方法），可以增加农产品的绿色叶片（如叶菜类蔬菜）中的含铁量。适度增施锰肥，可提高农产品中维生素（如胡萝卜素、维生素 C）的含量。施用铜肥、锌肥和钼肥，可以相应地增加农产品的含铜量、含锌量和含钼量，而铜肥和钼肥还可以提高农产品中蛋白质的含量和质量。适度增施硼肥，可提高蔗糖产量和含糖量。此外，食物和饲料中的含锰量、含钼量是农产品的一种重要质量标准。

五、提高肥料利用率

1. 提高肥料利用率是科学施肥的基本目标

肥料利用率是指当季作物对肥料中某种养分元素吸收利用的数量占所施肥料中该养分元素总量的百分数。目前我国氮肥的平均利用率为 30% ~ 40%，磷肥为 10% ~ 25%，钾肥为 40% ~ 60%，有机肥料为 20% 左右。

不同地区，由于气候、土壤、农业生产条件和技术水平不同，肥料利用率相差很大。肥料利用率的高低是衡量施肥是否科学的一项重要指标，提高肥料利用率可以提高肥料的经济效益、降低肥料投入、减缓自然资源的耗竭，以及减少肥料生产和施用过程中对生态环境的污染。

2. 施肥技术与肥料利用率的关系

施肥技术是影响肥料利用率的主要因素之一。在相同的生产条件下，随着施肥量增加，肥料利用率会下降；施肥方法也影响肥料利用率，在石灰性土壤中将铵态氮肥深施覆土可以提高氮肥利用率，将磷肥集中施用可提高磷肥利用率。不同肥料品种的利用率也有差异，一般硫酸铵的利用率高于尿素和碳酸氢铵，水田中硝态氮肥的利用率低于铵态氮肥和尿素，石灰性土壤中钙镁磷肥的利用率低于过磷酸钙。

有机肥料与无机肥料配合施用是提高肥料利用率的有效途径之一。各种养分如氮肥、磷肥、钾肥配合施用，大量营养元素肥料和微量营养元素肥料配合施用，也能提高肥料利用率。根据土壤养分状况和作物需肥特性施用肥料，改进肥料剂型、施肥机具和施肥方式等都有利于提高肥料利用率。

六、环境友好，减少污染

不合理施肥不仅不能提高作物产量、改良作物品质、改良和培肥土壤，反而会导致生态污染。不合理施肥的后果主要表现在：引起土壤质量下降，如造成土壤酸化或盐碱化、土壤结构破坏、肥力下降、导致土壤污染等；引起大气污染；引起地表水体富营养化；引起地下水污染；引起食品污染等。

而施用有机肥料可以降低作物对重金属离子如铜、锌、铅、汞、铬、镉、镍等的吸收，降低重金属对人体健康的危害。有机肥料中的腐殖质对一部分农药（如狄氏剂等）的残留有吸附、降解作用，能有效地消除或减轻农药对食品的污染。

现代农业生产中，应当在保证作物优质高产的前提下，采取各种有效途径和措施施肥，以实现环境友好、安全。

第二节　科学施肥与生态环境保护

化学肥料在促进粮食增产和农业生产发展中起着不可替代的作用，但由于生产中存在着施用方法不当、施用过量等问题，既增加了生产成本，又造成了环境的污染，因此，需要改进施肥方式，提高肥料利用率，减少不合理投入，以保障主要农产品有效供给，促进农业可持续发展。

一、化学肥料是现代农业的物质支撑

化学肥料也称无机肥料，简称化肥，是用化学和（或）物理方法人工制成的含有一种或几种作物生长需要的营养元素的肥料。

1. 化学肥料的优点

（1）化学肥料供应及产出效率高　化学肥料的原料主要来自于自然界，如氮肥的主要原料来自于大气，磷肥、钾肥等其他化学肥料的原料主要是矿产资源，因此能及时供应农业生产需要。据测算，一个占地面积为10公顷的合成氨厂每天可以生产3000吨氮肥，1年生产的氮肥能够满足千万亩（1亩≈667米^2）农田维持亩产400~500千克的产量，比传统生物固氮效率提高约100万倍。大量事实证明，化学肥料可以让农田从培肥—生产的长周期转变为连续生产的短周期，大大提高了农田产出效率。

（2）化学肥料可以降低劳动强度　化学肥料中的养分含量是传统有机肥料的10倍以上。传统农业中收集、堆沤、运输、施用有机肥料需要许多人花费几个月的时间。化学肥料将农户从繁重的肥料收集、堆沤等劳动中解放了出来，极大地提高了农民的劳动生产效率。

（3）化学肥料肥效快，作物能及时吸收 化学肥料中的养分形态主要是无机态，施入土壤中后能迅速被作物根系吸收。例如，化学氮肥施入土壤后 3~15 天就会完全释放，可以迅速满足作物生长旺盛阶段的营养需要。化学肥料通过水肥一体化、叶面喷施等经济有效施用方式，进一步提高了作物的养分吸收效率。

（4）化学肥料合理施用可以实现无害 化学肥料中养分含量高、杂质含量低，如尿素施用到土壤中除了作物吸收外，其余成分会再次释放并回到大气中，不会产生有害物质。其他的磷肥、钾肥及中、微量元素肥都是从矿物中提取出来的，基本成分也都是无害的。

2. 化学肥料是粮食供给及生活健康的重要保障

据联合国粮食及农业组织（FAO）统计，20 世纪 60~80 年代，发展中国家通过施肥提高粮食作物单产 55%~57%。而化学肥料对于我国来说，意义更加重大。

（1）化学肥料贡献了我国一半的粮食产量 在采用传统农业生产方式的时期，我国主要利用人畜粪尿、绿肥、作物秸秆等供应作物营养需要，粮食产量长期处于较低水平。中华人民共和国成立后至今的 70 余年间，在继续重视传统有机肥料技术开发的基础上，随着化学工业的发展，碳酸氢铵、氯化铵、尿素、过磷酸钙、磷酸二铵、氯化钾、硫酸钾、复合肥等化学肥料陆续被推广应用，粮食作物单产得到大幅度提高。据有关专家研究证明，不施化学肥料和施用化学肥料的作物单产相差达 55%~65%。

（2）化学肥料提高了人们的营养水平 随着现代农业的发展，除了传统的面食外，大量的蔬菜、水果、肉制品、奶制品也不断丰富着人们的餐桌，提高人们的营养水平。其中，水果和蔬菜增产主要靠现代化的生产方式和投入品（大棚、灌溉、化学肥料、农药）；肉制品、奶制品的增加来自饲料供应的增加，而饲料生产也依赖于化学肥料的施用。因此，化学肥料的使用极大地丰富了农业生产系统中的养分供应，为生产更多人们所需的蛋白质、能量、矿物质提供了基础。

（3）化学肥料能提高耕地质量 耕地质量是粮食安全的基本保障。近年来通过推广测土配方施肥技术、水肥一体化技术，提高了化学肥料的利用效率，而测土配方施肥技术通过有机与无机相结合、用地与养地相结合，做到缺素补素，能改良土壤，最大限度地发挥耕地的增产潜力。化学肥料还可以增加农作物生物量，提高地表植被覆盖度，减少水土流失。土壤本身也是碳汇，可以储存人们活动产生的温室气体，减轻工业化带来的负面影响。

二、我国化学肥料施用现状和存在的问题

1. 我国化学肥料施用现状

我国是化学肥料生产和使用大国。据国家统计局数据，2019 年化学肥料生产量为 5624.9 万吨（折纯，下同），农用化学肥料施用量为 5403.59 万吨。专家分析，我国耕地基础地力偏低，化学肥料施用对粮食增产的贡献较大，大约在 40% 以上。当前我国化学肥料施用存在 4 个方面的问题：一是亩均施用量偏高，我国农作物亩均化学肥料用量为 21.9 千克，远高于世界平均水平（每亩 8 千克），是美国的 2.6 倍、欧盟的 2.5 倍。二是施肥不均衡现象突出，东部经济发达地区、长江下游地区和城市郊区施肥量偏高，蔬菜、果树等附加值较高的经济园艺作物过量施肥比较普遍。三是有机肥料资源利用率低，目前我国有机肥料资源实际利用率不足 40%，其中，畜禽粪便养分还田率为 50% 左右，农作物秸秆养分还田率为 35% 左右。四是施肥结构不平衡，"三重三轻"问题突出，即重化学肥料，轻有机肥料；重大量元素肥料，轻中、微量元素肥料；重氮肥，轻磷钾肥。传统人工施肥方式仍然占主导地位，化学肥料撒施、表施现象比较普遍，机械施肥面积仅占主要农作物种植面积的 30% 左右。

2. 我国化学肥料施用面临的形势

化学肥料施用不合理问题与我国粮食增产压力大、耕地基础地力低、耕地利用强度高、农户生产规模小等相关，也与肥料生产经营脱离农业需求、肥料品种结构不合理、施肥技术落后、肥料管理制度不健全等相关。过量施肥、盲目施肥不仅增加了农业生产成本、浪费资源，也造成了耕地板结、土壤酸化。因此，化学肥料使用量零增长行动，是推进农业"转方式、调结构"的重大措施，也是促进节本增效、节能减排的现实需要，对保障国家粮食安全、农产品质量安全和农业生态安全具有十分重要的意义。

三、正确认识化学肥料施用中的有关问题

化学肥料施用过程中存在着施用过量、养分搭配不合理、施用方式粗放等问题，同时由于绿色食品、有机食品概念和作用的误导，导致化学肥料的一些负面影响被过分放大。不能就此全面否定化学肥料的作用，需要科学分析、正确认识、理性对待。

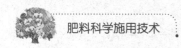

1. 化学肥料施用与面源污染

据《第二次全国污染源普查公报》，2017 年，全国水污染排放量中的氨氮排放总量为 96.34 万吨，其中生活源排放 69.91 万吨、农业源排放 21.62 万吨、工业源排放 4.45 万吨、集中式排放源排放 0.36 万吨。其中，农业源污染包括化学肥料流失、畜禽养殖业和水产养殖引起的氮磷养分流失。据研究，化学肥料养分流失对农业源氮、磷排放的贡献分别为 11.2% 和 25.7%，综合来看化学肥料带来的水体污染较低。实际上，化学肥料中没有被当季作物吸收的磷、钾元素大部分还会留在土壤中，被下季作物吸收利用。

2. 化学肥料施用与大气污染

农业生产中施用的氮肥如尿素、碳铵和磷酸二铵等铵态氮肥等进入土壤后若没有被作物吸收利用，部分氮将以氨气和氮氧化物等活性氮的形式排放到大气中，引起大气污染。但是，如果采取深施覆土、分次施用、选用合理产品，这些损失就会很小。研究表明，目前氮肥对我国氮氧化物总排放的贡献约为 5%，随着施肥方式的转变，这一比例还将逐步降低。

3. 化学肥料施用与土壤质量

近年来，我国土壤健康问题引起了广泛的关注，如大田土壤板结、设施土壤盐渍化等，农户就简单归结为化学肥料的作用。其实，土壤板结是大水漫灌、淹灌、不合理的耕作等造成的，设施土壤盐渍化是长期过量不合理施用复合肥料造成的。合理施用化学肥料尤其是与有机肥料配施，可使土壤缺失的养分及时得到补充，维持土壤养分平衡，改善土壤理化性状，并且对土壤重金属污染的影响很小。化学肥料中仅磷酸铵会带入一定量的重金属，我国磷矿含镉量很低，按照目前的施肥量（50 千克/亩，按磷酸铵平均含镉量为 10 毫克/千克计），每年带入的镉仅有 0.5 克/亩，而工矿业开采和污水灌溉带入的镉量远高于肥料。

4. 化学肥料施用与农产品品质

老百姓常说"用了化学肥料瓜不香了、果不甜了"，认为这是化学肥料施用不合理的结果，其实是一种误导。农产品品质受内在因素（种子数量和分布、储藏期、树体储藏营养等）和外在因素（光照、温度、水分、海拔、营养条件等）的影响，营养条件只是其中一个因素而已。生产中，由于部分果农盲目追求大果和超高产，大量投入氮肥，忽视其他元素配合，导致果实很大、水分很多，而可溶性固形物积累跟不上果实的生长速度，从而降低了风味。实际上，若施用化学肥料时做到养分结构、施用方法合理，健康成长的瓜果会更香、更甜。

▎**身边案例**

减少四成肥料用量提高葡萄产量品质⊖

又到了葡萄收获的季节，安徽省歙县富堨镇徐村的葡萄种植户王××再一次迎来了大丰收。他经营的葡萄园自2015年使用水肥一体化技术以来，葡萄的品质有了大幅提升。王××当场用测糖仪随机检测了几个葡萄品种，"你看这个夏黑，现在的糖分含量是19.6%，之前只有16%；还有美人指，从20.5%提高到了22%。"他做过统计，同使用水肥一体化技术之前相比，现在葡萄的糖分含量平均提高了1.8%~2%。

水肥一体化技术为什么会有这么好的效果？在王××的葡萄园中，水肥一体化"全套装备"不过是1个动力柜、1个水泵和1个离心过滤器，肥水由水泵抽出，经离心过滤器过滤掉泥沙后，由主管输往各个分管。分管上接有喷头，每隔2米就有1个，通过操控动力柜，溶解了肥料的水就顺着喷头洒向泥土，半个多小时就能浇透60亩地。虽然购置整套水肥一体化设备，王××共花了20万元，但综合比较下来，他认为这笔钱花得值，因为原先给60亩地施肥，需要2个工人干2天，每人每天工钱就得120元，现在这笔钱就省了。与普通施肥"一炮轰"相比，水肥一体化采用"少食多餐"的形式施肥，吸收率高且省水、省肥；从品质上看，葡萄的糖分含量提高了2%，每千克单价能提高四成左右。

王××每亩葡萄的净利润达到8000元，相较于未使用水肥一体化技术时，葡萄每千克单价提高了45%，亩均效益增加了1500元。而且水肥一体化技术让种植户在葡萄的后期管理上非常省心，从葡萄种植到收获，有专人进行技术跟踪，如葡萄采摘结束后的"月子肥"、断根后的基肥、发芽时的萌芽肥、长出果实后的膨大肥等，怎么施、施多少都有完整的技术方案。

⊖ 引自2017年7月6日《农民日报》报道的部分内容。

第二章
科学施肥原理与技术

 ## 第一节　作物的基本营养元素

　　作物要生长健壮、优质高产，除了要从土壤中吸收一部分化学元素外，还需要通过土壤施肥和根外施肥来满足其对养分的需要。通常把作物所需要的化学元素称为营养元素，把作物从外界环境中吸取的以满足其生长发育和生命活动所需要的营养元素或物质称为作物营养。营养元素被作物吸收进入作物体内后，还需要经过一系列的转化和运输过程才能被作物利用。

一、作物的必需营养元素

　　通过现代分析技术可以检测出作物体内的 70 多种矿物质元素，几乎自然界里存在的元素在作物体内都能找到。构成地壳的元素虽然绝大多数都可以在不同的作物体内找到，但并不是每种元素对作物都是必需的。

　　1. 必需营养元素的确定标准

　　必需营养元素是指作物生长发育必不可少的元素。根据国际作物营养学会规定，确定某种元素是作物必需的营养元素，一般必须符合以下 3 条标准。

　　（1）不可缺少　作物的营养生长和生殖生长过程中必须有这种元素，是作物完成整个生命周期不可缺少的。

　　（2）特定的症状　缺少该元素时作物会显示出特殊的、专一的缺素症状，其他营养元素不能代替它的功能，只有补充这种元素后病症才能减轻或消失。

　　（3）直接营养作用　该元素必须对作物起直接的营养作用，并非由于它改善了作物生活条件所产生的间接作用。

2. 必需营养元素的种类

根据上述标准，到目前为止，已经确定为作物生长发育所必需的营养元素有 16 种，即碳（C）、氢（H）、氧（O）、氮（N）、磷（P）、钾（K）、钙（Ca）、镁（Mg）、硫（S）、铁（Fe）、锰（Mn）、锌（Zn）、铜（Cu）、钼（Mo）、硼（B）、氯（Cl）。这 16 种元素都是用培养试验的方法确定下来的。

根据作物对这 16 种元素需要量的不同，将其分为大量营养元素、中量营养元素和微量营养元素。大量营养元素有碳、氢、氧、氮、磷、钾 6 种，中量营养元素有钙、镁、硫 3 种，微量营养元素有铁、硼、锰、铜、锌、钼、氯 7 种。

氮、磷、钾是作物需要量较多，也是收获时带走较多的营养元素，而它们通过残茬和根的形式归还给土壤的数量却不多，常常表现为土壤中的有效含量较少，需要通过施肥加以调节，以供作物吸收利用，因此，氮、磷、钾被称为"肥料三要素"。

3. 必需营养元素的主要生理功能

不同的作物所必需的营养元素在作物体内具有独特的生理作用，见表2-1。

表 2-1　部分作物必需营养元素的生理作用

元素名称	生理作用
氮	构成蛋白质和核酸的主要成分；叶绿素的组成成分，增强作物光合作用；作物体内许多酶的组成成分，参与作物体内各种代谢活动；作物体内许多维生素、激素等的组成成分，调控作物的生命活动
磷	作物体内许多重要物质（核酸、核蛋白、磷脂、酶等）的组成成分；在糖代谢、氮代谢和脂肪代谢中有重要作用；提高作物抗寒、抗旱等抗逆性
钾	作物体内60多种酶的活化剂，参与作物代谢过程；能促进叶绿素合成，促进光合作用；呼吸作用过程中酶的活化剂，能促进呼吸作用；增强作物的抗旱性、抗热性、抗寒性、抗盐性、抗病性及抗倒伏、抗早衰等能力
钙	构成细胞壁的重要元素，参与细胞壁的形成；稳定生物膜的结构，调节膜的渗透性；促进细胞伸长，对细胞代谢起调节作用；调节养分离子的生理平衡，消除某些离子的毒害作用

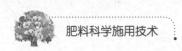

（续）

元素名称	生理作用
镁	叶绿素的组成成分，参与光合磷酸化和磷酸化作用；许多酶的活化剂，具有催化作用；参与脂肪、蛋白质和核酸代谢；染色体的组成成分，参与遗传信息的传递
硫	构成蛋白质和许多酶不可缺少的组成成分；参与其他生物活性物质的合成，如维生素、谷胱甘肽、铁氧还蛋白、辅酶 A 等；与叶绿素形成有关，参与固氮作用；参与作物体内挥发性含硫物质的合成，如大蒜油等
铁	许多酶和蛋白质组成成分；影响叶绿素的形成，参与光合作用和呼吸作用的电子传递；促进根瘤菌作用
锰	多种酶的组成成分和活化剂；叶绿体的结构成分；参与脂肪、蛋白质的合成，参与呼吸过程中的氧化还原反应；促进光合作用和硝酸还原作用；促进胡萝卜素、维生素的形成
铜	多种氧化酶的组成成分；是叶绿体蛋白——质体蓝素的组成成分；参与蛋白质和糖代谢；影响作物繁殖器官的发育
锌	许多酶的组成成分；参与生长素的合成；参与蛋白质代谢和碳水化合物运转；参与作物繁殖器官的发育
钼	固氮酶和硝酸还原酶的组成成分；参与蛋白质代谢；影响生物固氮作用；影响光合作用；对作物受精和胚胎发育有特殊作用
硼	促进碳水化合物运转；影响酚类化合物和木质素的生物合成；促进花粉萌发和花粉管生长，影响细胞分裂、分化和成熟；参与作物生长素类激素代谢；影响光合作用
氯	维持细胞膨压，保持电荷平衡；促进光合作用；对作物气孔有调节作用；抑制作物病害发生

二、作物的有益营养元素

某些元素并非是所有作物都必需的，但能促进某些作物的生长发育，这些元素被称为作物的有益营养元素，常见的有钠（Na）、硅（Si）、钴（Co）、硒（Se）、钒（V）、镍（Ni）、钛（Ti）、稀土元素等。

1. 钠

艾伦（Allen，1995）研究固氮蓝藻时发现柱状鱼腥藻是需钠作物；布劳内尔（Brownell，1975）用藜科作物做试验，证明钠是该作物生长的必需营养元素，作物缺钠后出现黄化病。许多试验证明，苋科、矶松科等盐生作物及甜菜、芜菁、芹菜、大麦、棉花、亚麻、胡萝卜、番茄等作物缺钾时，如果土壤中有钠存在，则这些作物的生长发育仍可正常进行。

钠在作物生命活动中的作用，目前还不十分清楚。在盐生作物中，钠可调节渗透势，降低细胞水势，促进细胞吸水，因此高盐条件可促进细胞伸长，使作物叶片面积、厚度、储水量和肉质性都有所增加，出现多汁性。某些作物（如糖用甜菜、萝卜、芜菁等）供钾不足时，钠可有限度地替代钾的功能。

2. 硅

硅在土壤中含量最多，通常以二氧化硅（SiO_2）的形式存在，而作物能够吸收的硅的形态是单硅酸 [$Si(OH)_4$ 或 H_2SiO_4]。硅在木贼科、禾本科作物中含量很高，特别是水稻。

硅多集中在作物表皮细胞内，使细胞壁硅质化，增强各种组织的机械强度和稳固性，提高作物（如水稻）抗病虫害和抗倒伏的能力。硅有助于叶片直立，使植株保持良好的受光姿态，间接增强群体的光合作用。硅可以减少作物的蒸腾，提高作物对水的利用率。硅有助于提升水稻等作物抵抗盐害、铁毒、锰毒的能力。硅对水稻的生殖器官的形成有促进作用，如对水稻穗数、小穗数和籽粒重的增加都是有益的。

3. 钴

许多作物都需要钴，一般来说，作物的含钴量为 0.05~0.5 毫克/千克干物质，豆科作物含钴量较高，禾本科作物含钴量较低。钴是维生素B_{12}的组成成分，在豆科作物共生固氮中起重要作用；钴还是黄素激酶、磷酸葡糖变位酶、焦磷酸酶、酸性磷酸酶、异柠檬酸脱氢酶、草酰乙酸脱羧酶、肽酶、精氨酸酶等酶的活化剂，可以调节这些酶催化的代谢反应。

4. 硒

大多数情况下土壤含硒量很低，平均为 0.2 毫克/千克。硒在土壤中以 Se^{6+}、Se^{4+}、Se^0、Se^{2-} 等形式存在，形成硒盐、亚硒酸盐、元素硒、硒化物及有机态硒。硒与人和动物的健康密切有关。硒可以增强作物的抗氧化作用，提高谷胱甘肽过氧化物酶活性，从而消除氧自由基。低浓度的硒可促进百合科、十字花科、豆科、禾本科作物种子萌发和幼苗生长。

5. 钒

钒是动物的一种必需元素，钒对高等植物是否必需，至今尚无确切证据，但钒对栅列藻的生长是必需的。适量的钒可以促进番茄、甘蓝、玉

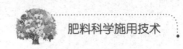

米、水稻等作物的生长，并增加产量和改进品质。钒能促进大麦、松树种子的萌芽，促进其生长发育。钒对生物固氮有利，能提高光合速率，促进叶绿素的合成，促进铁的吸收和利用。钒可提高某些酶的活性，以及促进种子发芽。

6. 镍

作物的正常含镍量为 0.1 ~ 5 毫克/千克干物质。镍在作物体内可移动，在作物的种子和果实中含量较高。镍是脲酶的金属辅基，是脲酶的结构和催化功能所必需的。镍在作物的氮代谢中起重要作用，能催化尿素降解；有利于种子发芽和幼苗生长。

7. 钛

作物体内普遍含有钛元素，不同作物的含钛量也不同。玉米中的钛含量一般在 20 毫克/千克干物质左右，豆科作物一般在 25 毫克/千克干物质以上。钛与光合作用和豆科作物固氮有关，能促进作物对某些养分的吸收和运转，促进作物体内多种酶的活性，提高作物叶片中叶绿素的含量，提高作物产量，并能明显改善作物品质。

8. 稀土元素

稀土元素是元素周期表中原子序数为 57 ~ 71 的镧系元素——镧（La）、铈（Ce）、镨（Pr）、钕（Nd）、钷（Pm）、钐（Sm）、铕（Eu）、钆（Gd）、铽（Tb）、镝（Dy）、钬（Ho）、铒（Er）、铥（Tm）、镱（Yb）、镥（Lu），以及与镧系元素密切相关的元素——钇（Y）和钪（Sc）共 17 种元素的统称。作物中稀土元素的含量一般在 25 ~ 570 毫克/千克干物质。

低浓度的稀土元素可促进种子萌发和幼苗生长，如用稀土元素拌种，小麦种子发芽率可提高 8% ~ 19%。稀土元素对作物扦插生根有特殊作用，同时还可提高作物的叶绿素含量和光合速率。稀土元素可促进大豆根系生长，增加结瘤数，提高根瘤的固氮活性，增加结荚数和粒数。稀土元素已广泛应用于农作物、果树、林业、花卉、畜牧和养殖等方面。

三、作物的有害元素

有些元素少量或过量存在时，对作物有毒，将这些元素称为有害元素，如重金属汞、铅、钨、铝等。汞和铅对作物有剧毒；钨对固氮生物有毒，因其会竞争性地抑制钼的吸收；铝含量多时可抑制铁和钙的吸收，强烈干扰磷代谢，阻碍磷的吸收和向地上部的运转；铝的毒害症状系抑制根的生长，造成根尖和侧根变粗，呈棕色，地上部生长受阻，叶片呈暗绿色，茎呈紫色。

第二节　科学施肥基本原理

科学施肥尤其是科学施用化肥是提高作物产量、改善品质和保护环境的一项重要技术措施。科学施肥要遵循以下基本原理。

一、养分归还学说

19世纪中叶，德国农业化学家李比希根据索秀尔、施普林盖尔等人的研究和他本人的大量化学分析材料总结提出了养分归还学说。其中心内容是：作物从土壤中摄取其生活所必需的矿物质养分，由于不断地栽培作物，势必引起土壤中矿物质养分的消耗，长期不归还这部分养分，会使土壤变得十分贫瘠，甚至寸草不生。轮作倒茬只能减缓土壤中养分的耗竭，但不能彻底地解决问题。为了保持土壤肥力，就必须把作物从土壤中所摄取的养分以肥料的方式归还给土壤，否则就是掠夺式的农业生产。

养分归还学说作为施肥的基本理论是正确的。正是由于李比希养分归还学说的提出，奠定了英国19世纪中叶磷肥工业的基础，促进了全世界化肥工业的诞生。然而，由于受当时科学技术的局限和李比希在学术上的偏见，一些论断不免有片面性和不足之处。因此，在应用这一学说时，应加以注意和纠正。在现代农业发展过程中，养分归还的主要方式是合理施用化肥，施用化肥是提高作物单产和扩大物质循环的保证。

二、最小养分律

1. 最小养分律的含义

李比希在自己试验的基础上，于1843年又提出了最小养分律。其中心内容是：作物为了生长发育需要吸收各种养分，但是决定作物产量的却是土壤中那个相对含量最小的有效作物生长因素，作物产量在一定范围内随着这个最小因素的增减而相对地变化。因而如果忽视这个限制因素的存在，即使继续增加其他养分，作物产量仍难以提高。这一学说几经修改，后又被称为："农作物产量受土壤中最小养分制约"。直到1855年，他又这样描述："某种元素的完全缺少或含量不足可能阻碍其他养分的功效，甚至减少其他养分的营养作用"，因此最小养分的产生是作物营养元素间不可替代性的结果。

最小养分律提出后，为了使这一施肥理论更加通俗易懂，有人用储水木桶进行了图解（图2-1）。图中的木桶由多块长短不同、代表土壤中不同养分含量的木板组成，木桶中的水量高度代表作物产量的高低，显然它受代表养分含量最低、长度最短的木板高度的制约。

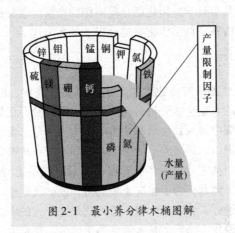

图 2-1　最小养分律木桶图解

2. 最小养分律的延伸

最小养分律是正确选择肥料种类的基本原理，忽视这条规律常使土壤与植株养分失去平衡，造成物质上和经济上的极大损失。最小养分的不足之处是孤立地看待各个养分，忽视了养分之间互相联系、互相制约的一面。因此，为了更好应用最小养分律，人们又对这一学说进行了延伸，形成限制因子律和最适因子律。

（1）限制因子律　该学说是英国科学家布莱克曼于 1905 年提出的。他把最小养分扩大和延伸至养分以外的其他生态因子，认为养分只是生态因子之一，作物生长还受到许多其他生态因子的影响，如土壤、气候、光照、温度、降雨量等。即增加一个因子的供应，可以使作物生长增加，但遇到另一生长因子不足时，即使增加前一因子也不能使作物生长增加，直到缺少的因子得到补足，作物才能继续增长。

（2）最适因子律　1895 年，德国学者李勃夏对最小养分律进行扩展，提出了最适因子律。其中心意思是：作物生长受许多条件的影响，生活条件变化的范围很广，作物适应能力有限，只有影响生产的因子处于中间位置时才最适于作物生长，产量才能达到最高。因子处于最高或最低位置的时候，不适于作物生长，产量可能等于零。因此，生产实践中对养分或其他生态因子的调节应适度。

三、报酬递减律与米氏学说

1. 报酬递减律

18世纪后期，欧洲经济学家杜尔哥和安德森同时提出了报酬递减律，由于这个定律反映了在技术条件相对稳定的条件下投入和产出之间客观存在的报酬递减的关系，该定律被广泛地应用于工业、农业等诸多领域。

报酬递减律的一般表述是：从一定土地面积上所得到的报酬随着向该土地投入的劳动和资本量的增大而有所增加，但在达到一定限度后，随着投入的单位劳动和资本量的增加，报酬的增加速度却在逐渐减少。

2. 米氏学说

20世纪初，德国土壤化学家米采利希等人在前人工作的基础上深入探讨了施肥量与作物产量之间的关系，他通过燕麦磷肥沙培试验，发现随着施肥量的增加，所获得的作物增产量具有递减的趋势，得出了与报酬递减律相吻合的结论。

米氏学说可表述为：只增加某种养分单位量（dx）时，引起产量增加的数量（dy）与该种养分供应充足时达到的最高产量（A）与现有的产量（y）之差成正比。

米采利希根据试验提出的施肥量与产量之间的关系式为：

$$dy/dx = c(A - y)$$

或转换成指数形式为：

$$y = A(1 - e^{-cx})$$

式中，y是由一定量肥料x所得的产量；A是由足量肥料所得的最高产量，或称极限产量；x为肥料用量；e为自然常数；c为常数（或称效应系数）。

四、因子综合作用律

作物生长受综合因子影响，而这些因子可以分为两大类：一类是对作物产量产生直接影响的因子，即缺少某个因子作物就不能完成生活周期，如水分、养分、空气、温度、光照等。合理施肥是作物增产的综合因子中起重要作用的因子之一；另一类是对作物产量并非不可缺少，但对产量影响很大的因子，即属于不可预测的因子，如冰雹、台风、暴雨、冻害、病

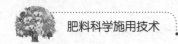

虫害等，这些因子中的某个因子对作物轻者造成减产，重者造成绝收。

最小养分律是针对养分供给来讲的，但是在作物生长过程中，影响作物生长的因素很多，不仅限于养分。因此，有人把养分条件进一步引申并扩大到作物生长所必需的其他条件，从而引出另一个定律，即因子综合作用律。其中心内容是：作物产量是光照、水分、养分、温度、品种及耕作栽培措施等因子综合作用的结果，但其中必有一个起主导作用的限制因子，作物的产量在一定程度上受该限制因子的制约。

在因子综合作用律中，各个因子与产量之间的关系可以用木桶原理来表示（图2-2）。图中木桶水平面（代表产量）的高低，取决于组成木桶的各块木板（代表各种因子）的长短，只有在各种条件配合协调都能满足需要时，才能获得最高的作物产量，否则，其中任何一个条件的供应相对不足，都会对作物产量造成严重影响。

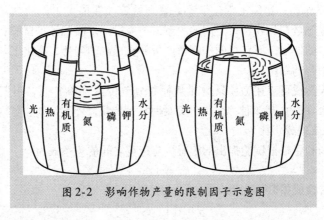

图 2-2　影响作物产量的限制因子示意图

第三节　科学施肥的基本技术

科学施肥技术是由正确的施肥时期、适宜的施肥量及养分配比、合理的施肥方法等要素组成的。

一、施肥时期

为了让作物在各个营养阶段都能得到适宜种类、数量和比例的养分，就要根据不同作物的营养特性和生育期长短来确定不同的施肥时期。一般来说，施肥时期包括基肥、种肥和追肥 3 个环节。只有这 3 个环节掌握得当，肥料用得好，经济效益才能高。

1. 基肥

基肥常被称为底肥，是指在播种或定植前及多年生作物越冬前结合土壤耕作翻入土壤中的肥料。其作用是培肥改良土壤，为作物生长发育创造良好的土壤条件，并且源源不断地供应作物在整个生长期所需的养分。

一般情况下，为了达到培肥和改良土壤、提高土壤肥力的目的，基肥应以有机肥料为主，并且用量要大一些，施肥应深一些，施肥时间应早一些；至于施用多深，用量多大，要考虑不同作物的根系特点、生育期长短、气候条件及肥料种类等诸多因素。一般来说，对生长期短、生长前期气温低且要求早发的作物及总施肥量大时，基肥的比重要大一些，而且应配合一定数量的速效性化学肥料。栽培深根作物而且又以有机肥料为基肥时，一般宜深施。当以化学肥料特别是硝态氮肥为基肥时，以浅施为宜。在灌溉区，基肥的用量一般可较非灌溉区少，以便充分发挥追肥的肥效。肥料用量应考虑作物的预计产量和有机肥料与化学肥料的配比。

2. 种肥

种肥是指播种或定植时施于种子或作物幼株附近，或与种子混播，或与作物幼株混施的肥料。种肥的作用是为作物幼苗生长发育创造良好的营养和环境条件。

种肥一般多选用腐熟的有机肥料或速效性化学肥料及细菌肥料等。同时，为了避免种子与肥料接近时可能产生的不良作用，应尽量选择对种子或作物根系腐蚀性小或毒害较轻的肥料。凡是浓度过大、过酸、过碱、吸湿性强、溶解时产生高温及含有毒副成分的肥料均不宜作为种肥施用。

3. 追肥

追肥是指在作物生长发育期间施用的肥料。追肥的作用是及时补充作物生长发育过程中所需要的养分，以促进作物生长发育，提高作物产量和品质。

追肥一般多为速效性化学肥料，腐熟良好的有机肥料也可以用作追肥。对氮肥来说，应尽量将化学性质稳定的氮肥，如硫酸铵、硝酸铵、尿素等作为追肥。对磷肥来说，一般在基肥中已经施过磷肥的，可以不再追施磷肥，但在田间确实明显表现为缺磷症状时，也可及时追施过磷酸钙或重过磷酸钙补救。对于微肥（微量元素肥料）来说，应根据不同地区和不同作物在各营养阶段的丰缺来确定是否追肥。

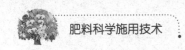

不同的作物对追肥的时期、次数、数量要求不一。从生产实践中可以看出，当肥料充足时，应当重视追肥的施用。例如，小麦、水稻的拔节期追肥，棉花的蕾期、花期追肥，玉米的大喇叭口期追肥等，对作物产量的提高都起着决定性的作用。

二、施肥量

施肥量是构成施肥技术的核心要素，确定经济合理的施肥量是合理施肥的中心问题。但确定适宜的施肥量是一件非常复杂的事情，一般应该遵循以下原则。

1. 全面考虑与合理施肥有关的因素

考虑作物施肥量时应该深入了解作物、土壤和肥料三者的关系，还应结合考虑环境条件和相应的农业技术条件。如果各种条件综合水平高，则施肥量可以适当大些，否则应适当减少施肥量。只有进行综合分析才能避免片面性。

2. 施肥量必须满足作物对养分的需求

为了使作物达到一定的产量，必须要满足它对养分的需求，即通过施肥来补充作物消耗的养分，避免土壤养分亏损，肥力下降，不利于农业生产的可持续性。

3. 施肥量必须保持土壤养分平衡

土壤养分平衡包括土壤中养分总量和有效养分的平衡，也包括各种养分之间的平衡。施肥时，应该考虑适当增加限制作物产量的最小养分的数量，以协调土壤中各种养分的关系，保证养分供应平衡。

4. 施肥量应能获得较高的经济效益

在肥料效应符合报酬递减律的情况下，单位面积施肥的经济收益在开始阶段随施肥量的增加而增加，达到最高点后即下降。所以，在肥料充足的情况下，应该以获得单位面积最大利润为原则来确定施肥量。

5. 确定施肥量时应考虑前茬作物所施肥料的后效

试验结果表明，肥料三要素（氮、磷、钾）中，磷肥后效最长，其后效与肥料品种有很大关系。例如，对于水溶性磷肥和弱酸性磷肥，在当季作物收获后，大约还有2/3留在土壤中，第二季作物收获后，约有1/3留在土壤中，第三季收获后，大约还有1/6，第四季收获后，残留很少，不再考虑其后效；对于钾肥的后效，一般在第一季作物收获后，大约有1/2留在土壤中。一般认为，无机氮肥没有后效。

估算施肥量的方法很多，如养分平衡法、肥料效应函数法、土壤养分校正系数法、土壤肥力指标法等。具体方法参见测土配方施肥技术。

三、施肥方法

施肥方法就是将肥料施于土壤和作物的途径与方法，前者称为土壤施肥，后者称为作物施肥。

1. 土壤施肥

在生产实践中，常用的土壤施肥方法主要有：

（1）撒施　撒施是施用基肥和追肥的一种方法，即把肥料均匀地撒于地表，然后把肥料翻入土中。凡是施肥量大的或密植作物如小麦、水稻、蔬菜等封垄后追肥，以及根系分布广的作物都可采用撒施法。

（2）条施　条施也是基肥和追肥的一种方法，即开沟条施肥料后覆土。一般在肥料较少的情况下采用，玉米、棉花及垄栽甘薯多用条施，小麦在封行前可用施肥机或耧施入土壤。

（3）穴施　穴施是在播种前把肥料施在播种穴中，而后覆土播种。其特点是施肥集中，用肥量少，增产效果较好。果树、林木多采用穴施法。

（4）分层施肥　分层施肥是将肥料按不同比例施入土壤的不同层次内。例如，河南的超高产麦田将作为基肥的70%氮肥和80%磷钾肥撒于地表随耕地翻入下层，然后把剩余的30%氮肥和20%磷钾肥于耙前撒入垡头，使肥料通过耙地而进入土壤表层。

（5）环状和放射状沟施肥　环状沟施肥常用于果园施肥，是在树冠垂直投影外的地面上，挖一条环状沟，沟的深、宽均为30～60厘米（图2-3），施肥后覆土踏实；第二年再施肥时可在第一年施肥沟的外侧再挖沟施肥，以逐年扩大施肥范围。

放射状沟施肥是在距树木一定距离处，以树干为中心，向树冠外围挖4～8条放射状的直沟，沟的深、宽均为50厘米，沟长与树冠相齐，将肥料施在沟内（图2-4），第二年再交错位置挖沟施肥。

2. 作物施肥

在生产实践中，常用的作物施肥方法主要有：

（1）根外追肥　根外追肥是把肥料配成一定浓度的溶液，喷洒在作物的茎叶上，以供作物吸收的一种施肥方法。此法省肥、施用效果好，是一种辅助性的追肥措施。

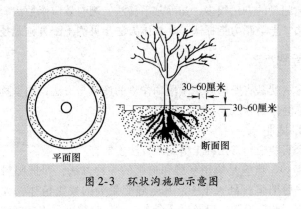

图2-3 环状沟施肥示意图

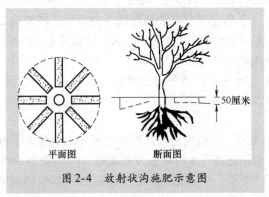

图2-4 放射状沟施肥示意图

（2）注射施肥（图2-5） 注射施肥是在树体、根、茎部打孔，在一定的压力下，将营养液通过树体的导管输送到作物的各个部位的一种施肥方法。注射施肥又可分为滴注和强力注射。

1）滴注。滴注是将装有营养液的滴注袋垂直悬挂在距地面1.5米左右的树杈上，排出管中气体，将滴注针头插入预先打好的孔中（钻孔深度一般为主干直径的2/3），利用虹吸原理将营养液注入树体中。

2）强力注射。强力注射是利用踏板喷雾器等装置加压注射，压强一般为（98.1~147.1）$\times 10^4$ 帕，注射结束后将注射孔用干树枝塞紧，剪至与树皮平齐，并堆土保护注射孔。

（3）打洞填埋 打洞填埋适合于对果树等木本植物施用微量元素肥料，是在果树主干上打洞，将固体肥料填埋于洞中，然后封闭洞口的一种施肥方法。

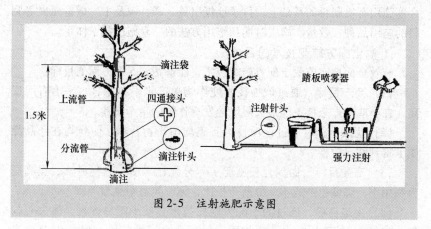

图 2-5 注射施肥示意图

（4）蘸秧根 蘸秧根是对移栽作物如水稻等，将磷肥或微生物菌剂配制成一定浓度的悬浊液，浸蘸秧根，然后定植。

（5）种子施肥 种子施肥是指将肥料与种子混合的一种施肥方法，包括拌种、浸种和盖种肥。

1）拌种。拌种是将肥料与种子均匀拌和，或把肥料配成一定浓度的溶液与种子均匀拌和后一起播入土壤的施肥方法。

2）浸种。浸种是用一定浓度的肥料溶液来浸泡种子，浸泡一定时间后再取出稍晾干后播种。

3）盖种肥。盖种肥是在开沟播种后，用充分腐熟的有机肥料或草木灰盖在种子上面的施肥方法，具有供给幼苗养分、保墒和保温作用。

 # 第四节　现代科学施肥新技术

现代农业追求的是节能、低碳、增效、绿色，而肥料是最大的农业生产资料投入品，关系到耕地质量和土壤生态建设质量的保障，承载着维护农产品质量安全的重要责任。降低化肥施用数量，发展高效新型肥料，提高肥料利用率，必须采用先进的科学施肥技术，如测土配方施肥技术等。

一、测土配方施肥技术

测土配方施肥技术是综合运用现代农业科技成果，以肥料效应田间试验和土壤测试为基础，根据作物需肥规律、土壤供肥性能和肥料效应，在

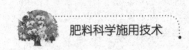

合理施用有机肥料的基础上，科学地提出氮、磷、钾及中、微量元素等肥料的施用品种、数量、施肥时期和施用方法的一套施肥技术体系。

1. 测土配方施肥技术的目标

有效全面地实施测土配方施肥技术，能够达到 5 个方面的目标。

(1) 高产目标　通过该项技术使作物单产水平在原有水平上有所提高，在当前生产条件下能最大限度地发挥作物的生产潜能。

(2) 优质目标　通过该项技术实施均衡作物营养，使作物在产品品质上得到明显改善。

(3) 高效目标　做到合理施肥、养分配比平衡、分配科学，提高肥料利用率，降低生产成本，提高产投比，施肥效益明显增加。

(4) 生态目标　通过测土配方施肥技术，减少肥料挥发、流失等损失，减轻对地下水、土壤、水源、大气等的污染，从而保护农业生态环境。

(5) 改土目标　通过有机肥料和化学肥料的配合施用，实现耕地营养平衡，在逐年提高产量的同时，使土壤肥力得到不断提高，达到培肥土壤、提高耕地综合生产能力的目标。

2. 测土配方施肥技术的基本原则

推广测土配方施肥技术在遵循养分归还学说、最小养分律、报酬递减率、因子综合作用律、必需营养元素同等重要律和不可代替律、作物营养关键期等基本原理的基础上，还需要掌握以下基本原则。

(1) 氮、磷、钾相配合　氮、磷、钾相配合是测土配方施肥技术的重要内容。随着产量的不断提高，在土壤高强度消耗养分的情况下，必须强调氮、磷、钾相互配合，并补充必要的微量元素，才能获得高产稳产。

(2) 有机与无机相结合　实施测土配方施肥技术必须以有机肥料施用为基础。增施有机肥料可以增加土壤有机质含量，改善土壤理化性状，提高土壤保水保肥能力，增强土壤微生物的活性，促进化肥利用率的提高。因此，必须坚持多种形式的有机肥料投入，培肥地力，实现农业可持续发展。

(3) 大、中、微量元素配合　各种营养元素的配合是测土配方施肥技术的重要内容。随着产量的不断提高，在耕地高度集约化利用的情况下，必须进一步强调氮、磷、钾肥的相互配合，并补充必要的中、微量元素，才能获得高产稳产。

(4) 用地与养地相结合，投入与产出相平衡　要使作物—土壤—肥料形成物质和能量的良性循环，必须坚持用养结合，投入产出相平衡，维持或提高土壤肥力，增强农业可持续发展能力。

3. 测土配方施肥技术的基本方法

我国测土配方施肥技术可归纳为三大类。第一类，地力分区（级）配方法；第二类，目标产量配方法，其中包括养分平衡法和地力差减法；第三类，田间试验配方法，其中包括肥料效应函数法、养分丰缺指标法，以及氮、磷、钾比例法。在确定施肥量的方法中以养分平衡法、肥料效应函数法和养分丰缺指标法应用较为广泛。

（1）**地力分区（级）配方法**　地力分区（级）配方法是根据土壤肥力高低，将其分成若干等级或划出一个肥力相对均等的田块作为一个配方区，利用土壤普查资料和肥料效应田间试验成果，结合群众的实践经验估算出这一配方区内比较适宜的肥料种类及施用量。

（2）**目标产量配方法**　目标产量配方法包括养分平衡法和地力差减法。

1）养分平衡法。此法是以实现作物目标产量所需养分量与土壤供应养分量的差额作为施肥的依据，以达到养分收支平衡的目的。施肥量的计算公式为

$$施肥量 = \frac{目标产量所需养分总量 - 土壤供肥量}{肥料中养分含量 \times 肥料当季利用率}$$

2）地力差减法。目标产量减去不施肥的空白田产量，就是施肥后增加的产量。施肥量的计算公式为

$$施肥量 = \frac{作物单位产量养分吸收量 \times (目标产量 - 空白田产量)}{肥料中养分含量 \times 肥料当季利用率}$$

（3）**田间试验配方法**　田间试验配方法包括肥料效应函数法、养分丰缺指标法，以及氮、磷、钾比例法。

1）肥料效应函数法。以田间试验为基础，采用先进的回归设计，将不同处理得到的产量和相应的施肥量进行数理统计，求得在供试条件下作物产量与施肥量之间的数量关系，即肥料效应函数或称肥料效应方程式。从肥料效应方程式中不仅可以直观地看出不同肥料的增产效应和两种肥料配合施用的交互效应，而且还可以通过它计算出最大施肥量和最佳施肥量，作为配方施肥决策的重要依据。

2）养分丰缺指标法。在一定区域范围内，土壤速效养分的含量与作物吸收养分的数量之间有良好的相关性，利用这种关系，可以根据土壤养

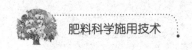

分的测定值，按照一定的级差划分养分丰缺等级，提出每个等级的施肥量，即养分丰缺指标法。

3）氮、磷、钾比例法。通过田间试验可确定不同地区、不同作物、不同地力水平和产量水平下氮、磷、钾三要素的最适用量，并计算三者比例，即氮、磷、钾比例法。实际应用时，只要确定其中一种养分用量，然后按照比例就可确定其他养分用量。

4. 测土配方施肥技术的主要内容

除土壤样品可由农民朋友自行采集外，测土配方施肥技术的其余工作环节均需专业技术人员完成。

（1）野外调查 资料收集整理与野外定点采样调查相结合，典型农户调查与随机抽样调查相结合，通过广泛深入的野外调查和取样地块农户调查，掌握耕地地理位置、自然环境、土壤状况、生产条件、农户施肥情况及耕作制度等基本信息，以便有的放矢地开展测土配方施肥技术工作。

（2）田间试验 田间试验是获得各种作物最佳施肥量、施肥时期、施肥方法的根本途径，也是筛选、验证土壤养分测试技术及建立施肥指标体系的基本环节。通过田间试验，掌握各个施肥单元不同作物的优化施肥量、基肥和追肥的分配比例、施肥时期和施肥方法；摸清土壤养分校正系数、土壤供肥量、作物需肥参数和肥料利用率等基本参数；构建作物施肥模型，作为施肥分区和施肥配方设计的依据。

（3）土壤测试 土壤测试是设计施肥配方的重要依据之一。随着我国种植业结构不断调整，高产作物品种不断涌现，施肥结构和数量发生了很大的变化，土壤养分库也发生了明显改变。通过开展土壤中氮、磷、钾及中、微量元素的养分测试，了解土壤供肥能力。

（4）配方设计 施肥配方设计是测土配方施肥工作的核心。通过总结田间试验、土壤养分数据等，划分不同施肥分区域；同时，根据气候、地貌、土壤、耕作制度等的相似性和差异性，结合专家经验，提出不同作物的施肥配方。

（5）校正试验 为保证施肥配方的准确性，最大限度地减少配方肥料批量生产和大面积应用的风险，在每个施肥分区单元设置配方施肥、农户习惯施肥、空白施肥3个处理，以当地主要作物及其主要栽培品种为研究对象，对比配方施肥的增产效果，校验施肥参数，验证并完善肥料施用配方，改进测土配方施肥技术参数。

（6）配方加工 将配方落实到田间是提高和普及测土配方施肥技术

最关键的环节。目前不同地区有不同的模式，其中最主要的也是最具市场前景的运作模式就是市场化运作、工厂化加工、网络化经营。这种模式适应我国农村农民科技水平低、土地经营规模小、技物分离的现状。

（7）示范推广 为促进测土配方施肥技术能够落实到田间地点，既要解决测土配方施肥技术市场化运作的难题，又要让广大农民亲眼看到实际效果，这是限制测土配方施肥技术推广的瓶颈。建立测土配方施肥示范区，为农民创建窗口，树立样板，全面展示测土配方施肥技术效果。将测土配方施肥技术物化成产品，打破技术推广"最后一公里"的坚冰。

（8）宣传培训 宣传培训是提高农民科学施肥意识、普及技术的重要手段。农民是测土配方施肥技术的最终使用者，迫切需要掌握科学施肥的方法和模式；同时，还要加强对各级技术人员、肥料生产企业、肥料经销商的系统培训，逐步建立技术人员和肥料经销商持证上岗制度。

（9）数据库建设 运用计算机技术、地理信息系统和全球卫星定位系统，按照规范化测土配方施肥数据，以野外调查、农户施肥状况调查、田间试验和分析化验数据为基础，时时整理历年肥料效应田间试验和土壤监测数据资料，建立不同层次、不同区域的测土配方施肥数据库。

（10）效果评价 农民是测土配方施肥技术的最终执行者和落实者，也是最终受益者。检验测土配方施肥的实际效果，及时获得农民的反馈信息，以不断完善管理体系、技术体系和服务体系。为科学地评价测土配方施肥的实际效果，还必须对一定区域进行动态调查。

（11）技术创新 技术创新是保证测土配方施肥工作长效性的科技支撑。重点开展田间试验方法、土壤养分测试技术、肥料配制方法、数据处理方法等方面的创新研究工作，可以不断提升测土配方施肥技术水平。

▌身边案例

湖南省双季稻测土配方施肥技术成功经验

2005 年，湖南省在 13 个双季稻主产县启动了测土配方施肥补贴项目。至 2009 年，该省 131 个县级行政区、8 个县级场所被纳入中央财政测土配方施肥补贴项目范围，实现了县级农业行政区的"全覆盖"，项目覆盖 3.74 万个村，惠及 96.56 万农户。据该省测土配方施肥效果评价专家组调查，该省 2005—2009 年累计推广测土配方施肥技术面积达到 1218.267 万公顷，其中水稻 842.18 万公顷。全省仅水稻和玉米推广应用测土配方施肥技术就节约农业生产成本达 18.93 亿元，新增

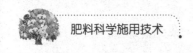

产值达 58.68 亿元。同时，项目区氮肥和磷肥的年投入量分别减少 9.4%和 7.7%，降低了农业面源污染风险，节本增收 77.61 亿元，项目经济、生态效益十分显著。如益阳市赫山区牌口乡利兴村农民刘××承包双季早稻 248.67 公顷，赫山区农业局免费为其取土化验，根据化验结果和目标产量制定施肥建议卡并进行施肥技术指导。通过对比试验发现，采用测土配方施肥的早稻每亩节省纯氮 1.3 千克，节约化学肥料成本 6.78 元，稻谷增产 26.8 千克，产值增加 40.2 元，节支增收 46.98 元，节支增收总值为 128255.4 元。同时，由于采用测土配方施肥的稻苗生长稳健，成熟时叶青籽黄，落色好，赫山区农业局及时组织当地村干部、农户参观学习，并因势利导，在该乡双季晚稻上大面积推广了测土配方施肥技术。

二、作物营养套餐施肥技术

作物营养套餐施肥技术是在总结和借鉴国内外作物科学施肥技术和综合应用最新研究成果的基础上，根据作物的养分需求规律，针对各种作物主产区的土壤养分特点、结构性能差异、最佳栽培条件，以及高产量、高质量、高效益的现代农业栽培目标，引入人体营养套餐理念，精心设计出的系统化的施肥方案。其核心理念是实现作物各种养分资源的科学配置及其高效综合利用，让作物"吃出营养""吃出健康""吃出高产高效"。

1. 作物营养套餐施肥技术的技术创新

作物营养套餐施肥技术有两大方面创新：一是从测土配方施肥技术中走出了简单掺混的误区，不仅仅是在测土的基础上设计每种作物需要的大、中、微量元素的数量组合，更重要的是为了满足各种作物养分需求中有机营养和矿物质营养的定性配置。二是在营养套餐施肥方案中，除了传统的根部施肥配方外，还强调配合施用高效专用或通用的配方叶面肥，使两种施肥方式互相补充、相互完善，起到施肥增效作用。

2. 作物营养套餐施肥技术与测土配方施肥技术的区别

作物营养套餐施肥技术与测土配方施肥技术的不同之处在于：第一，测土配方施肥技术是以土壤为中心，而作物营养套餐施肥技术是以作物为中心。作物营养套餐施肥技术强调作物与养分的关系，因此，要针对不同的土壤理化性状、作物特性，制定多种配方，真正做到按土壤、按作物科学施肥。第二，测土配方施肥技术施肥方式单一，而作物营养套餐施肥技术施肥方式多样。作物营养套餐施肥技术实行配方化底肥、配方化追肥和配方化叶面肥三者结合，属于系统工程，要做到不同的配方肥料产品之间和不同的施肥方式之间的有机配合，才能做到增产提效，做到科学施肥。

3. 作物营养套餐施肥技术的技术内涵

作物营养套餐施肥技术是通过引进和吸收国内外有关作物营养科学的最新技术成果，融肥料效应田间试验、土壤养分测试、营养套餐配方、农用化学品加工、示范推广服务、效果校核评估为一体，组装技物结合、连锁配送、服务到位的测土配方营养套餐系列化平台，逐步实现测土配方与营养套餐施肥技术的规范化、标准化。其技术内涵主要表现在以下方面。

（1）提高作物对养分的吸收能力　众所周知，大多数作物生长所需要的养分主要通过根系吸收；但也能通过茎、叶等根外器官吸收养分。因此，促进作物根系生长就能够大大提高养分的吸收利用率。通过合理施用肥料、植物生长调节剂、菌肥菌药，以及适宜的农事管理措施，均能有效促进根系生长。

（2）有机肥料与无机肥料并重　在作物营养套餐施肥技术中，一个极为重要的原则就是只有有机肥料与无机肥料并重，才能极大地提高肥效及经济效益，实现农业的"高产、优质、高效、生态、安全"五大战略目标。作物营养套餐施肥技术的一个重要内容就是在底肥中配置一定数量的生态有机肥、生物有机肥等精制商品有机肥料，遵循有机肥料与无机肥料并重的施肥原则，达到补给土壤有机质、改良土壤结构、提高化肥利用率的目的。

（3）保证大量元素和中、微量元素的平衡供应　只有在大、中、微量元素养分平衡供应的情况下，才能大幅度提高养分的利用率，增进肥效。从养分平衡和平衡施肥的角度出发，在作物营养套餐施肥技术中，十分重视在科学施用氮、磷、钾化肥的基础上，合理施用中、微量元素肥料。这将是 21 世纪提高作物产量的一项重要的施肥措施。

（4）灵活运用多种施肥技术是作物营养套餐施肥技术的重要内容　一是作物营养套餐施肥技术是肥料种类（品种）、施肥量、养分配比、施肥时期、施肥方法和施肥位置等多项技术的总称。其中的每一项技术均与施肥效果密切有关。只有在平衡施肥的前提下，各种施肥技术之间相互配合，互相促进，才能发挥肥料的最大效果。二是大量元素肥料应以用作基肥和追肥为主。其中，基肥应以有机肥料为主，追肥应以氮、磷、钾肥为主。三是微量元素肥料的施用应坚持根部补充与叶面补充相结合，充分重视叶面补充的重要性。四是在氮肥的施用上，提倡深施覆土，反对撒施肥料。对于密植作物来说，先撒肥后浇水只是一种折中的补救措施。五是化肥的施用量是个核心问题，要根据具体作物的营养需求和各个时期的需肥规律，确定合理的化肥用量，真正做到因作物施肥，按需施肥。六是在考虑底肥的施用量时，要统筹考虑追肥和叶面肥选用的品种和作用量，应做到各品种间的互相配合，互相促进，真正起到"1＋1＋1＞3"的效果。

（5）坚持技术集成原则，简化施肥程序与成本　作物套餐专用肥是实施作物营养套餐施肥技术的最佳物化载体。作物套餐专用肥是根据耕地土壤养分实际含量和作物的需肥规律，有针对性地配置生产出来的一种多元素掺混肥料。作物套餐专用肥的生产工艺属于一种纯物理性质的搅拌（掺混）过程，只要解决了共容性问题，就可以很容易地添加各种中、微量元素及控释尿素、硝态氮肥、有机物质，能够实现新产品的集成运用，形成相容互补的有利局面，能够真正帮助农民实现"只用一袋子肥料种地，也能实现增产增收"的梦想。

▌身边案例

烟台苹果营养套餐施肥技术的应用案例

烟台众德集团委托姜远茂教授主持苹果营养套餐施肥技术试验示范，营养套餐肥组合为：萌芽前采用放射状沟施腐殖酸涂层长效肥[18-10-17（B）]150千克/亩、有机无机复混肥（14-6-10）150千克/亩、土壤调理剂50千克/亩，施肥深度为20~30厘米；套袋前叶面喷施3次含腐殖酸的叶面肥（稀释500倍）＋速乐硼（稀释2000倍）＋康朴液钙（稀释300倍）；果实膨大期土施狮马牌复合肥（12-12-17）50千克/亩。

（1）各示范区情况　分别在山东省烟台市的栖霞市、牟平区、龙口市、海阳市、招远市进行示范。

①栖霞市松山镇大北庄刘××果园，红富士品种，9年生树龄。示范面积为5亩。对照为同品种、同树龄的苹果树。对照肥为：国产硫酸钾复合肥（15-15-15）150千克/亩＋30%有机质豆粕有机肥40千克/亩＋生物有机肥210千克/亩。

②牟平区宁海街道办事处隋家疃曲××果园，红富士品种，15年生树龄。示范面积为12亩。对照为同品种、同树龄的苹果树。对照肥

为：国产复合肥（13-7-20）300千克/亩+牛粪300千克/亩。

③龙口市诸留观镇羊岚村吴××果园，红富士品种，10年生树龄。示范面积为2亩。对照为同品种、同树龄的苹果树。对照肥为：国产硫酸钾180千克/亩+磷酸二铵75千克/亩+尿素150千克/亩。

④海阳市朱吴镇莱格庄杨××果园，红富士品种，9年生树龄。示范面积为5亩。对照为同品种、同树龄的苹果树。对照肥为：40%复合肥400千克/亩+25%有机质豆粕有机肥300千克/亩+冲施肥30千克/亩。

⑤招远市辛庄镇宅上村刘××果园，红富士品种，10年生树龄。示范面积为5亩。对照为同品种、同树龄的苹果树。对照肥为：中化复合肥（20-10-15）300千克/亩+生物有机肥150千克/亩。

（2）对苹果产量与品质的影响 营养套餐肥示范苹果园测产结果见表2-2，苹果品质测试结果见表2-3。

表2-2 营养套餐肥示范苹果园测产结果

示范点	示范户	示范产量/（千克/亩）	对照产量/（千克/亩）	增产量/（千克/亩）	增产率（%）
栖霞市	刘××	4214.60	3437.28	777.32	22.61
牟平区	曲××	4944.03	3278.00	1666.03	50.82
龙口市	吴××	3985.80	3376.80	609.00	18.03
海阳市	杨××	2799.00	2155.23	643.77	29.87
招远市	刘××	2071.08	1497.92	573.16	38.26
平均值		3602.90	2749.05	853.85	31.06

表2-3 营养套餐肥示范苹果园苹果品质测试结果

示范点	示范户	处理	果实大小（%）			含糖量（%）
			>80毫米	70~80毫米	<70毫米	
栖霞市	刘××	套餐	60.0	30.0	10.0	15.0
		对照	53.8	23.1	23.1	13.5
牟平区	曲××	套餐	33.7	38.0	28.3	14.6
		对照	21.6	25.2	53.2	13.0
龙口市	吴××	套餐	7.6	27.2	65.2	15.1
		对照	0	28.2	71.8	14.2

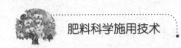

（续）

示范点	示范户	处理	果实大小（%）			含糖量（%）
			>80毫米	70~80毫米	<70毫米	
海阳市	杨××	套餐	24.3	50.0	25.7	15.9
		对照	8.0	20.0	72.0	14.7
招远市	刘××	套餐	52.6	21.1	26.3	15.5
		对照	41.8	21.9	36.3	14.8
平均值		套餐	35.64	33.26	31.10	15.22
		对照	25.04	23.68	51.28	14.04

由表2-2、表2-3可以看出，营养套餐施肥技术肥效显著优于常规习惯施肥，5个示范苹果园的增产幅度为18.03%~50.82%，平均增产31.06%。而且果实大，含糖量高，超过80毫米大果的平均数量比常规习惯施肥高约10.6%，含糖量平均提高1.18%。

三、作物养分资源综合管理技术

养分资源是指在植物生产系统中，土壤、肥料和环境所提供的各种来源的养分的统称。养分资源综合管理是指在农业生态系统中综合利用所有自然和化工合成的作物养分资源，通过有关技术的综合运用，挖掘土壤和环境中养分资源的潜力、协调系统养分投入与产出平衡、调节养分循环与利用强度，实现养分资源的高效利用，使经济效益、生态效益和社会效益相互协调的理论与技术体系。

1. 养分资源综合管理的内涵

养分资源综合管理的内涵包括：以可持续发展理论为指导，在充分挖掘自然养分资源潜力的基础上，高效利用人为补充的有机和无机养分。重视养分作用的双重性，兴利除弊，把养分的投入量限制在生态环境可承受的范围内，避免养分盲目过量的投入。以协调养分投入与产出平衡、调节养分循环与利用强度为基本内容；以有机肥料和无机肥料的合理投入、土壤培肥与土壤保护、生物固氮、植物改良和农艺措施等技术的综合运用为基本手段。养分资源综合管理是一种理论，也是一种综合技术，更是一种理念；合理施肥仍然是其主要手段，但不是唯一的手段。它是以地块、农场（户）、区域和全国等不同层次的生产系统为对象，以生产单元中养分资源种类、数量及养分平衡与循环参数等背景资料的测试和估算结果为依据，制定并实施详细的养分资源综合管理计划。

2. 养分资源综合管理的理论基础

改进传统施肥模式，使之成为以高产、优质、环境友好和资源高效利用为目标，以合理施肥与相关技术集成为手段的养分资源综合管理模式并指导施肥实践，是解决当前施肥相关问题的根本途径。其理论基础主要是农业生态系统中养分的平衡和循环理论。

养分循环包括土壤养分循环、植物体内养分循环、土壤—植物系统养分循环和农业生态系统养分循环等。在植物—动物生产体系中，土壤养分被直接（植物）或间接（动物）利用并成为获得农产品的物质基础。这些农产品一部分满足农业生态系统内（如农民）的消费，另一部分通过市场交易输出系统（图2-6）。当土壤养分仅靠有机肥料不能满足植物生长需要时，就必然从系统外以化肥的形式带入；而当肥料投入超过植物吸收能力和土壤对残留养分的保持能力时，就会经过各种途径进入到环境中。在有机肥料的积制和储存过程中，如果管理不善也会有相当一部分养分损失，释放到系统之外。因此，协调各养分库和养分循环中各种养分形态之间的关系就成为养分资源综合管理的重要内容。

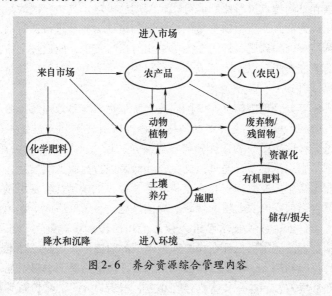

图2-6 养分资源综合管理内容

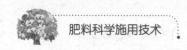

3. 农田养分资源综合管理

农田养分资源综合管理要求综合运用有关有机肥料和化学肥料、土壤培肥和土壤保护、生物固氮及农艺措施等技术。

（1）化学肥料施用 化学肥料是最有效和最方便的养分物质，经过合理施用不仅可以增产增收，改善农产品品质，保护生态环境，而且还可增加植物残体数量，从而培肥和改良土壤结构，增强土壤持续生产力。

（2）有机肥料施用 有机肥料在改良土壤结构和增加土壤有机质含量方面有重要作用，同时也是钾和中、微量元素的重要来源。

（3）生物固氮 生物固氮是一种环境友好的生物学技术，在自然和农业生态系统中起着重要作用。

（4）土壤保护措施 土壤保护措施按其作用有三类：一是梯田、堤坝、路边植物、免耕等措施，能改变田块的物理环境，阻止养分淋洗和侵蚀损失；二是覆盖物、覆盖植物、间作和生物固氮等措施，能阻挡土壤风蚀和水蚀、改进土壤性质和结构；三是施用有机粪肥等措施，能改良土壤结构，补充中、微量元素。

农田养分资源综合管理还要对多种植物的必需养分元素进行综合管理，根据不同养分元素的特点分别采用不同的策略。中国农业大学植物营养系于1994年提出了在综合考虑有机肥料和植物秸秆管理措施的基础上，根据土壤养分的特点进行化肥养分优化管理的策略。其中，因为氮在环境中的变化最为活跃，应根据土壤供氮状况和植物需氮量进行适时动态监测和精确调控；因为磷肥、钾肥在土壤中相对损失较少，应通过土壤测试和养分平衡监控施肥，以使其不成为产量限制因子为宜；对中、微量元素应采用"因缺补缺"的策略施肥。

在具体养分管理措施上，中国农业大学植物营养系根据我国多年推荐施肥的经验和目前农业生产中的实际问题，在引进国际先进技术的基础上，通过肥料效应函数法选优控制氮肥总量，通过土壤无机氮快速测试进行氮肥基肥用量推荐，通过植株氮营养诊断进行氮肥追肥推荐，通过养分平衡和土壤肥力监测确定和调整磷、钾及中、微量元素肥料用量，建立了一套适合当前我国农业生产现状、简便易行、易于推广的旱地植物推荐施肥技术。目前，该项技术已进入推广应用阶段。实践证明，在高产地区，该项技术的应用可保证在作物产量不减的前提下，大幅度降低氮肥用量，提高氮肥利用率，降低氮肥的损失和对环境的污染，取得了显著的经济效益和环境效益。这一技术已经在小麦、玉米、大麦、马铃薯等植物上成功应用，但在蔬菜等其他作物上的应用还需要进一步研究。

四、作物精确施肥技术

精确施肥技术是以不同空间单元的产量数据与其他多层数据（土壤理化性状、病虫草害、气候等）的叠合分析为依据，以作物生长模型、作物营养专家系统为支持，以高产、优质、环保为目的的变量处方施肥理论和技术。它是信息技术、生物技术、机械技术和化工技术的优化组合，按作物生长期可分为基肥精施和追肥精施，按施肥方式可分为耕施和撒施，按精施的时间可分为实时精施和时后精施。精确施肥的理论及技术体系主要有：

1. 土壤数据和植物营养实时数据的采集

对于长期相对稳定的土壤变量参数，如土壤质地、地形、地貌、微量元素含量等，可一次分析、长期受益，或多年后再对这些参数作抽样复测。对于中短期土壤变量参数，如氮、磷、钾、有机质、土壤水分等，应以 GPS（全球定位系统）定位或导航实时实地分析，也可通过 RS（遥感）技术和地面分析结合获得生长期植物养分丰缺情况。这是确定基肥、追肥施用量的基础。

20 世纪 90 年代以来，土壤实时采样分析的新技术、新仪器有了长足的发展，如基于土壤溶液光电比色法开发的主要营养元素测定仪、基于近红外多光谱分析技术和半导体多离子选择场效应晶体管的离子敏传感技术、基于近红外多光谱分析技术和传输阻抗变换理论的水分测量仪、基于光谱探测和遥感理论的植物营养监测技术等。

2. 差分全球定位系统（DGPS）

GPS 为精确施肥提供了基本条件，GPS 接收机可以在地球表面的任何地方、任何时间、任何气象条件下获得至少 4 颗以上的 GPS 卫星发出的定位定时信号，而每一颗卫星的精确轨道信息由地面监测中心监测而知，GPS 接收机根据时间和光速信号通过三角测量法确定自己的位置。但由于卫星信号受电离层和大气层的干扰，产生的定位误差可达 100 米，所以为满足精确施肥需要，还需给 GPS 接收机提供差分信号，即 DGPS。DGPS除了接收全球定位卫星信号外，还能接收信标台或卫星转发的差分校正信号，提高定位精度（误差为 1 ~ 5 米）。现在的研究正向着 GPS-GIS-RS（全球定位系统-地理信息系统-遥感）一体化、GPS-智能机械一体化方向发展。

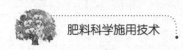

3. 决策分析系统

决策分析系统是精确施肥的核心，它包括 GIS（地理信息系统）和模型专家系统 2 个部分。在精确施肥中，GIS 主要用于建立土壤数据、自然条件、作物苗情等农田空间信息数据库和进行空间属性数据的地理统计、处理、分析、图形转换和模型集成等。模型专家系统又可分为作物生长模型和作物营养专家系统。其中，作物生长模型是将作物及气象和土壤等环境作为一个整体，应用系统分析的原理和方法，综合大量植物生理学、生态学、农学、土壤肥料学、农业气象学等学科理论和研究成果，对作物的生长发育、光合作用、器官建成和产量形成等生理过程与环境和技术的关系加以理论概括和数量分析，建立相应的数学模型，它是环境信息与作物生长的量化表现；作物营养专家系统用于描述作物的养分需求，相关技术有待于进一步发展和提高。

4. 控制施肥

控制施肥现有 2 种形式：一是实时控制施肥，根据监测土壤的实时传感器信息，控制并调整肥料的投入数量，或根据实时监测的作物光谱信息分析调节施肥量。二是处方信息控制施肥，根据决策分析后生成的电子地图提供的处方施肥信息，对田块中的肥料的撒施量进行定位调控。

五、作物轮作施肥技术

轮作施肥技术是指针对某个轮作周期而制订的施肥计划，包括不同茬口的肥料分配方案和作物的施肥制度。而作物施肥制度则是针对某种作物的计划产量而确定的施肥技术。

1. 轮作制度下的肥料分配原则

针对某个轮作周期中不同作物如何统筹分配和施用肥料的问题，应遵循均衡增产、效益优化、用养结合、持续发展、环境友好等基本原则。而针对具体不同的轮作制度，应因地域、作物等的不同而进行分配。

（1）**一年一熟制肥料分配原则**　以大豆→小麦→玉米 3 年轮作为例，总的原则是培肥地力，保证重点。将有机肥料重点分配在小麦上，氮肥重点分配在小麦和玉米上，磷重点分配在大豆和小麦上。

（2）**一年两熟制肥料分配原则**　以小麦—玉米→小麦—玉米复种连作为例，总的原则是养分要全，数量要足。将有机肥料重点分配在小麦上，玉米利用其后效；对高产麦田要控制氮肥用量，增加磷、钾肥，补施微肥；对高产玉米田要稳施氮肥、增加磷肥与锌肥，中产玉米田要加强氮肥和磷肥的配合。

（3）**两年三熟制肥料分配原则** 以小麦—甘薯→春玉米为例，总的原则是保证一年多熟，兼顾一年一熟。将有机肥料主要施用在冬小麦和春玉米上，尤其是春玉米；对冬小麦和春玉米要增加氮肥和磷肥施用；对甘薯要重视钾肥施用、减少氮肥施用。

（4）**立体种植肥料分配原则** 以小麦/玉米—大白菜→小麦—大豆为例，总的原则是多施有机肥料，施好氮肥，做到养分协调，数量充足。将有机肥料重点分配在小麦和大白菜上，若第二年夏播玉米，两茬各占50%，若第三年夏播大豆，则大白菜占60%~70%；化肥分配要适度增加对大白菜的氮肥投入，同时多施磷肥、钾肥和微肥。

2. 轮作制度下施肥计划的制订

轮作周期内施肥计划的制订包括肥料分配方案和作物的施肥技术2个方面的内容。其中肥料分配方案按前述的分配原则，针对具体的轮作方式而制定。这里主要就轮作周期内施肥量的确定方法与步骤做一介绍（以冬小麦—夏玉米轮作为例）。

（1）**调查研究，收集有关资料** 主要了解近3年的轮作方式及其产量水平、经济状况和生产条件、肥料施用现状、科技水平、气候条件、土壤肥力状况等。

（2）**估算轮作周期内作物对养分的需要量**（养分平衡法） 第一步，确定轮作周期内各种作物的计划产量；第二步，估算各作物实现计划产量的所需养分量；第三步，估算轮作周期内作物对养分需要总量，即将表2-4中所有作物需要的氮、磷、钾的养分量分别汇总即可。

表2-4 轮作周期内作物对养分的需要量

（单位：千克/公顷）

作物种类	计划产量	空白产量	计划产量所需养分量		土壤养分供给量	需要补充的养分量
冬小麦	9000	6000	氮	328.5	219.0	109.5
			磷	41.4	27.6	13.8
			钾	347.4	231.6	115.8
夏玉米	9000	5250	氮	270.0	157.5	112.5
			磷	39.6	23.1	16.5
			钾	224.1	130.7	93.4
总计			氮	598.5	376.5	222.0
			磷	81.0	50.7	30.3
			钾	571.5	362.3	209.2

（3）估算轮作周期内土壤供给的养分总量 轮作周期内的土壤养分供给量可以由不施肥情况下作物产量（空白产量）乘以氮、磷、钾养分校正系数获得，然后把各茬土壤供给的氮、磷、钾的养分量分别汇总。

（4）估算轮作周期中实现养分平衡时需要补给的养分量 首先用表2-4中的计划产量所需养分量与土壤养分供给量之差来计算轮作周期内各作物需要补充的养分量，然后把各茬作物各种需要补充养分量汇总，就是轮作周期中实现养分平衡时需要补给养分总量。

（5）轮作周期内各作物施肥技术的制定 依据表2-4中的数据，考虑现有肥料的种类、品种、利用率、养分含量等，根据作物需肥规律，制定各作物所用的肥料种类及施用量和施肥方式（表2-5）。

表2-5 轮作周期内各作物施肥技术

（单位：千克/公顷）

作物种类	肥料种类	施肥量和施肥方式		
		基肥	种肥	追肥
冬小麦	厩肥	30000	0	0
	尿素	310	75	75
	磷酸一铵	275	0	70
	硫酸钾	360	0	90
夏玉米	厩肥	30000	0	0
	尿素	230	75	75
	磷酸一铵	275	0	140
	硫酸钾	342	0	0
总计	厩肥	60000	0	0
	尿素	540	150	150
	磷酸一铵	550	0	210
	硫酸钾	702	0	90

六、作物水肥一体化技术

水肥一体化技术是世界上公认的提高水肥资源利用率的最佳技术。2013年，农业部下发《水肥一体化技术指导意见》，把水肥一体化列为

"一号技术"加以推广。水肥一体化技术也被称为灌溉施肥技术，是借助压力系统（或地形自然落差），根据土壤养分含量和作物种类的需肥规律及特点，将可溶性固体或液体肥料配制成的肥液，与灌溉水一起，通过可控管道系统均匀、准确地输送到作物根部土壤，浸润作物根系生长发育区域，使主根根系土壤始终保持疏松和适宜的含水量。通俗地讲，就是将肥料溶于灌溉水中，通过管道在浇水的同时施肥，将水和肥料均匀、准确地输送到作物根部土壤。

1. 水肥一体化技术的优点

水肥一体化技术与传统地面灌溉和施肥方法相比，具有以下优点。

（1）节水效果明显　采用水肥一体化技术，可减少水分的下渗和蒸发，提高水分利用率。在露天条件下，微灌施肥与大水漫灌相比，节水率达50%左右。保护地栽培条件下，滴灌与畦灌相比，每亩大棚一季节水80～120米^3，节水率为30%～40%。

（2）节肥增产效果显著　水肥一体化技术具有施肥简便、施肥均匀、供肥及时、作物易于吸收、肥料利用率高等优点。据调查，常规施肥的肥料利用率只有30%～40%，滴灌施肥的肥料利用率达80%以上。在作物产量相近或相同的情况下，水肥一体化技术与常规施肥技术相比可节省化肥30%～50%，并增产10%以上。

（3）减轻病虫草害发生　采用水肥一体化技术能有效地减少灌水量和水分蒸发量，提高土壤养分有效性，促进根系对营养的吸收储备，还可降低土壤湿度和空气湿度，抑制病菌、害虫的产生、繁殖和传播，并抑制杂草生长，因此，也减少了农药的投入和防治病虫草害的劳力投入。与常规施肥相比，利用水肥一体化技术，每亩农药用量可减少15%～30%。

（4）降低生产成本　水肥一体化技术采用管网供水，操作方便，便于自动控制，减少了人工开沟、撒肥等过程，因而可明显节省施肥劳力；灌溉是局部灌溉，大部分地表保持干燥，减少了杂草的生长，也就减少了用于除草的劳动力；由于水肥一体化技术可减少病虫害的发生，也就减少了用于防治病虫害、喷药等的劳动力；水肥一体化技术实现了种地无沟、无渠、无埂，大大减少了水利建设的工程量。

（5）改善作物品质　采用水肥一体化技术能适时、适量地供给作物不同生育期生长所需的养分和水分，明显改善作物的生长环境条件，因此，可促进作物增产，提高农产品的外观品质和营养品质。应用水肥一体化技术种植的作物，生长整齐一致，定植后生长恢复快、提早收获、收获

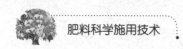

期长、丰产优质、对环境气象变化适应性强等。通过水肥的控制，可以根据市场需求提早供应市场或延长供应市场的时间。

（6）**便于农作管理**　采用水肥一体化技术，只湿润作物根区，其行间空地保持干燥，因而即使在灌溉的同时，也可以进行其他农事活动，减少了灌溉与其他农作的相互影响。

（7）**改善土壤微生态环境**　采用水肥一体化技术可明显降低大棚内空气湿度；滴灌施肥与常规畦灌施肥相比，地温可提高 2.7℃；有利于增强土壤微生物活性，促进作物对养分的吸收；有利于改善土壤物理性质，滴灌施肥克服了因灌溉造成的土壤板结，土壤容重降低，孔隙度增加，有效地调控土壤根系的水渍化、盐渍化、土传病害等障碍。水肥一体化技术可严格控制灌溉用水量、化肥施用量、施肥时间，不破坏土壤结构，防止化肥和农药淋洗到深层土壤，造成土壤和地下水的污染，同时可将硝酸盐造成的农业面源污染降到最低限度。

（8）**便于精确施肥和标准化栽培**　水肥一体化技术可根据作物营养规律有针对性地施肥，做到缺什么补什么，实现精确施肥；可以根据灌溉的流量和时间，准确计算单位面积所用的肥料量。微量元素通常应用螯合态，价格昂贵，而通过水肥一体化技术可以做到精确供应，提高肥料利用率，降低微量元素肥料施用成本。水肥一体化技术的采用有利于实现标准化栽培，是现代农业中的一项重要技术措施。在一些地区的作物标准化栽培手册中，已将水肥一体化技术作为标准措施推广应用。

（9）**适应恶劣环境和多种作物**　采用水肥一体化技术可以使作物在恶劣土壤环境下正常生长，如沙丘或沙地，因持水能力差，水分基本没有横向扩散，传统的灌水容易深层渗漏，作物难以生长，而采用水肥一体化技术，可以保证作物在这些条件下正常生长。此外，利用水肥一体化技术可以在土层薄、贫瘠、含有惰性介质的土壤上种植作物并获得最大的增产潜力，能够有效地开发与利用丘陵地、山地、沙地、轻度盐碱地等边缘土地。

2. 水肥一体化技术的缺点

水肥一体化技术是一项新兴技术，而且我国土地类型多样，各地农业生产发展水平、土壤结构及养分状况有很大的差别，用于灌溉施肥的化肥种类参差不一，因此，水肥一体化技术在实施过程中还存在以下诸多缺点。

（1）**易引起堵塞，系统运行成本高**　灌水器的堵塞是当前水肥一体化技术应用中最主要的问题，也是目前必须解决的关键问题。引起堵塞的原因有化学因素、物理因素，有时生物因素也会引起堵塞。因此，灌溉时对水质的要求较严，一般均应经过过滤，必要时还需经过沉淀和化学处理。

（2）**引起盐分积累，污染水源** 当在含盐量高的土壤上进行滴灌或是利用咸水灌溉时，盐分会积累在湿润区的边缘而引起盐害。施肥设备与供水管道连通后，若发生特殊情况，如事故、停电等，系统内会出现回流现象，这时肥液可能被带到水源处。另外，当饮用水与灌溉水用同一主管网时，如无适当措施，肥液可能进入饮用水管道，造成水源污染。

（3）**限制根系发展，降低作物抵御风灾的能力** 由于采用水肥一体化技术只湿润部分土壤，加之作物的根系有向水性，对于高大木本作物来说，少灌、勤灌的灌水方式会导致其根系分布变浅，在风力较大的地区可能产生拔根危害。

（4）**工程造价高，维护成本高** 根据测算，大田采用水肥一体化技术每亩投资 400 ~ 1500 元，而温室的投资比大田更高。

3. 水肥一体化技术系统的组成

水肥一体化技术系统主要有微灌系统和喷灌系统。这里以常用的微灌系统为例。微灌就是利用专门的灌水设备（滴头、滴灌管、微喷头、渗灌管等），将有压水流变成细小的水流或水滴，湿润作物根部附近土壤的灌水方法。因其灌水器的流量小而被称为微灌，主要包括滴灌、微喷灌、脉冲微喷灌、渗灌等。目前生产实践中应用广泛且具有比较完整理论体系的主要是滴灌和微喷灌技术。微灌系统主要由水源工程、首部枢纽工程、输配水管网、灌水器 4 个部分组成（图 2-7）。

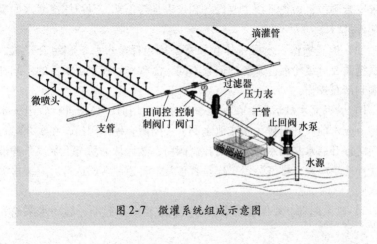

图 2-7 微灌系统组成示意图

（1）水源工程　在生产中可能使用的水源有河流水、湖泊、水库水、塘堰水、沟渠水、泉水、井水、水窖（窖）水等，只要水质符合要求，均可作为微灌的水源，但这些水源经常不能被微灌工程直接利用，或流量不能满足微灌用水量要求，因此需要根据具体情况修建一些相应的引水、蓄水或提水工程，统称为水源工程。

（2）首部枢纽工程　首部枢纽是整个微灌系统的驱动、检测和控制中枢，主要由水泵及动力机、过滤器等水质净化设备、施肥装置、控制阀门、进排气阀、压力表、流量计等设备组成。其作用是从水源中取水经加压过滤后输送到输配水管网中去，并通过压力表、流量计等设备监测系统运行情况。

（3）输配水管网　输配水管网的作用是将首部枢纽处理过的水按照要求输送并分配到每个灌水单元和灌水器。输配水管网包括干管、支管和毛管三级管道。毛管是微灌系统的末级管道，其上安装或连接灌水器。

（4）灌水器　灌水器是微灌系统中最关键的部件，是直接向作物灌水的设备，其作用是消减压力，将水流变为水滴、细流或以喷洒状施入土壤，主要有滴头、滴灌管、微喷头、渗灌滴头、渗灌管等。微灌系统的灌水器大多数用塑料注塑成型。

4. 水肥一体化技术系统的操作

水肥一体化技术系统的操作包括运行前的准备、灌溉操作、施肥操作、轮灌组更替和结束灌溉等工作。

（1）运行前的准备　运行前的准备工作主要是检查系统是否按设计要求安装到位，检查系统主要设备和仪表是否正常，对损坏或漏水的管段及配件进行修复。

（2）灌溉操作　水肥一体化技术系统包括单户系统和组合系统，组合系统需要分组轮灌。系统的简繁不同，灌溉作物和土壤条件的不同都会影响到灌溉操作。

1）管道充水试运行。在灌溉季节首次使用时，必须进行管道充水试运行。充水前应开启排污阀或泄水阀，关闭所有控制阀门，在水泵运行正常后缓慢开启水泵出水管道上的控制阀门，然后从上游到下游逐条冲洗管道，冲洗中应观察排气装置工作是否正常。管道冲水试运行后应缓慢关闭泄水阀。

2）水泵起动。要保证动力机在空载或轻载下起动。起动水泵前先关闭总阀门，并打开准备灌水的管道上的所有排气阀排气，然后起动水泵向管道内缓慢充水。起动后观察和倾听设备运转是否有异常声音，在确认起动正常的情况下，缓慢开启过滤器及控制田间所需灌溉的轮灌组的田间控制阀门，开始灌溉。

3）观察压力表和流量计。观察过滤器前后的压力表读数差异是否在规定的范围内，压差读数达到 7 米水柱（1 米水柱 = 9806.65 帕），说明过滤器内堵塞严重，应停机冲洗。

4）冲洗管道。新安装的管道（特别是滴灌管）在第一次使用时，要先放开管道末端的堵头，充分放水冲洗各级管道系统，把安装过程中集聚的杂质冲洗干净后，封堵末端堵头，然后才能开始使用。

5）田间巡查。要到田间巡回检查轮灌区的管道接头和管道是否漏水，各个灌水器工作是否正常。

（3）施肥操作 施肥过程是伴随灌溉同时进行的，施肥操作在灌溉进行 20～30 分钟后开始，并确保在灌溉结束前 20 分钟以上的时间内结束，这样可以保证对灌溉系统的冲洗和尽可能地减少化学物质对灌水器的堵塞。进行施肥操作前要按照施肥方案将肥料准备好，对于溶解性差的肥料，可先将肥料溶解在水中。注意，不同的施肥装置在操作细节上有所不同。

（4）轮灌组更替 根据水肥一体化灌溉施肥制度，观察水表水量确定达到要求的灌水量时，更换下一个轮灌组地块，注意不要同时打开所有分灌阀。首先打开下一个轮灌组的阀门，再关闭第一个轮灌组的阀门。进行下一个轮灌组的灌溉时，操作步骤按以上重复。

（5）结束灌溉 所有地块灌溉施肥结束后，先关闭灌溉系统水泵开关，然后关闭田间各控制阀门。对过滤器、施肥罐、管路等设备进行全面检查，达到下一次正常运行的标准。注意冬季灌溉结束后要把田间位于主支管道上的排水阀打开，将管道内的水尽量排净，以避免因管道留有积水而冻裂管道，此阀门冬季不必关闭。

▌身边案例

河南省沁阳市日光温室黄瓜水肥一体化技术应用

（1）温室种植基本情况 沁阳市应用水肥一体化技术的日光温室为长 120 米、宽 7 米的砖混钢架结构，生产茬口为冬春茬黄瓜（品种为园春 3 号）11 月中旬育苗，12 月下旬定植，第二年 2 月初下瓜。

（2）系统设备安装及水源设置 水肥一体化技术系统设备采用新疆坎儿井灌溉技术有限责任公司生产的重力滴灌系统，主要包括过滤器、施肥器、阀门控制装置，施肥系统采用压差施肥器。输水主管采用 ϕ40PE（聚乙烯）黑管，在输水管上游分别安装止回阀、闸阀、网式过滤器。滴灌管采用重力滴灌管，流量为 3 升/小时（约 0.0008 升/秒），配旁通、直通、堵头三件套。水源为自来水，出水口以在温室中部为最佳。无自来水供应的温室应设置蓄水池或储水桶，池或桶中水位要高于灌溉地面 1 米。

（3）滴灌管的铺设 将重力滴灌管与重力滴头连接好，滴灌管的长度与定植行的长度一致。然后在主管上打孔安装旁通，同时在旁通上连接滴灌管。滴灌管铺设方向与黄瓜种植行方向一致，与主管垂直。将连接好的滴灌管摆放在种植行上，距种植穴 10 厘米左右，将滴灌管的一端与主管三通管上的接头相连，另一端用堵头堵上。毛管间距与黄瓜行距一致，采用 1.0 米行距。在滴灌管上平铺地膜，以待定植黄瓜，也可先定植后覆盖地膜。

（4）水分管理 黄瓜要求较高的土壤湿度（土壤含水量为 85%～90%）及空气湿度（空气相对湿度在 90% 以上）。定植水，每亩灌水定额为 15 米^3；定植至初花期（1 月）每 10～12 天滴灌 1 次，每亩灌水定额为 10 米^3；进入根瓜期（2 月）后，每 10 天滴水 1 次，每亩灌水定额为 10 米^3；在腰瓜期（3 月），每 7 天滴水 1 次，每亩灌水定额为 15 米^3；在盛瓜期（4～6 月），每 5 天滴水 1 次，每亩灌水定额为 15 米^3。定植至拉秧生育期共 170 天左右，每亩总灌水量约为 350 米^3。

（5）肥料管理 根据黄瓜需肥特性及目标产量，总结出配套施肥技术。一般基施优质腐熟有机肥料 5000 千克/亩、磷酸二铵 25 千克/亩、过磷酸钙 20 千克/亩、硫酸钾 8 千克/亩，充分混匀后翻入土壤。追肥以滴肥为主，肥料应先在容器内溶解后再放入施肥罐。滴肥与滴水交替进行，即滴 1 次肥后，再滴 1 次水。追肥时期及追肥量：在初花期滴尿素 1 次，滴肥量为 5 千克/亩；在初瓜期滴肥 2 次，每次按尿素 5 千克/亩、硫酸钾 3 千克/亩滴入；在盛瓜期滴肥 8 次，其中，4 次按尿素 3 千克/亩、硫酸钾 3 千克/亩、磷酸一铵（72%）3 千克/亩滴入，另外 4 次按尿素 5 千克/亩、硫酸钾 3 千克/亩滴入。

（6）效益分析

1）产量分析。应用水肥一体化技术栽培的产量为11250千克/亩，较常规畦灌栽培（产量为9080千克/亩）增产2170千克/亩，增产幅度为23.9%，产值增加4340元/亩（黄瓜按2元/千克计算）。

2）肥料投入分析。应用水肥一体化技术栽培的化肥总用量为150千克/亩，成本为440元/亩。较常规畦灌栽培（化肥总用量为200千克/亩、成本为680元/亩）节约肥料50千克/亩，减少肥料投入成本240元/亩。

3）节水分析。应用水肥一体化技术栽培的总灌水量约为350米³/亩，较常规畦灌栽培（总灌水量为680米³/亩）节约水量为330米³/亩，节水48.5%，节约66元/亩。

4）用工投入。节约用工14个。

5）病害防治调查分析。采用水肥一体化技术栽培，黄瓜霜霉病的发病率为3.6%，较常规畦灌栽培（黄瓜霜霉病的发病率为15.2%）减少11.6%，发病率降低76%。在防治用药上，采用水肥一体化技术栽培投入为156元/亩，较常规畦灌栽培（投入为290元/亩）减少134元/亩，降低农药投入46%。

6）水肥一体化技术系统设备投入成本。长120米、宽7米的温室，按种植黄瓜的密度，每间隔0.7米铺设一条重力滴管，投入成本为1600元/亩，最低使用年限为4年。

总之，冬春茬黄瓜应用水肥一体化技术栽培，共节本增效4780元/亩（节约用工未计），扣除系统投入1600元/亩，当季增收3180元/亩，投入产出比为1:1.99。

第三章

有 机 肥 料

用有机肥料种出的农产品口感佳，能够有效保持瓜果蔬菜等本身特有的营养和味道，随着农业现代化的不断发展，有机肥料在农业生产中的作用重新受到重视，也逐渐被广大群众所认知。

第一节 有机肥料概述

有机肥料是指利用各种有机废弃物料加工积制而成的含有有机物质的肥料的总称，工厂化积制的有机肥料被称作商品有机肥料。

一、有机肥料的类型

按有机肥料的来源、特性、积制方法、未来发展等方面综合考虑，可以将其分为以下4类。

1. 农家肥

农家肥是农村就地取材、就地积制、就地施用的一类自然肥料，主要包括人畜粪尿、厩肥、禽粪、堆肥、沤肥和饼肥等。

（1）粪尿肥类 粪尿肥类主要是动物的排泄物，包括人粪尿、家畜粪尿、家禽粪、海鸟粪、蚕沙，以及利用家畜粪便积制的厩肥等。

（2）堆沤肥类 堆沤肥类主要是有机物料经过微生物发酵的产物，包括堆肥（普通堆肥、高温堆肥和工厂化堆肥）、沤肥、沼气肥（沼气发酵后的沼液和沼渣）等。

（3）土杂肥类 土杂肥类包括各种能用作肥料的有机废弃物，如泥炭（草炭）和利用泥炭、褐煤、风化煤等为原料加工提取的各种富含腐殖酸的肥料，饼肥（榨油后的油粕）、食用菌的废弃营养基、河泥、湖泥、塘泥、污水、污泥、垃圾肥和其他含有有机物质的工农业废弃物等，也包括配制的以有机肥料为主的各种营养土。

2. 秸秆肥

秸秆肥主要是小麦秸秆、水稻秸秆、玉米秸秆、豆类秸秆等用来直接还田或覆盖的作物残体。秸秆利用是未来种植业必须大力发展的方向，通过充分利用秸秆资源，达到养分和物质循环利用的目的，保持和提高土壤肥力。

3. 绿肥

绿肥是指直接翻压到土壤中作为肥料施用的作物整体或残体，包括野生绿肥、栽培绿肥等。

4. 商品有机肥料

商品有机肥料是指以畜禽粪便、动植物残体等富含有机质的副产品为主要原料，经过发酵腐熟后制成的肥料，也是指人们常说的精制有机肥料，包括工厂化生产的各种有机肥料、有机无机复混肥料、腐殖酸类肥料及氨基酸类肥料。

二、有机肥料的作用

有机肥料在农业生产中所起到的作用，可以归结为以下几个方面。

1. 营养作用

（1）有机肥料富含作物生长所需的养分　有机肥料在土壤中分解产生二氧化碳，可作为作物光合作用的原料，有利于提高产量。提供养分是有机肥料最主要的作用。

（2）有机肥料能给作物提供全面的营养，是一种完全肥料　有机肥料几乎含有作物生长发育所需的所有必需营养元素，尤其是微量元素。在长期施用有机肥料的土壤上生长的作物是不缺乏微量元素的。此外，有机肥料中还含有少量氨基酸、酰胺、磷脂、可溶性碳水化合物等有机分子，可以直接为作物提供有机碳、氮、磷等营养物质。

（3）有机肥料的肥效稳定且长久　有机肥料所含的养分多以有机态存在，通过微生物分解转化为作物可利用的形态，可缓慢释放，源源不断地供应作物需要。

（4）活化土壤养分　有机肥料不仅可以有效地增加土壤养分含量，而且所含的腐殖酸中有大量的活性基团，可以和许多金属阳离子（如锰、钙、铁等）形成稳定的配位化合物，从而使这些金属阳离子的有效性提高，同时也间接增加了土壤中闭蓄态磷的释放，从而达到活化土壤

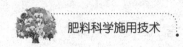

养分的功效。应当注意的是，有机肥料在活化土壤养分的同时，会由于与部分微量元素（如锌、铜等）形成稳定的配位化合物而降低其有效性。

2. 改良土壤

（1）提高有机质含量，更新土壤中腐殖质的组成，培肥土壤 土壤有机质是土壤肥力的重要指标，是形成良好土壤环境的物质基础。施入土壤的有机肥料，在微生物作用下分解转化、提供养分的同时，也会重新形成新的更为复杂且比较稳定的土壤特有的大分子高聚有机化合物，即腐殖质。这种大分子高聚有机化合物为黑褐色的有机胶体，是土壤中稳定的有机质，对土壤肥力有重要影响。

（2）改良土壤物理性状 有机肥料所含的腐殖酸可以改良土壤结构，促进土壤团粒结构形成，从而调整土壤孔隙状况，减少土壤栽插阻力，改善土壤耕性。有机肥料中的有机质具有较强的保水能力，可以提高土壤的保蓄性能。同时，有机质是一种深色物质，较易吸热，调温性能好。

（3）增强土壤的保肥性能 有机肥料中的有机质是一种较好的土壤胶体，具有很强的阳离子交换能力，可以增加保肥性能。同时，有机质是一种两性物质，可以增强土壤的缓冲性，改善土壤氧化还原状况，平衡土壤养分。

（4）提高土壤微生物活性和酶的活性 有机肥料给土壤微生物提供了大量的营养和能量，加速了土壤微生物的繁殖，提高了土壤微生物的活性，同时还使土壤中一些酶（如脱氢酶、蛋白酶、脲酶等）的活性提高，促进了土壤有机质的转化和循环，有利于提高土壤肥力。

3. 促进作物生长，改善作物品质

（1）促进作物生长 有机肥料中含有维生素、激素、酶、生长素和腐殖酸等，它们能促进作物生长和增强作物抗逆性。

（2）改善农产品品质 施用有机肥料能提高农产品的营养品质、风味品质、外观品质，这已被许多试验证明。

4. 净化土壤环境

施用有机肥料可以降低作物对重金属离子铜、锌、铅、汞、铬、镉、镍等的吸收，降低重金属对人体健康的危害。有机肥料中的腐殖酸对一部分农药（如狄氏剂等）的残留有吸附、降解作用，能有效地消除或减轻农药对农产品的污染。

三、有机肥料替代化学肥料技术

有机肥料替代化学肥料技术是通过增施传统有机肥料、精制有机肥料、生物有机肥料、有机无机复混肥料等措施提供土壤和作物必需的养分，从而达到利用有机肥料减少化学肥料投入的目的。

1. 农作物秸秆粉碎覆盖还田技术

农作物秸秆粉碎覆盖还田技术是指在农作物收获后用机械将其秸秆粉碎后直接覆盖于地表的一项农作物秸秆还田技术。该技术可以与免耕、浅耕及深松等技术结合，形成保护性耕作，能有效培肥地力，蓄水保墒，防止水土流失，保护生态环境，降低生产成本。

（1）**覆盖时间** 覆盖时间要结合农田、作物和农时等进行确定。冬小麦的覆盖要在入冬前进行，这样可提高地温，使分蘖节免受冻害，同时减少水分蒸发。秋播作物覆盖以在作物生长期覆盖为好。夏玉米应在展开7~8片叶时覆盖。春播作物的覆盖时间，春玉米以拔节初期为宜，大豆以分枝期为宜。

（2）**技术要求** 秸秆粉碎覆盖还田主要有小麦秸秆粉碎覆盖还田和玉米秸秆粉碎覆盖还田2种方式。

1）小麦秸秆粉碎覆盖还田。其技术要求为：联合收获作业，一次性完成小麦收获和秸秆覆盖还田。小麦割茬高度一般在15厘米左右。高留茬应不低于25厘米，也可根据农艺要求确定割茬高度；秸秆切断及粉碎率在90%以上，并均匀抛撒于地表，使秸秆得以还田；确保割茬高度一致、无漏割、地头地边处理合理。在一年两作玉米套种区，联合收获后将麦草覆盖于玉米行间，辅助人工作业，以不压、不盖玉米苗为标准；在玉米直播区，可采用联合收割机配茎秆切碎器，以提高秸秆还田质量。

2）玉米秸秆粉碎覆盖还田。其技术要求为：尽可能采取玉米联合收获作业，一次性完成玉米收获与秸秆粉碎覆盖还田，也可采取秸秆直接粉碎覆盖还田。抛撒均匀，不产生堆积和条状堆积现象。秸秆覆盖率不低于30%，秸秆覆盖量应满足小麦免耕播种机正常播种。秸秆量过大或地表不平时可采用浅旋、圆盘耙等表土处理措施。秸秆切碎长度应不超过10厘米，秸秆切碎合格率不低于90%，抛撒不均匀率不超过20%，漏切率不超过1.5%。

秸秆粉碎覆盖还田与免耕、浅耕等技术结合，是目前农耕中较为先进的技术。如秸秆还田免耕播种保护性耕作技术是利用小麦、玉米联合收获

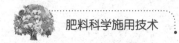

机将作物秸秆直接粉碎后均匀抛撒在地表，然后用免耕播种机播种，以达到改善土壤结构、培肥地力、实现农业节本增效的先进耕作技术。其工作程序为：小麦联合收获（秸秆粉碎覆盖）→玉米免耕施肥播种→喷除草剂→田间管理（灌溉、灭虫等）→玉米联合收获或玉米收获并将秸秆覆盖还田→深松（2～4年深松1次）→小麦免耕施肥播种→田间管理（灌溉、除草、灭虫等）→小麦联合收获。

2. 农作物秸秆留茬覆盖还田技术

农作物秸秆留茬覆盖还田技术主要应用于小麦、小麦—玉米、小麦—水稻等产区，是指机械收获小麦时留高茬（即在农作物成熟后用联合收割机收割，割茬高度控制在20～30厘米，残茬留在地表不做处理，播种时用免耕播种机进行作业），然后将麦秆覆盖于地表面。该技术与免耕播种技术相结合，蓄水保墒、增产效果明显，而且生产工序少，生产成本低，便于抢农时播种。

（1）**小麦留茬覆盖还田**　在一熟区小麦留茬覆盖与免耕或少耕结合是一种理想模式。其技术流程为：收获小麦（留高茬在15厘米以下），在麦田休闲期将经过碾压处理的麦秸均匀覆盖于地表，然后压倒麦秸并压实麦秸，施肥、浅耕、播种（播种时顺行将覆盖的麦秸收搂成堆，播种结束后再把秸秆均匀覆盖于播种行间）直到收获，收获时仍留茬15厘米，重复以上作业程序连续2～3年后，深耕翻埋覆盖的秸秆，倒茬种植其他作物。

（2）**麦田套种玉米的秸秆留茬覆盖还田**　该技术适用于华北、西北小麦收获前套种玉米或其他夏播作物的地区。这些地区畜牧业较发达，玉米秸秆或其他夏播作物多用作饲料。其技术流程为：在麦收前10～15天，套种玉米或其他夏播作物；麦收时，玉米出苗，提高机械收获或人工收获的留茬高度，一般为20～25厘米，然后将麦秸、麦糠均匀覆盖在玉米的行间；麦收后，若10天内无雨，应结合夏苗管理，进行中耕灭茬，若麦收后雨季来得早，也可不灭茬。对有灌水条件的地块，在麦收后浇1次全苗水，可加速秸秆的腐烂。若下茬夏播作物生长期雨少，麦茬腐烂慢，则在夏播作物收后翻耕时增施还田干秸秆量1%的纯氮。留高茬的地块虫害发生较严重，应及时防治。如果不采取套种，而采取复播夏玉米的方式，小麦留高茬则为20～46厘米，趁墒在其行内点种玉米，然后用旋耕机旋打，玉米种子便随耙齿旋动入土，小麦高茬也被耙齿切断并覆盖于地表，这样即播种了玉米，又进行了小麦高茬还田。

（3）麦田套种水稻的秸秆留茬覆盖还田　麦田套种水稻的秸秆留茬覆盖还田技术是麦秸全量覆盖还田与免耕套种相结合的一项新技术，常见于我国南方稻区。其技术流程为：在小麦收获前 2 ~ 3 周，将用河泥包衣的水稻种均匀撒播于麦田；用机械收获小麦，留茬在 30 厘米左右；收获脱粒后，将麦秸覆盖于田地上，麦秸较多时，可以将多余的麦秸压入麦田沟内。

3. 农作物秸秆腐熟还田技术

利用生化快速腐熟技术制造优质有机肥料，在国外已实现产业化。其特点是：采用先进技术培养能分解粗纤维的优良微生物菌种，生产出可加快秸秆腐热的化学制剂，并采用现代化设备控制温度、湿度、数量、质量和时间，经机械翻抛、高温堆腐、生物发酵等过程，将农业废弃物转换成优质有机肥料。

（1）催腐剂堆肥技术　催腐剂就是根据微生物中的钾细菌、氨化细菌、磷细菌、放线菌等有益微生物的营养要求，以有机物（包括作物秸秆、杂草、生活垃圾）为培养基，选用适合有益微生物营养要求的化学药品制成定量氮、磷、钾、钙、镁、铁、硫等营养的化学制剂，该制剂能有效地改善有益微生物的生态环境，加速有机物分解腐烂。该技术在玉米、小麦秸秆的堆沤中应用效果很好，目前在我国北方一些省市开始推广。

秸秆催腐方法如下：堆腐 1 吨秸秆需用催腐剂 1.2 千克，1 千克催腐剂需用 80 千克清水溶解。选择靠近水源的场所，如地头、路旁平坦地，先将秸秆与水按 1∶1.7 的比例充分混合，让秸秆湿透后，用喷雾器将溶解的催腐剂均匀喷洒于秸秆上，然后把喷洒过催腐剂的秸秆垛成宽 1.5 米、高 1 米左右的堆垛，用泥（厚约 1.5 厘米）密封，防止水分蒸发、养分流失。在冬季，为了缩短堆腐时间，可在泥上加盖塑料薄膜提温保温。

经试验，施用催腐剂堆肥的小麦比施碳酸氢铵堆肥的小麦平均增产19.9%，玉米平均增产 13.5%，花生平均增产 15%；对小麦、玉米、花生的投放产出比分别为 1∶17.4、1∶16.2、1∶24.3，经济效益显著。

（2）速腐剂堆肥技术　秸秆速腐剂是在"301"菌剂的基础上发展起来的，是由多种高效有益微生物、酶类及无机添加剂组成的复合菌剂。将速腐剂加入秸秆中，在有水的条件下，菌株能分泌大量纤维酶，能在短期内将秸秆粗纤维分解为葡萄糖，因此施入土壤后可迅速培肥土壤，减轻作物病虫害，刺激作物增产，实现用地养地相结合。实际的堆腐应用表明，

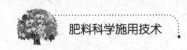

采用速腐剂腐熟秸秆，高效快速，不受季节限制，堆肥质量好。

秸秆速腐剂一般由 2 个部分构成：一部分是以分解纤维能力很强的腐生真菌等为中心的秸秆腐熟剂，占速腐剂总质量的 80%，这种真菌属于高湿型菌种，在堆沤秸秆时能产生 60℃ 以上的高温，20 天左右就可以将各类秸秆堆腐成肥料。另一部分是由固氮菌、有机和无机磷细菌及钾细菌组成的增肥剂，它要求 30～40℃ 的中温，在翻捣肥堆时加入，用于提高堆肥肥效。

秸秆速腐方法如下：按秸秆重的 2 倍加水，使秸秆湿透，含水量约达 65%，再按秸秆重的 0.1% 加速腐剂，另加 0.5%～0.8% 的尿素调节碳氮比（C/N），也可用 10% 的人畜粪尿代替尿素。堆沤分 3 层，第一层、第二层各厚 60 厘米，第三层（顶层）厚 30～40 厘米，速腐剂和尿素用量比自下而上按 4：4：2 分配，均匀撒入各层；将秸秆堆垛（宽 2 米、高 1.5 米），堆好后用铁锹轻轻拍实，就地取泥封堆并加盖塑料薄膜，以保水、保温、保肥，防止雨水冲刷。此法不受季节和地点限制，干草、鲜草均可利用，制成的有机肥料的有机质含量可达 60%，且含有 8.5%～10% 的氮、磷、钾及微量元素，这种肥料主要用作基肥，一般每亩施用 250 千克。

（3）**酵素菌堆肥技术**　酵素菌是由能够产生多种酶的好（兼）氧细菌、酵母菌和霉菌组成的有益微生物群体。利用酵素菌产生的水解酶的作用，可以在短时间内对作物秸秆等有机质材料进行糖化和氮化分解，产生低分子的糖、醇、酸。这些物质是堆肥中有益微生物生长繁殖的良好培养基，可以促进堆肥中放线菌的大量繁殖，从而改善土壤的微生态环境，创造作物生长发育所需的良好环境。利用酵素菌把大田作物秸秆堆沤成优质有机肥料后，可施用于大棚蔬菜、果树等经济价值较高的作物。

酵素菌堆肥方法为：堆腐材料包括秸秆 1 吨、麸皮 120 千克、钙镁磷肥 20 千克、酵素菌扩大菌 16 千克、红糖 2 千克、鸡粪 400 千克。先将秸秆在堆肥池外喷水湿透，使其含水量达到 50%～60%；将鸡粪均匀铺撒在秸秆上，再将麸皮和红糖（研细）均匀撒到鸡粪上，然后把钙镁磷肥和酵素菌扩大菌均匀搅拌在一起，再均匀撒在麸皮和红糖上面；用叉拌匀后挑入简易堆肥池，池底宽 2 米左右，堆高 1.8～2 米，顶部呈圆拱形并用塑料薄膜覆盖，防止雨水淋入。

4. 商品有机肥料科学施用技术

近年来，化学肥料的长期过量施用造成了土壤板结、环境污染、农产品品质下降，再加上其价格浮动较大，安全、环保、绿色的有机肥料便引起人们的关注，市场需求不断增加。

（1）**商品有机肥料的内涵**　与传统有机肥料不同，商品有机肥料有着自己独特的内涵。商品有机肥料是指工厂化生产，经过物料预处理、配方、发酵、干燥、粉碎、造粒、包装等工艺加工生产的有机肥料或有机无机复混肥料。商品有机肥料主要包括精制有机肥料、有机无机复混肥料和生物有机肥料。精制有机肥料不含特定功能的微生物，以提供有机质和少量养分为主，市场份额约占43%；有机无机复混肥料由有机和无机肥料混合而成，既含有一定比例的有机质，又含有较高的养分，市场份额约占40%；生物有机肥料除含有较多的有机质和少量养分外，还含有具有特定功能（固氮、解磷、解钾、抗土传病害等）的有益菌，市场份额约占15%。

（2）**精制有机肥料的科学施用**　精制有机肥料主要包括两大类：一类是活性有机肥料，是以作物秸秆、畜禽粪和农副产品加工下脚料为主要原料，经加入发酵微生物进行发酵脱水和无害化处理而成的优质有机肥料；另一类是腐殖酸、氨基酸类特种有机肥料，富含有机营养成分和植物生长调节剂。

1）精制有机肥料的施用特点。一是养分齐全，含有丰富的有机质，可以全面提供作物氮、磷、钾及多种中、微量元素，施用商品有机肥料后，能明显提高农产品的品质和产量。二是改善地力，施用商品有机肥料能改善土壤理化性状，增强土壤的透气、保水、保肥能力，防止土壤板结和酸化，显著降低土壤盐分对作物的不良影响，增强作物的抗逆和抗病虫害能力，缓解连作障碍。

2）精制有机肥料的施用量。不同种类作物施用精制有机肥料的量不同，这里以活性有机肥料为例：设施瓜果、蔬菜，如西瓜、草莓、辣椒、番茄、黄瓜等，基肥施用量为每季每亩300～500千克。露地瓜果、蔬菜，如西瓜、黄瓜、土豆、毛豆及葱蒜类等，基肥施用量为每季每亩300～400千克；青菜等叶菜类，基肥施用量为每季每亩200～300千克；莲子，基肥施用量为每亩500～750千克。粮食作物，如小麦、水稻、玉米等，基肥施用量为每季每亩200～250千克。油料作物，如油菜、花生、大豆等，基肥施用量为每季每亩300～500千克。果树、茶叶、花卉、桑树等，根据树龄大小，基肥施用量为每季每亩500～750千克；新苗木基地，在育苗前每亩基施750～1000千克。对于新平整后的生土田块，3～5年内每年每亩增施750～1000千克，方可逐渐恢复并提高土壤肥力。

3）施用注意事项及施用方法。精制有机肥料的长效性不能代替化学肥料的速效性，必须根据不同作物和土壤状况，再配合尿素、配方肥料等施用，才能取得最佳效果。精制有机肥料一般以作为基（底）肥施用为主，在作物栽种前将肥料均匀撒施并翻耕入土，如果采用条施或沟施，则要注意防止因肥料集中施用而发生烧苗现象，要根据作物在田间的实际情况确定商品有机肥料的每亩施用量；精制有机肥料作为追肥使用时，一定要及时浇足水分；精制有机肥料在高温季节的旱地作物上使用时，一定要注意适当减少施用量，防止发生烧苗现象；精制有机肥料一般呈碱性，在喜酸作物上使用时要注意其适用性及施用量。

温馨提示

农业部首度公布的有机肥料替代化学肥料行动方案

（1）苹果　在黄土高原苹果优势产区、渤海湾苹果优势产区推广4种技术模式："有机肥＋配方肥"模式、"果—沼—畜"模式、"有机肥＋水肥一体化"模式、"自然生草＋绿肥"模式。

（2）柑橘　在长江上中游柑橘带、赣南—湘南—桂北柑橘带、浙—闽—粤柑橘带推广4种技术模式："有机肥＋配方肥"模式、"果—沼—畜"模式、"有机肥＋水肥一体化"模式、"自然生草＋绿肥"模式。

（3）设施蔬菜　在北方设施蔬菜集中产区推广4种技术模式："有机肥＋配方肥"模式、"菜—沼—畜"模式、"有机肥＋水肥一体化"模式、"秸秆生物反应堆"模式。

（4）茶叶　在长江中下游名优绿茶重点区域、长江上中游特色和出口绿茶重点区域、西南红茶和特种茶重点区域、东南沿海优质乌龙茶重点区域推广4种技术模式："有机肥＋配方肥"模式、"茶—沼—畜"模式、"有机肥＋水肥一体化"模式、"有机肥＋机械深施"模式。

第二节　有机肥料的特性与科学施用

常见的有机肥料主要有粪尿肥、堆沤肥、秸秆肥、绿肥、腐殖酸肥料及其他杂肥等，其中秸秆肥在上一节的有机肥料替代化学肥料技术部分中已有阐述。

一、粪尿肥

粪尿肥包括人粪尿、家畜粪尿及厩肥等，是重要的有机肥料。其共同特点是来源广泛、易流失、氮易挥发损失；含有较多的病原菌和寄生虫卵，若施用不当，容易传播病虫害。因此，合理施用粪尿肥的关键是科学储存和适当的卫生处理。

1. 人粪尿

（1）基本性质　人粪尿是一种养分含量高、肥效快的有机肥料。

人粪是食物经过消化后未被吸收而排出体外的残渣，混有多种消化液、微生物和寄生虫等物质，含有70%~80%的水分、20%左右的有机物和5%左右的无机物。其中，有机物主要是纤维素、半纤维素、脂肪、蛋白质、分解蛋白、氨基酸、各种酶和粪胆汁等，还含有少量粪臭质、吲哚、硫化氢、丁酸等臭味物质；无机物主要是钙、镁、钾、钠的硅酸盐、磷酸盐和氯化物等盐类。新鲜人粪一般呈中性。

人尿是食物经过消化吸收，并参与人体代谢后产生的废物和水分，含95%的水分、5%左右的水溶性有机物和无机盐类，主要为尿素（占1%~2%）、氯化钠（约占1%），以及少量的尿酸、马尿酸、氨基酸、磷酸盐、铵盐、微量元素和微量的生长素（吲哚乙酸等）。新鲜的尿液为浅黄色透明液体，不含微生物，因含有少量磷酸盐和有机酸而呈弱酸性。

人粪尿的排泄量和其中的养分及有机质的含量因人而异，不同的年龄、饮食状况和健康状况都不相同（表3-1）。

表3-1　人粪尿的养分含量（%）

种类	主要成分含量（鲜基）				
	水分	有机物	氮（N）	磷（P$_2$O$_5$）	钾（K$_2$O）
人粪	>70	约20	1.00	0.50	0.37
人尿	>90	约3	0.50	0.13	0.19
人粪尿	>80	5~10	0.5~0.8	0.2~0.4	0.2~0.3

（2）无害化处理　对人粪尿进行无害化处理的原则是：杀灭病原菌，消除传染源，防止蚊蝇滋生，防止污染环境，防止养分损失，促进腐熟，提高肥效。进行无害化处理多采用加盖沤制、密封堆积和药物处理等方法。

1）加盖沤制。加盖沤制是利用人粪尿在厌氧发酵过程中产生的氨使病原菌和虫卵因中毒而被杀死。同时，在厌氧条件下，病原菌会因受到强烈抑制而死亡。

2）密封堆积。用人粪尿与厩肥、作物秸秆等有机物混合堆积，堆内粪尿发酵及有机物分解所产生的高温可杀死病原菌和虫卵。尤其是高温堆肥，堆内温度可达 60～70℃，能杀灭大部分病原微生物。为了防止氨的挥发，还应该用泥土将肥堆密封起来，一般堆积 2 个月左右即可翻捣、施用。

3）药物处理。在生产上急需用肥时，可采用药物消毒的方法进行处理。如在每 100 千克人粪尿中加入 50% 的敌百虫 2 克或 15% 的氨水 0.5～1 千克，加盖密封，也可在粪肥中加入少量漂白粉杀死引发肠道传染病的病原和传染性肝炎病毒等。在农村还有土法杀灭病虫的措施，如辣椒秆、烟草梗、油桐饼、茶籽饼等均有一定的杀虫作用。

（3）科学施用　人粪尿适用于大多数作物，尤其是对叶菜类蔬菜（如白菜、甘蓝、菠菜等）、谷类作物（如水稻、小麦、玉米等）和纤维类作物（如麻类等）的施用效果更为显著。但忌氯作物（如马铃薯、甘薯、甜菜、烟草等）应当少用。

人粪尿适用于各种土壤，如含盐量在 0.05% 以下的土壤、具有灌溉条件的土壤，以及雨水充足地区的土壤。但对于干旱地区灌溉条件较差的土壤和盐碱土，施用人粪尿时应加水稀释，以防止土壤盐渍化加重。

人粪尿可作为基肥和追肥施用，每亩施用量一般为 500～1000 千克，还应配合其他有机肥料和磷肥、钾肥施用。人尿还可以作为种肥用来浸种。

2. 家畜粪尿

家畜粪尿主要指人们饲养的牲畜，如猪、牛、羊、马、驴、骡、兔等的排泄物，以及鸡、鸭、鹅等禽类排泄的粪便。

（1）基本成分　家畜粪的成分较为复杂，主要是纤维素、半纤维素、木质素、蛋白质及其降解物、脂肪、有机酸、酶、大量微生物和无机盐类。家畜尿的成分较为简单，全部是水溶性物质，主要为尿素、尿酸、马尿酸，以及钾、钠、钙、镁的无机盐。家畜粪尿中养分的含量常因家畜的种类、年龄、饲养条件等不同而有差异，表 3-2 是新鲜家畜粪尿中主要养分的平均含量。

表3-2　新鲜家畜粪尿中主要养分的平均含量（%）

种类		水分	有机质	氮（N）	磷（P_2O_5）	钾（K_2O）
猪	粪	81.5	15.0	0.60	0.40	0.44
	尿	96.7	2.8	0.30	0.12	1.00
马	粪	75.8	21.0	0.58	0.30	0.24
	尿	90.1	7.1	1.20	微量	1.50
牛	粪	83.3	14.5	0.32	0.25	0.16
	尿	93.8	3.5	0.95	0.03	0.95
羊	粪	65.5	31.4	0.65	0.47	0.23
	尿	87.2	8.3	1.68	0.03	2.10

（2）家畜粪尿的性质与合理施用　各类家畜粪的性质与施用见表3-3。

表3-3　家畜粪的性质与施用

种类	性质	施用
猪粪	质地较细，纤维素含量低，碳氮比低，养分含量较高且蜡质含量较高；阳离子交换量较高；含水量较高，纤维素分解菌少，分解较慢，产热少	适于各种土壤和作物，可作为基肥和追肥
牛粪	质地细密，碳氮比为21∶1，含水量较高，通气性差，分解较缓慢，释放出的热量较少，被称为冷性肥料	适于有机质缺乏的轻质土壤，可作为基肥
羊粪	质地细密干燥，有机质和养分含量高，碳氮比为12∶1，分解较快，发热量较大，被称为热性肥料	适于各种土壤，可作为基肥
马粪	质地疏松多孔，纤维素含量较高，水分含量低，碳氮比为13∶1，分解较快，释放热量较多，被称为热性肥料	适于质地黏重的土壤，多作为基肥
兔粪	富含有机质和各种养分，碳氮比范围窄，易分解，释放热量较多，被称为热性肥料	多用于茶、桑、果树、蔬菜、瓜等作物，可作为基肥和追肥
禽粪	质地细腻，纤维素含量较少，养分含量高于畜粪，分解速度较快，发热量较低	适于各种土壤和作物，可作为基肥和追肥

家畜尿与人尿有所不同，尿素含量较人尿少，尿酸和马尿酸含量较人尿高，成分较为复杂，分解缓慢，需要经过分解转化后才能被作物吸收利用。家畜尿中因含有碳酸钾和有机酸钾而呈碱性。在家畜尿中，马尿和羊尿的尿素含量较高，分解速度较快，猪尿次之，牛尿分解最慢。

3. 厩肥

（1）基本性质　厩肥是以家畜粪尿为主，与各种垫圈材料（如秸秆、杂草、黄土等）和饲料残渣等混合积制的有机肥料的统称。北方称其为"土粪"或"圈粪"，南方称其为"草粪"或"栏粪"。

不同的家畜，由于饲养条件不同和垫圈材料的差异，各种和各地厩肥的成分有较大的差异，特别是有机质和氮含量差异更显著（表3-4）。

表3-4　新鲜厩肥中主要养分的平均含量（%）

种类	水分	有机质	氮（N）	磷（P_2O_5）	钾（K_2O）	钙（CaO）	镁（MgO）	硫（SO_3）
猪厩肥	72.4	25.0	0.45	0.19	0.60	0.08	0.08	0.08
牛厩肥	77.5	20.3	0.34	0.16	0.40	0.31	0.11	0.06
马厩肥	71.3	25.4	0.58	0.28	0.53	0.21	0.14	0.01
羊厩肥	64.3	31.8	0.083	0.23	0.67	0.33	0.28	0.15

新鲜厩肥中的养分主要是有机态的，施用前必须进行堆腐。厩肥腐熟后，氮的当季利用率为10%～30%，磷的当季利用率为30%～40%，钾的当季利用率为60%～70%。可见，厩肥对当季作物来讲，氮的供应状况不及化肥，而磷、钾的供应却超过化肥，因此使用厩肥时及时补充适量的氮。此外，厩肥因含有丰富的有机质，故有较长的后效和良好的改土作用，尤其是对低产田的土壤熟化，促进作用十分明显。

（2）积制方法　除深坑圈下层的厩肥外，其他方法积制的厩肥腐熟程度较差，都需要进行堆腐，腐熟后才能施用。目前，常采用的腐熟方法有冲圈和圈外堆制。冲圈是将家畜粪尿集中于化粪池沤制，或直接冲入沼气发酵池，利用沼气发酵的方法进行腐熟。此种方法多用于大型养殖场和家畜粪便能源化地区。

圈外堆制有2种方式：一种是紧密堆积法，将厩肥取出，在圈外另选地方堆成宽2～3米、高1.5～2米、长度不限的紧实肥堆，用泥浆或塑料薄膜覆盖，在厌氧条件下堆制6个月，待厩肥完全腐熟后再利用。另一种为疏松堆积法，方法与紧密堆积法相似，但肥堆疏松，在好氧条件下腐熟。此法类似于高温堆肥的方法，肥堆温度较高，有利于杀灭病原体，加速厩肥的腐熟。此外，还可以2种堆制方法交替使用，先进行高温堆制，待高温杀灭病原体后，再压紧肥堆，在厌氧条件下腐熟，此法厩肥完全腐熟需要4~5个月。

厩肥半腐熟时的特征可概括为"棕、软、霉"，完全腐熟时的特征可概括为"黑、烂、臭"，腐熟过劲时的特征则为"灰、粉、土"。

（3）科学施用　厩肥中的养分大部分是迟效性的，养分释放缓慢，因此应作为基肥施用。但腐熟的优质厩肥也可用作追肥，只是肥效不如作基肥效果好。因此，施用厩肥时，应因土、因厩肥养分的有效性不同，配施相应的不同种类与数量的化学肥料。

施用的厩肥不一定是完全腐熟的，一般应根据作物种类、土壤性质、气候条件、肥料本身的性质及施用的主要目的而有所区别。一般来说，块根、块茎作物，如甘薯、马铃薯和十字花科的油菜、萝卜等，对厩肥的利用率较高，可施用半腐熟厩肥；而禾本科作物，如水稻、小麦等，对厩肥的利用率较低，则应选用腐熟程度高的厩肥。对生育期短的作物应施用腐熟的厩肥；对生育期长的作物可施用半腐熟厩肥。若目的是为了改良土壤，就可以选择腐熟程度稍差的厩肥，让厩肥在土壤中进一步分解，这样有助于改土；若用作苗肥，则应选择腐熟程度较好的厩肥。就土壤条件而言，对质地黏重、排水性差的土壤，应施用腐熟的厩肥，而且不宜翻耕过深；对砂质土壤，则可施用半腐熟厩肥，翻耕深度可适当加深。

施用时应撒施均匀，随施随翻耕。用作水稻基肥的厩肥最好是在灌水后施用并及时耙田，使肥土相融，这样可减少氮的损失。据测定，厩肥施后翻入土中6小时后损失氮2%，24小时后损失氮14%，又据试验，厩肥未翻入土中48小时后损失氮17%~22%。有时还会出现因撒施不匀，翻耕后造成幼苗高矮不齐，影响厩肥的肥效。

二、堆沤肥

堆肥和沤肥是我国重要的有机肥料，是利用秸秆、杂草、绿肥、泥炭、垃圾和人畜粪尿等废弃物为原料混合后，按一定方式进行堆制或沤制的肥料。一般北方地区以堆肥为主，堆积过程主要是好氧微生物分解，发酵温度较高；南方地区一般以沤肥为主，沤制过程主要是厌氧微生物分

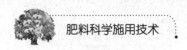

解，常温下发酵。

1. 堆肥

（1）基本性质 堆肥的性质基本和厩肥类似，其养分含量因堆肥原料和堆制方法不同而有差别（表3-5）。堆肥一般含有丰富的有机质，碳氮比较小，养分多为速效态；堆肥还含有维生素、生长素及微量元素等。

表3-5 堆肥中的养分含量

种类	水分（%）	有机质（%）	氮（N,%）	磷（P_2O_5,%）	钾（K_2O,%）	碳氮比（C/N）
高温堆肥	—	24 ~ 42	1.05 ~ 2.00	0.32 ~ 0.82	0.47 ~ 2.53	9.7 ~ 10.7
普通堆肥	60 ~ 75	15 ~ 25	0.40 ~ 0.50	0.18 ~ 0.26	0.45 ~ 0.70	16.0 ~ 20.0

（2）积制方法 按照堆制方法，堆制腐熟技术分为普通堆肥和高温堆肥。

1）高温堆肥。堆制方式有平地式和半坑式2种。

① 平地式高温堆肥适用于地下水位较高的地区或雨季多水的华南及长江中下游地区，华北和东北的夏秋季节也可应用。堆肥场地一般选择在地势较高的地方，地面开几条通气沟（10厘米宽、10厘米深），沟上横铺一层长秸秆，肥堆以宽3 ~ 4米、高2 ~ 3米为宜，长度不限；根据需要进行。将秸秆切碎铺在堆场上，厚度约为0.6米；再撒上骡马粪、人畜粪尿、污水等，随后铺上其他牲畜粪便，再撒上石灰或草木灰；最后在堆肥表面覆盖一层细土或用稀泥封甲。堆制完毕后，沿堆中央插入竹竿之类的通气管道。堆肥后，一般5天内堆温升高，几天后可达约70℃。降温后，破堆并将材料充分翻倒，依据需要再适当添加粪尿和水，重新堆积。一般翻堆2次，大约30天可以腐熟。骡马粪、人畜粪尿不足的地区，可用占堆肥材料量20%的老堆肥和1%的氮肥代替。

② 半坑式高温堆肥适用于雨量较少、气候干燥或寒冷的地区和季节。具体方法为：在背风向阳的近水源处挖深1米左右的长方形或圆形坑。在坑底开设"十"字形通气沟（15厘米宽、15厘米深），坑壁上沿四角开设4条斜沟。可将去叶玉米秸秆捆绑成直径约30厘米的圆柱体作为通气塔并直立于十字交叉处。沟面用玉米秸或高粱秸纵横各铺一层，坑壁斜沟也用秸秆覆盖，保持沟沟相通。坑底最好先铺一层老堆肥，然后按秸秆、

骡马粪、人粪尿、水的比例为1:0.4:0.2:(1.5~2)，逐层堆积入坑。堆肥可以高出地面1米左右，堆顶用泥土封严。堆后1周温度上升。一般不用翻倒，到高温期5~7天后封死通气口，以利于腐殖质形成。

2）普通堆肥。堆制方式有平地式、半坑式和深坑式3种。

① 平地式普通堆肥适用于气温高、雨量多、湿度大、地下水位高的地区或夏季积肥。堆肥场地一般选择在地势较高且平坦、靠近水源、运输方便的地方。肥堆宽2米、高1.5~2米，长度不限，根据需要进行。堆制前先夯实地面，再铺上一层10~15厘米厚的细草或泥炭。每层厚15~24厘米，层间加适量水、石灰、污泥、人粪尿等，堆顶覆盖一层细土或用稀泥封闭。秸秆堆制前要切碎，以长5~10厘米为宜。堆制1个月左右翻倒1次，根据堆肥的干湿程度适当加水，再堆制1个月左右再翻倒1次，直到腐熟为止。一般夏季需要2个月左右，冬季需要3~4个月。

② 半坑式普通堆肥适用于北方早春和冬季，和半坑式高温堆肥的方法基本一致，区别是不加骡马粪，不设通气沟和通气塔。

③ 深坑式普通堆肥一般坑深2米，全部在地下堆制，堆制方法与半坑式相似。

（3）腐熟特征 堆肥的腐熟是一系列微生物活动的复杂过程。堆肥初期是矿质化过程占主导，堆肥后期则是腐殖化过程占主导。其腐熟程度可从颜色、软硬程度及气味等特征来判断。半腐熟的堆肥材料组织松软易碎，分解程度差，汁液呈棕色，有腐烂味，可概括为"棕、软、霉"。腐熟的堆肥，堆肥材料完全变形，为褐色泥状物，可捏成团，并有臭味，特征是"黑、烂、臭"。

（4）科学施用 堆肥主要用作基肥，每亩施用量一般为1000~2000千克。用量较多时，可以全耕层均匀混施；用量较少时，可以开沟施肥或穴施。在温暖多雨季节或地区，或在土壤疏松、通透性较好的条件下，或种植生育期较长的作物和多年生作物时，或当施肥与播种或插秧期相隔较远时，可以使用半腐熟或腐熟程度更低的堆肥。

堆肥还可以作为种肥和追肥使用。作为种肥时常与过磷酸钙等磷肥混匀施用，作为追肥时应提早施用，并尽量施入土中，以利于养分的保持和肥效的发挥。堆肥和其他有机肥料一样，虽然是营养较为全面的肥料，但是氮含量相对较低，需要和化肥一起配合施用，以更好地发挥堆肥和化肥的肥效。

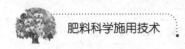

2. 沤肥

沤肥因积制地区、积制材料和积制方法的不同而名称各异,如江苏的草塘泥、湖南的凼肥、江西和安徽的窖肥、湖北和广西的垱肥、北方地区的坑沤肥等,都属于沤肥。

(1) **基本性质** 沤肥是在低温厌氧条件下进行腐熟的,腐熟速度较为缓慢,腐殖质积累较多。沤肥的养分含量因材料配比和积制方法的不同而有较大的差异,一般而言,沤肥的 pH 为 6~7,有机质含量为 3%~12%,全氮量为 2.1~4.0 克/千克,速效氮含量为 50~248 毫克/千克,全磷(P_2O_5)含量为 1.4~2.6 克/千克,速效磷(P_2O_5)含量为 17~278 毫克/千克,全钾(K_2O)含量为 3.0~5.0 克/千克,速效钾(K_2O)含量为 68~185 毫克/千克。

(2) **积制方法** 沤肥制作简单,肥源较广,无论是牲畜粪尿还是物秸秆,均可就地混合,在田边地头加水沤制,其方法如下。

1)挖塘。在田头挖长方形、方形或圆形塘。塘的面积以占田块面积的 1%~2% 为宜。圆形塘一般直径为 3.3 米、深 1 米,可容肥 1000 千克。配料以泥为主,搭配稻草、绿肥(青草)和厩肥等。江苏草塘泥的配料中,一般绿肥占 15% 左右,粪肥和厩肥共占 15%~20%,稻草占 2% 左右,河泥占 63%~68%。

2)入塘。将稻草、河泥、粪肥、绿肥(青草)等分层放入塘内,加适量水,每加一层就不断踩踏,使配料混合均匀,将空塘加满后,塘面保持 5~7 厘米的浅水层。

3)翻塘。沤制 1 个月后,将塘内肥料取出,加入绿肥和厩肥并混合均匀,再分层移入塘内,翻塘 1~2 次。当塘面水层变为红棕色、有臭味时,表示肥料已腐熟。

(3) **科学施用** 沤肥一般作为基肥施用,多用于稻田,也可用于旱地。在水田中施用时,应在耕作和灌水前将沤肥均匀施入土壤,然后翻耕、耙地,再插秧。在旱地上施用时,也应结合耕地情况作为基肥。沤肥每亩的施用量一般在 2000~5000 千克,并注意配合化肥和其他肥料一起施用,以解决沤肥肥效长但速效养分供应强度不大的问题。

3. 沼气肥

某些有机物发酵产生的沼气可以缓解农村能源紧张,协调农牧业均衡发展,发酵后的废弃物(沼渣和沼液)还是优质的有机肥料,即沼气肥,也称沼气池肥。

（1）**基本性质** 沼气发酵产物中除沼气可作为能源使用，以及用于粮食储藏、家禽孵化和柑橘保鲜外，沼液（占总残留物的 13.2%）和沼渣（占总残留物的 86.8%）还可以进行综合利用。沼液含速效氮 0.03% ～ 0.08%，速效磷 0.02% ～ 0.07%，速效钾 0.05% ～ 1.40%，同时还含有钙、镁、硫、硅、铁、锌、铜、钼等多种矿物质元素，以及各种氨基酸、维生素、酶和生长素等活性物质。沼渣含全氮 5.0 ～ 12.2 克/千克（其中速效氮含量占全氮含量的 82% ～ 85%）、速效磷 50 ～ 300 毫克/千克、速效钾 170 ～ 320 毫克/千克，以及大量的有机质。

（2）**沼气肥的发酵条件** 沼气肥的原料必须有含氮化合物和其他矿质元素，以及较多的甲烷菌；发酵时有适宜的温度、pH、碳氮比和水分含量，一般以温度为 28 ～ 30℃，pH 为 6.5 ～ 7.5，水分含量为干重的90%，碳氮比在（30 ～ 40）：1 较适宜，一般以稻草、猪粪配料比为 1:4（干重）最好；发酵池必须密封、不漏气。此外，豆饼和菜籽饼等物质在厌氧发酵过程中能产生较多的硫化氢和磷化氢，而硫化氢和磷化氢是剧毒物质，人畜吸入少量就可致命，出肥时应注意安全操作，不得在池内取肥，以免中毒。

（3）**科学施用** 沼液是优质的速效性肥料，可作为追肥施用。一般土壤追肥每亩施用量为 2000 千克，并且要深施覆土。沼液还可以用作叶面追肥，又以施用于柑橘、梨、食用菌、烟草、西瓜、葡萄等经济作物最佳，将沼液和水按 1:（1 ～ 2）的比例稀释，7 ～ 10 天喷施 1 次，可收到很好的效果。除了单独施用外，沼液还可以用来浸种，可以和沼渣混合作为基肥和追肥施用。

沼渣可以和沼液混合施用，作为基肥每亩施用量为 2000 ～ 3000 千克，作为追肥每亩施用量为 1000 ～ 1500 千克。沼渣也可以单独作为基肥或追肥施用。

三、绿肥

利用作物生长过程中所产生的全部或部分绿色体，直接或间接翻压到土壤中作为肥料，称为绿肥。长期以来，我国广大农民把栽培绿肥作为重要的有机肥源，同时利用绿肥作为重要的养地措施和饲草来源。

1. 绿肥的种类

按栽培季节划分，绿肥可分为冬季绿肥、夏季绿肥、春季绿肥、秋季绿肥、多年生绿肥等。

（1）**冬季绿肥** 冬季绿肥简称冬绿肥。一般在秋季或初冬播种，第二年春季或初夏利用，主要生长季节在冬季，如紫云英、毛叶苕子等。

（2）**夏季绿肥** 夏季绿肥简称夏绿肥。春季或初夏播种，夏末或初秋利用，主要生长季节在夏季，如田菁、柽麻、绿豆等。

（3）**春季绿肥** 春季绿肥简称春绿肥。早春播种，在仲夏前利用。

（4）**秋季绿肥** 秋季绿肥简称秋绿肥。在夏季或早秋播种，冬季前翻压利用，主要生长季节在秋季。

（5）**多年生绿肥** 多年生绿肥是指栽培利用年限在1年以上，可多次刈割利用，如紫穗槐、沙打旺、小冠花等。

2. 绿肥的养分含量

绿肥作物鲜草产量高，含较丰富的有机质，有机质含量一般在12%~15%（鲜基），而且养分含量较高（表3-6）。种植绿肥可增加土壤养分，提高土壤肥力，改良低产田。绿肥能提供大量的新鲜有机质和钙，根系有较强的穿透能力和团聚能力，有利于水稳性团粒结构形成。绿肥还可固沙护坡，防止冲刷，防止水土流失和土壤沙化。绿肥还可用作饲料，发展畜牧业。

表3-6 主要绿肥作物养分含量（%）

绿肥品种	鲜草主要成分（鲜基）			干草主要成分（干基）		
	氮（N）	磷（P_2O_5）	钾（K_2O）	氮（N）	磷（P_2O_5）	钾（K_2O）
草木樨	0.52	0.13	0.44	2.82	0.92	2.42
毛叶苕子	0.54	0.12	0.40	2.35	0.48	2.25
紫云英	0.33	0.08	0.23	2.75	0.66	1.91
黄花苜蓿	0.54	0.14	0.40	3.23	0.81	2.38
紫花苜蓿	0.56	0.18	0.31	2.32	0.78	1.31
田菁	0.52	0.07	0.15	2.60	0.54	1.68
沙打旺	—	—	—	3.08	0.36	1.65
柽麻	0.78	0.15	0.30	2.98	0.50	1.10
肥田萝卜	0.27	0.06	0.34	2.89	0.64	3.66
紫穗槐	1.32	0.36	0.79	3.02	0.68	1.81
箭舌豌豆	0.58	0.30	0.37	3.18	0.55	3.28

（续）

绿肥品种	鲜草主要成分（鲜基）			干草主要成分（干基）		
	氮（N）	磷（P_2O_5）	钾（K_2O）	氮（N）	磷（P_2O_5）	钾（K_2O）
水花生	0.15	0.09	0.57	—	—	—
水葫芦	0.24	0.07	0.11	—	—	—
水浮莲	0.22	0.06	0.10	—	—	—
绿萍	0.30	0.04	0.13	2.70	0.35	1.18

3. 绿肥的种植利用方式

绿肥首先是一种作物，需要在一定的土壤、时间、光照、温度等条件下生长发育。在人多地少的地区，就容易产生用地矛盾。充分利用作物生长期以外可以利用的时间和粮食等作物生长发育过程中可以利用的空间，合理安排种植绿肥是协调粮肥矛盾的主要方法。

（1）农区绿肥种植方式

1）适宜的绿肥饲草种类和组合。在黑龙江和辽宁等地以二年生白花草木樨与稗谷或黑麦草等混播，其比例以5:1为好；在河南以苕子与黑麦草混播效果较好，其比例以1:1为佳。在山西，箭舌豌豆适应性广，抗旱耐瘠，产草量高，而且种子产量高且稳定；籽实可加工成粉丝，草和籽实都是优质饲料。苕子是西南地区云贵川三省冬闲旱地良好的间套种绿肥饲草作物。在进行集约化种植的农区，由于复种指数高，因此绿肥饲草应以生长期短、经济价值高的种类为主。在浙江，除了传统的紫云英外，紫云英与黑麦草混播的效果十分明显。江苏的麦类行间间作的适宜组合是蚕豆、豌豆与稗谷或黑麦草混播。上海则以青贮玉米和黑麦草混播组合较为适宜。各地区不同种植制度中绿肥的适宜种类，见表3-7。

表3-7 各地区不同种植制度中绿肥的适宜种类

地区	主要作物的种植方式	适宜绿肥种类	种植形式
黑龙江双城	玉米一年一熟制	白花草木樨	间作
辽宁阜新	粮草轮作	白花草木樨	轮作
内蒙古四子王旗	粮草轮作	白花草木樨、毛叶苕子	轮作
山西右玉	粮草轮作	箭舌豌豆	轮作

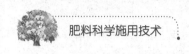

（续）

地区	主要作物的种植方式	适宜绿肥种类	种植形式
陕西蒲城	二年三熟或一年二熟制	苜蓿	轮作
甘肃武威	春麦一年一熟制	毛叶苕子、箭舌豌豆、草木樨	间种、复种
新疆和田	一年二熟制	草木樨、豆类	间套种
河南通许	小麦—玉米或麦棉一年二熟制	苕子、黑麦草混播	间作
江苏盐城	春玉米或麦棉一年二熟制	苕子、豌豆、蚕豆、黑麦草	套种或复种
浙江奉化	双季稻	紫云英、苕子、黑麦草	套种或复种
上海	双季稻	紫云英、黑麦草、青贮玉米	套种或复种
四川德阳	玉米一年一熟制	早熟毛叶苕子	套种
四川西昌	玉米一年一熟制	早熟毛叶苕子	套种
贵州赫章	玉米一年一熟制	普通光叶苕子	套种
云南呈贡	玉米一年一熟制	普通光叶苕子	套种

2）适宜的绿肥种植方式。我国不同地区自然条件差异很大，作物的种植方式多种多样，绿肥的种植方式也多种多样（表3-8）。

表3-8　几种绿肥与农作物种植的优化模式

模式	种植方法	适宜地区
玉米、绿肥间作	一年一熟制玉米和草木樨2∶1间作	北方一年一熟制玉米地区，如黑龙江、辽宁、内蒙古
玉米套种绿肥	一年一熟制玉米夏、秋季套播苕子	西南地区冬闲旱地
小麦—玉米一年二熟制，玉米套种绿肥	小麦—带状套种玉米，麦收后玉米行间套种草木樨等	一年二熟制地区，如新疆等

（续）

模式	种植方法	适宜地区
麦豆一年二熟制，套种绿肥	大麦带状种植，秋季套种黑麦草、豌豆混合草，麦收收复种大豆	一年二熟制地区，如江苏盐城、河南等
双季稻冬季麦类间作绿肥	大麦间作紫云英或紫云英、黑麦草混播或青贮玉米	双季稻地区，如上海、浙江等
小麦复种绿肥	一年一熟制春麦套种、复种箭舌豌豆和草木樨	甘肃、新疆
一草一粮轮作	春箭舌豌豆收籽，胡麻轮作	晋西北半干旱瘠薄地
一草二粮轮作	草木樨或混播稗草、玉米（或高粱），3 年轮作	辽西半干旱瘠薄地

3）粮食和绿肥饲草的合理比例。在我国北方一熟制地区，由于连年种植粮食，对水肥要求相对较高，适当播种绿肥，刈割作饲料，根茬肥田，实行种养结合，扩充饲料来源，发展农区畜牧业，是建立良性的农业生态体系的一条重要途径。在甘肃，粮食、绿肥饲草作物合理轮作，可促进农牧业的发展，改变单一的种植方式，有利于土壤肥力的提高，其中，粮油草配置比例以 2 种形式最佳，一是粮食作物占 60%、油料作物占20%、饲草作物（紫花苜蓿）占 20%，再加上粮田夏季复种短期绿肥作物占 40%，二是粮食作物占 70%、油料作物占 10%、饲草作物（紫花苜蓿）占 20%，再加上粮田夏季复种短期绿肥作物占 30%。在以粮食作物为主的陕西渭北旱塬地区，豆科绿肥饲草种植面积近年来急剧下降，对土壤培肥和畜牧业发展十分不利，在这一地区安排种植一定面积的多年生豆科绿肥牧草如紫花苜蓿等、实行粮草轮作是十分必要的，绿肥饲草的种植面积以占耕地面积的 5%~6% 为宜。在江苏盐城地区的中度盐碱地上，绿肥饲草间套种，绿肥面积占到 40% 也不会影响粮食总产量，并且改土效果明显。

（2）**果桑园绿肥种植方式** 在北方果园中，毛叶苕子、百脉根、小冠花、苜蓿和草木樨是较好的覆盖绿肥，其中越年生毛叶苕子、多年生百脉根和小冠花更为适合。

南方红壤丘陵柑橘园土壤偏酸且多瘠薄，一般应选用耐酸、耐瘠、抗

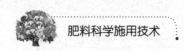

高温干旱的绿肥种类。主要的种植种类有印度豇豆、白三叶、竹豆、箭舌豌豆、紫云英、豌豆、黑麦草、肥田萝卜及商陆等。

亚热带果园（龙眼、荔枝等）气温高，土壤侵蚀严重，土壤贫瘠，主要选择抗逆性强、生长快、能迅速覆盖地面的绿肥作物，在这些地区以印度豇豆表现最好，其次为大翼豆。

在桑园的冬季绿肥中，南部地区以箭舌豌豆、北部地区以苕子表现较好，其他如蚕豆、地中海三叶草、印尼绿豆等也是较好的桑园绿肥。

在选用合适的绿肥种类的同时，不同绿肥种类的组合搭配也十分重要。毛叶苕子、印度豇豆、箭舌豌豆等一年生绿肥生长速度快，产草量高，当年的覆盖度大；而多年生小冠花、三叶草等，一次播种可多年利用，具有节省工本的特点。一年生与多年生绿肥适当搭配，可充分发挥二者的优点。此外，采用豆科、禾本科、十字花科混播或间套作对增加鲜草产量及全面提高和平衡土壤中的氮、磷、钾十分有利。

目前，在黄河故道地区采用的毛叶苕了自传种栽培技术是一项成功的方法。利用毛叶苕子种子成熟后自行落地和有一定量的硬籽的特性，自然形成草层，变年年播种为一次播种多年利用。具体方法是：在毛叶苕子秋播前，每亩施50千克过磷酸钙，耕地、播种，第二年春季毛叶苕子覆盖地表，开花结籽，6～7月通过敲打和践踏使种子落地入土。茎叶干枯后，等到杂草长到30～40厘米时，喷洒稀释150倍的草甘膦1～2次，以利秋季毛叶苕子种子萌发再生。8月下旬落地的毛叶苕子陆续发芽、出土、成苗。如此循环3～4年后，于春季盛花期翻压，完成一个覆盖周期。

4. 绿肥的合理利用技术

目前，我国绿肥的主要利用方式有直接翻压、作为原材料积制有机肥料和用作饲料。

（1）直接翻压 绿肥直接翻压（也叫压青）施用后的效果与绿肥的翻压时期、翻压深度、翻压量和翻压后的水肥管理密切相关。

1）绿肥翻压时期。常见绿肥品种的翻压时期为：紫云英应在盛花期；苕子和田菁应在现蕾期至初花期；豌豆应在初花期；柽麻应在初花期至盛花期。翻压绿肥时期，除了根据不同品种绿肥作物生长特性选择外，还要考虑农作物的播种期和需肥时期。一般应与播种和移栽期有一段时间间距，大约10天。

2）绿肥翻压量与翻压深度。绿肥翻压量一般根据绿肥中的养分含量、土壤供肥特性和植物的需肥量来考虑，每亩应控制在1000～1500千克，然后再配合施用适量的其他肥料，来满足作物对养分的需求。绿肥翻压深度一般根据耕作深度考虑，大田应控制在 15~20 厘米，不宜过深或过浅；而果园翻压深度应根据果树品种和果树需肥特性考虑，可适当增加翻压深度。

3）翻压后的水肥管理。绿肥在翻压后，应配合施用磷肥、钾肥，既可以调整氮磷比，还可以协调土壤中氮、磷、钾的比例，从而充分发挥绿肥的肥效。对于干旱地区和干旱季节，还应及时灌溉，尽量保持充足的水分，加速绿肥的腐熟。

（2）配合其他材料生产堆肥和沤肥 可将绿肥与秸秆、杂草、树叶、粪尿、河塘泥、含有机质的垃圾等有机废弃物配合生产堆肥或沤肥。还可以配合其他有机废弃物进行沼气发酵，既可以解决农村能源问题，又可以保证有足够的有机肥料的施用。

（3）用作饲料，协调发展农牧业 可以用作饲料，发展畜牧业。绿肥（尤其是豆科绿肥）的粗蛋白质含量较高，为 15%~20%（干基），是很好的青饲料，可用于家畜饲养。

四、腐殖酸肥料

1. 腐殖酸的基本性质

腐殖酸，又名胡敏酸，是一组含芳香结构、性质类似、无定形的酸性物质组成的混合物。其分子结构十分复杂，含有芳香环和含氮杂环，环上有酚羟基、羟基、醇羟基、醌羟基、烯醇基、磺酸基、氨基、羧基、游离的醌基、半醌基、醌氧基、甲氧基等官能团。

腐殖酸为黑色或黑褐色的无定形粉末，在稀溶液条件下像水一样无黏性，能或多或少地溶解在酸、碱、盐、水和一些有机溶剂中，具有弱酸性。它是一种亲水胶体，具有较高的离子交换性、络合性和生理活性。

2. 腐殖酸肥料的品种与性质

腐殖酸肥料品种主要有腐殖酸铵、硝基腐殖酸铵、腐殖酸钠、腐殖酸钾、黄腐酸等。

（1）腐殖酸铵 腐殖酸铵简称腐铵，化学分子式为 R-COONH$_4$，一般含水溶性腐殖酸铵 25% 以上，速效氮 3% 以上。外观为黑色有光泽的颗粒或黑色粉末，溶于水，呈微碱性，无毒，在空气中稳定。腐殖酸铵可用作基肥（每亩用量为 40~50 千克）、追肥，用于浸种或浸根等，适用于各种土壤和作物。

（2）**硝基腐殖酸铵**　硝基腐殖酸铵是腐殖酸与稀硝酸共同加热，氧化分解形成的。一般含水溶性腐殖酸铵45%以上、速效氮2%以上。外观为黑色有光泽的颗粒或黑色粉末，溶于水，呈微碱性，无毒，在空气中较稳定。硝基腐殖酸铵可用作基肥（每亩用量为40～75千克）、追肥，用于浸种或浸根等，适用于各种土壤和作物。

（3）**腐殖酸钠、腐殖酸钾**　腐殖酸钠、腐殖酸钾的化学分子式分别为R-COONa、R-COOK，一般腐殖酸钠含腐殖酸40%～70%，腐殖酸钾含腐殖酸70%以上。二者均呈棕褐色，易溶于水，水溶液呈强碱性。腐殖酸钠、腐殖酸钾可用作基肥（0.05%～0.1%的液肥与农家肥拌在一起施用）、追肥（每亩用0.01%～0.1%的液肥250千克浇灌），用于种子处理（浸种用0.005%～0.05%的液肥、浸根插条等用0.01%～0.05%的液肥）、根外追肥（喷施用0.01%～0.05%的液肥）等。

（4）**黄腐酸**　黄腐酸又称富里酸、富啡酸、抗旱剂一号、旱地龙等，溶于水、酸、碱，水溶液呈酸性，无毒，性质稳定，呈黑色或棕黑色，含黄腐酸70%以上，可用于拌种（用量为种子量的0.5%）、蘸根（100克加水20千克加黏土调成糊状）、叶面喷施（大田作物稀释1000倍、果树和蔬菜稀释800～1000倍）等。

3. 腐殖酸肥料的施用技术

（1）**施用条件**　腐殖酸肥料适于各种土壤，特别是用于有机质含量低的土壤、盐碱地、酸性红壤、新开垦红壤、黄土、黑黄土等效果更好。

腐殖酸肥料对各种作物均有增产作用，效果好的作物有白菜、萝卜、番茄、马铃薯、甜菜、甘薯；效果较好的作物有玉米、水稻、高粱、裸大麦等。

（2）**固体腐殖酸肥科学施用**　腐殖酸肥料与化学肥料混合制成腐殖酸复混肥，可以用作基肥、种肥、追肥或根外追肥，可撒施、穴施、条施或压球造粒施用。

1）用作基肥。可以采用撒施、穴施、条施等办法，不过集中施用比撒施效果好，深施比浅施、表施效果好，一般每亩可施腐殖酸铵等40～50千克或腐殖酸复混肥25～50千克。

2）用作种肥。可穴施于种子下面12厘米附近，每亩可施腐殖酸复混肥10千克左右。在稻田可用作面肥，在插秧前把肥料均匀撒在地表上，耙匀后插秧，效果很好。

3）用作追肥。应该早施，在距离作物根系6～9厘米附近穴施或条施，追施后结合中耕覆土。将硝基腐殖酸铵作为增效剂与化学肥料混合施用效果较好，每亩施用量为 10 ~ 20 千克。

4）秧田施用。利用泥炭、褐煤、风化煤粉覆盖秧床，对于培育壮秧、增强秧苗抗逆性具有良好作用。

（3）注意问题　腐殖酸肥料肥效缓慢，后效较长，应该尽量早施，在作物生长前期施用。腐殖酸肥料本身不是肥料，必须与其他肥料配合施用才能发挥作用。腐殖酸肥料作为水溶肥料施用必须注意浓度适宜，过高会抑制作物生长，过低不起作用。腐殖酸肥料作为水溶肥料施用配制时最好不要使用含钙、镁较多的硬水，以免发生沉淀影响效果，pH 要控制在 7.2 ~ 7.5。

五、其他杂肥类有机肥料

其他有机肥料也称为杂肥，包括泥炭、饼肥或菇渣、城市有机废弃物等，它们的养分含量及施用见表 3-9。

表 3-9　杂肥类有机肥料的养分含量与施用

名称	养分含量	施用
泥炭	含有机质 40% ~ 70%、腐殖酸 20% ~ 40%、全氮 0.49% ~ 3.27%、全磷 0.05% ~ 0.6%、全钾 0.05% ~ 0.25%，多呈酸性至微酸性	多作为垫圈或堆肥材料、肥料生产原料、营养钵无土栽培基质，一般较少直接施用
饼肥	主要有大豆饼、菜籽饼、花生饼等，含有机质 75% ~ 85%、全氮 1.1% ~ 7.0%、全磷 0.4% ~ 3.0%、全钾 0.9% ~ 2.1%、蛋白质及氨基酸等	一般作为饲料。若用作肥料，可作为基肥和追肥，但需腐熟
菇渣	含有机质 60% ~ 70%、全氮 1.6%、全磷 0.5%、钾 0.9% ~ 2.1%、速效氮 212 毫克/千克、速效磷 188 毫克/千克，并含丰富的微量元素	可作为饲料、吸附剂、栽培基质。腐熟后可作为基肥和追肥
城市有机废弃物	处理后的城市有机废弃物肥料含有机质 2.2% ~ 9.0%、全氮 0.18% ~ 0.20%、全磷 0.23% ~ 0.29%、全钾 0.29% ~ 0.48%	经腐熟并达到无害化后多作为基肥施用

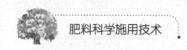
温馨提示

设施蔬菜施用有机肥料不能盲目

设施蔬菜生产中，施用有机肥料应注意以下几个问题。

1）要控制有机肥料用量，并配合施用适量的速效性化学肥料。一般以每年每亩的温室施用腐熟的鸡粪5~7吨或猪、牛等厩肥6~8吨为宜，对于新建温室适当多施些，种植5年以上的温室应适当减少用量。对于有机质含量较低的风沙土、盐碱土、白浆土、黑钙土等适当多施些，而有机质含量较高的黑土、草甸土适量少施些。

2）有机肥料必须充分腐熟，严禁施用未充分腐熟的有机肥料。新鲜的畜粪便含有病菌及寄生虫，不宜直接使用，一般应经堆制，在发酵、腐熟过程中杀死各种病菌、虫卵及其他杂种种子，还可将肥料中的有机物质逐步分解为植物可以吸收的各种营养成分。

3）有机肥料施用尽量多样化，避免多年单一施用一种有机肥料，并应配合施用一些生物肥料。

4）使用腐熟的沼气肥。无公害蔬菜田使用的沼气肥要求密封储存期在30天以上，高温沼气发酵温度在53℃左右持续2天，在施用的沼液中无孑孓，池的周围无活的蛆、蛹或新羽化的成虫。沼气池残渣经无害化处理后方可施用。

5）化学肥料和农家肥混用好处多。化学肥料的特点是养分含量高、肥效快，但肥效持续时间短、养分单一；农家肥是完全肥料，养分含量低、肥效慢，但肥效持续时间长。故二者混用可取长补短。

第四章

化 学 肥 料

化学肥料已成为农业生产中使用最广、用量最多的肥料，它在补充土壤养分供应、促进作物生长、提高作物产量等方面所起的巨大作用，已越来越被人们所认识，因而也越来越受广大农民的欢迎。

第一节　化学肥料的种类与成分

化学肥料，也称无机肥料，简称化肥，是用化学和（或）物理方法人工制成的含有一种或几种作物生长需要的营养元素的肥料。

一、化学肥料的分类与特点

1. 化学肥料的分类

化学肥料的分类方法不同，种类也不同。

（1）根据作物需要量的多少分类　可分为大量元素肥料、中量元素肥料和微量元素肥料。

（2）根据肥料营养成分分类　可分为氮肥、磷肥、钾肥、硫肥、钙肥、镁肥、铜肥、锰肥、铁肥、锌肥、硼肥、钼肥等。

（3）根据肥料所含元素的种类多少分类　可分为单一元素肥料和多元素肥料。前者如氮肥、磷肥、钾肥、硫肥、钙肥、镁肥、铜肥、锰肥、铁肥、锌肥、硼肥、钼肥等；后者根据加工方法又可分为复合肥料、复混肥料、掺混肥料等。

（4）根据使用目的分类　可分为配方肥料、专用肥料等。

（5）根据肥料性质分类　可分为水溶肥料、缓释肥料、非水溶肥料等。

2. 化学肥料的特点

相对有机肥料，化学肥料的基本特点有 4 个。

（1）成分单一，含量较高　化学肥料的成分较单纯，其含量相对较高，含有一种或数种作物生长发育的必需营养元素。

（2）作物吸收容易　化学肥料多数溶于水或溶于弱酸，属于速效性肥料，能直接被根或叶面吸收。

（3）易于人工调控　化学肥料施入土壤后，在一定程度上能按人们的要求改变或调控土壤中某种或几种营养元素的浓度，也可能影响到土壤的某些理化性质。

（4）对储存、运输条件有一定要求　化学肥料的储存、运输、二次加工与使用等在各方面都有一定的具体要求。如果处理不当，有可能使肥料性质改变、养分损失或有效性降低等。

二、化学肥料的作用

化学肥料施用得科学、正确，就能使作物正常生长发育；如果施用不当，就有可能危害作物生长发育，甚至污染环境。

1. 化学肥料的积极作用

化学肥料是作物的粮食，在其他条件不变的情况下，可增加作物产量 40%~60%。化学肥料的积极作用主要有以下几点。

（1）提供大量农产品　大量田间试验结果表明，化学肥料施用得当，每千克养分能增产粮食 8.5~9.5 千克，经济效益较好。1992 年我国化学肥料按养分计施用量为 2930 万吨，氮（N）：磷（P_2O_5）：钾（K_2O）= 1：0.39：0.14，如果 80% 的化学肥料用在粮食作物上，仅粮食的增产量就占当年粮食总产量的 45%~50%。

从能量观点来看：1 克化肥氮（N）约增加生物产量 24 克，每克生物产生的生物能为 4.2 千卡（1 千卡 ≈ 4.2 × 10^3 焦），即 1 克化肥氮能转换生物能量 100.8 千卡。但合成 1 克化肥氮的耗能仅为 24 千卡，增加了 3 倍多。当然，也有的农民增施化学肥料后增产不显著，原因很多，但这不是化肥的本身的问题而是因为施肥不科学造成的。

（2）让更多有机肥料返田　增施化学肥料提高了产量，不仅增加了粮食产量也增加了秸秆产量。粮食和秸秆增多，使饲料、燃料、肥料紧张的状况得到缓和，也有利于畜牧业的发展，不仅满足了社会对肉类食品的需求，也增加了有机肥料返田的肥料来源。一些地区土壤有机质含量确有下降的现象，主要原因是种田不施肥、少施肥，或过量单施氮肥而忽视有机肥料的返田等。

（3）改善土壤养分状况　据不同地区 30 个连续施肥 5～10 年地块的定位试验，在不施或少施有机肥料的情况下，其结果为：每季每亩施磷肥（P_2O_5）3～5 千克，土壤有效磷含量比试验前增加 40%～90%；而不施磷肥则下降 23%～54%。每季每亩施钾肥（K_2O）5～10 千克，土壤有效钾含量比试验前平均增加 20% 左右。增施氮、磷或氮、磷、钾，土壤有机质含量升降幅度很小，影响不大。我国缺磷钾土壤的面积日益增加，单靠有机肥料返田远不能满足作物的需求，以上表明增施氮、磷或氮、磷、钾不会造成土壤有机质下降，还可改善土壤养分状况，土壤磷钾含量的提高尤其明显。

（4）改善农产品品质　大量试验结果表明，合理施用化学肥料不但不会造成农产品品质下降，而且可以明显提高农产品的品质。

2. 化学肥料的负面作用

（1）化学肥料施用不当，引起农产品污染或品质下降　化学肥料施用不当，会降低作物的抗逆能力，如抗病虫、抗倒伏、抗旱抗寒等能力，致使作物减产或品质恶化。如过量施用氮肥，可使蔬菜、水果中的硝酸盐含量增加。硝态氮本身无毒，但若未被作物充分同化可使其在作物中的含量迅速增加，摄入人体后被微生物还原为亚硝酸，使血液的载氧能力下降，诱发高铁血红蛋白血症，严重时可使人窒息死亡。同时，硝态氮还可以在体内转变成强致癌物质亚硝胺，诱发各种消化系统癌变，危害人体健康。

（2）化学肥料施用不当，引起土壤退化　化学肥料施用不当，会引起土壤退化，主要表现在：第一，重金属和有毒元素增加。研究表明，无论是酸性土壤、微酸性土壤还是石灰性土壤，长期施用化学肥料不当会造成土壤中重金属元素的富集。第二，微生物活性降低，物质难以转化及降解。我国施用的化学肥料以氮肥为主，而磷肥、钾肥和有机肥料的施用量低，这会降低土壤微生物的数量和活性。第三，养分失调，硝酸盐累积。我国施用的化学肥料以氮肥为主，而磷肥、钾肥和复合肥较少，长期施用会造成土壤营养失调，加剧土壤中磷、钾的耗竭，导致硝态氮累积。在保护地栽培条件下，即使是在以施用有机肥料为主的 100 厘米土层中硝态氮的累积量也在 240～740 千克/公顷。第四，土壤酸化加剧，pH 变化太大。这一方面与氮肥在土壤中因硝化作用产生硝酸盐的过程相关，首先是铵转变成亚硝酸盐，然后亚硝酸盐再转变成硝酸盐，释放氢离子（H^+），导致土壤酸化；另一方面，一些生理酸性肥

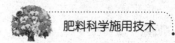

料，例如磷酸钙、硫酸铵、氯化铵在植物吸收肥料中的养分离子后，土壤中氢离子增多，许多耕地土壤的酸化和长期施用生理性肥料有关。土壤酸化后可加速钙、镁从耕作层淋溶，从而降低盐基饱和度和土壤肥力。

（3）过量施用化学肥料，引起环境污染　过量施用化学肥料引起的环境问题主要有：一是使水源污染，造成人们生活用水的短缺，并因饮用被污染的水源而致健康受损。二是导致河川、湖泊、内海的富营养化。原因在于残留在土壤中的化学肥料被暴雨冲刷后汇入水体，水中氮、磷含量增加，加剧了水体的富营养化，导致藻类等水生植物大量繁殖，许多水塘、水库、湖泊因此变臭，成为死水。三是造成食品、饲料中有毒成分增加，危害人体健康。四是大气中氮氧化物含量增加，化学肥料中的氮元素等进入大气后，增加了温室气体排放，导致环境温度升高。

第二节　氮肥的科学施用

常见的氮肥品种主要有尿素、碳酸氢铵、硫酸铵、氯化铵、硝酸铵、硝酸钙等。

一、尿素

1. 基本性质

尿素为酰胺态氮肥，化学分子式为 $CO(NH_2)_2$，含氮量为 45% ~ 46%。尿素为白色或浅黄色结晶体，无味无臭，稍有清凉感；易溶于水，水溶液呈中性。尿素吸湿性强，但由于尿素在造粒中加入石蜡等疏水物质，因此肥料级尿素的吸湿性明显下降。

尿素在造粒过程中，温度达到 50℃ 时，便有缩二脲生成；当温度超过 135℃ 时，尿素分解生成缩二脲。尿素中缩二脲含量超过 2% 时，就会抑制种子发芽，危害作物生长。

2. 科学施用

尿素适于用作基肥、追肥和根外追肥，一般不直接用作种肥。

（1）用作基肥　尿素用作基肥时可以在翻耕前撒施，也可以和有机肥料掺混均匀后进行条施或沟施。作物一般每亩用 10 ~ 20 千克。用作基肥可撒施田面，随即耕耙。春播作物地温较低，如果尿素集中条施，其用量不易过大。

（2）用作种肥 尿素中缩二脲含量不超过 1% 时，可以用作种肥，但需与种子分开，用量也不宜多。作物每亩用尿素 5 千克左右，必须先将尿素和干细土混匀，施在种子下方 2～3 厘米处或旁侧 10 厘米左右处。如果土壤墒情不好、天气过于干旱，尿素最好不要用作种肥。

（3）用作追肥 每亩用尿素 10～15 千克。旱地作物可沟施或穴施，施肥深度为 7～10 厘米，施后覆土。

（4）用作根外追肥 尿素最适宜用作根外追肥，其原因是：尿素为中性有机物，电离度小，不易烧伤茎叶；尿素分子体积小，易透过细胞膜；尿素具有吸湿性，容易被叶片吸收，吸收量高；尿素进入细胞后，易参与物质代谢，肥效快。一般喷施 0.3%～1% 的尿素。

3. 适宜作物及注意事项

尿素是生理中性肥料，适用于各类作物和各种土壤。尿素在造粒中温度过高就会产生缩二脲甚至三聚氰酸等产物，对作物有抑制作用。缩二脲含量超过 1% 时不能用作种肥、苗肥和叶面肥。尿素易随水流失，水田施尿素时应注意不要灌水太多，并应结合耘田使之与土壤混合，减少尿素流失。

尿素施用入土后，在脲酶作用下，不断水解转变为碳酸铵或碳酸氢铵，才能被作物吸收利用。尿素用作追肥时应提前 4～8 天施用。

> **施肥歌谣**
>
> 为方便施用尿素，可熟记下面的歌谣：
>
> 尿素性平呈中性，各类土壤都适用；含氮高达四十六，根外追肥称英雄；
>
> 施入土壤变碳铵，然后才能大水灌；千万牢记要深施，提前施用最关键。

二、碳酸氢铵

1. 基本性质

碳酸氢铵为铵态氮肥，又称重碳酸铵，简称碳铵。化学分子式为 NH_4HCO_3，含氮量为 16.5%～17.5%。碳酸氢铵为白色或微灰色粒状、板状或柱状结晶；易溶于水，水溶液呈碱性，pH 为 8.2～8.4；易挥发，有强烈的刺激性臭味。

干燥的碳酸氢铵在 10～20℃ 常温下比较稳定，但敞开放置易分解成

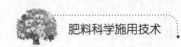

氨、二氧化碳和水。碳酸氢铵的分解造成氮的损失，残留的水加速碳酸氢铵潮解并使其结块。碳酸氢铵含水量越多、与空气接触面越大、空气湿度和温度越高，其氮的损失也越快。因此，制造碳酸氢铵时常添加表面活性剂，适当增大粒度，降低含水量；包装要结实，防止塑料袋破损和受潮；储存的库房要通风，不漏水，地面要干燥。

2. 科学施用

碳酸氢铵适于用作基肥，也可用作追肥，但要深施。

（1）用作基肥　每亩用碳酸氢铵 30～50 千克，可结合翻耕进行，将碳酸氢铵随撒随翻，耙细盖严；或在耕地时撒入犁沟中，边施边犁垡覆盖，俗称"犁沟溜施"。

（2）用作追肥　每亩用碳酸氢铵 20～40 千克，一般采用沟施与穴施。用于中耕作物如棉花等时，在株旁 7～10 厘米处开 7～10 厘米深的沟，随后撒肥覆土。撒肥时要防止碳酸氢铵接触、烧伤茎叶。干旱季节追肥后应立即灌水。

3. 适宜作物及注意事项

碳酸氢铵是生理中性肥料，适用于各类作物和各种土壤。碳酸氢铵养分含量低，化学性质不稳定，温度稍高时易因分解挥发而损失，产生的氨气对种子和叶片有腐蚀作用，故不宜用作种肥和叶面施肥。

> **施肥歌谣**
>
> 为方便施用碳酸氢铵，可熟记下面的歌谣：
>
> 碳酸氢铵偏碱性，施入土壤变为中；含氮十六到十七，各种作物都适宜；
>
> 高温高湿易分解，施用千万要深埋；牢记莫混钙镁磷，还有草灰人尿粪。

三、硫酸铵

1. 基本性质

硫酸铵为铵态氮肥，简称硫铵，又称肥田粉，化学分子式为 $(NH_4)_2SO_4$，含氮量为 20%～21%。硫酸铵为白色或浅黄色结晶，因含有杂质而有时呈浅灰色、浅绿色或浅棕色，易溶于水，吸湿性弱，热反应稳定，是生理酸性肥料。

2. 科学施用

硫酸铵适宜用作基肥、种肥和追肥。

（1）用作基肥 硫酸铵用作基肥时，每亩用量为 20～40 千克，可撒施随即翻入土中，或开沟条施，但都应当深施覆土。

（2）用作种肥 硫酸铵用作种肥对种子发芽没有不良影响，但用量不宜过多，基肥施足时可不施种肥。每亩用硫酸铵 3～5 千克，先与干细土混匀，随拌随播，肥料用量大时应采用沟施。

（3）用作追肥 硫酸铵用作追肥时，每亩用量为 15～25 千克，施用方法同碳酸氢铵，对于砂质土要少量多次施用。旱季施用硫酸铵，最好结合浇水。

3. 适宜作物及注意事项

硫酸铵比较适合棉花、麻类作物，特别适合油菜等喜硫作物。硫酸铵一般用在中性和碱性土壤中，酸性土壤应谨慎施用。在酸性土壤中长期施用，应配施石灰和钙镁磷肥，以防土壤酸化。水田不宜长期大量施用，以防硫化氢中毒。

施肥歌谣

为方便施用硫酸铵，可熟记下面的歌谣：

硫铵俗称肥田粉，氮肥以它作标准；含氮高达二十一，各种作物都适宜；

生理酸性较典型，最适土壤偏碱性；混合普钙变一铵，氮磷互补增效应。

四、氯化铵

1. 基本性质

氯化铵属于铵态氮肥，简称氯铵，化学分子式为 NH_4Cl，含氮量为 24%～25%。氯化铵为白色或浅黄色结晶，外观似食盐。物理性状好，吸湿性小，一般不易结块，结块后易碎；常温下较稳定，不易分解，但与碱性物质混合后常因挥发而受到损失；易溶于水，呈微酸性，为生理酸性肥料。

2. 科学施用

氯化铵适宜用作基肥、追肥，不宜用作种肥。

（1）用作基肥 氯化铵用作基肥时，每亩用量为 20～40 千克，可撒施随即翻入土中，或开沟条施，但都应当深施覆土。

（2）用作追肥 氯化铵用作追肥时，每亩用量为 10～20 千克，施用方法同硫酸铵。但应当尽早施用，施后适当灌水。氯化铵在石灰性土壤中

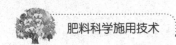

用作追肥时应当深施覆土。

3. 适宜作物及注意事项

氯化铵对于谷类作物、麻类作物的肥效与等氮量的尿素接近。忌氯植物如烟草、茶叶、马铃薯等不宜施用氯化铵。

氯化铵含有大量氯离子，对种子有害，不宜用作种肥。氯化铵是生理酸性肥料，应避免与碱性肥料混用。氯化铵一般用于中性和碱性土壤，酸性土壤应谨慎施用，盐碱地禁用。在酸性土壤中长期施用，应配施石灰和钙镁磷肥，以防土壤酸化。在石灰性土壤中，如果排水不好或长期干旱，施用氯化铵易增加盐分含量，影响作物生长。

> **施肥歌谣**
>
> 为方便施用氯化铵，可熟记下面的歌谣：
>
> 氯化铵、生理酸，含有二十五个氮；施用千万莫混碱，用作种肥出苗难；
>
> 牢记红薯马铃薯、烟叶甜菜都忌氯；重用棉花和稻谷，掺和尿素肥效高。

五、硝酸铵

1. 基本性质

硝酸铵为硝态氮肥，简称硝铵，化学分子式为 NH_4NO_3，含氮量约为34%。硝酸铵为白色或浅黄色结晶，生产的产品有颗粒和粉末状2种。粉末状的硝酸铵吸湿性强，易结块；颗粒状的硝酸铵表面涂有防潮湿剂，吸湿性小。硝酸铵易溶于水，易燃烧和爆炸。

2. 科学施用

硝酸铵适于用作追肥，也可用作基肥，但一般不宜用作种肥。

（1）用作基肥　旱地作物每亩用硝酸铵15~20千克，应均匀撒施，随即耕耙。

（2）用作追肥　硝酸铵特别适宜在旱地中作为追肥施用，每亩可施10~20千克。对于没有浇水的旱地，应开沟或挖穴施用；水浇地施用后，浇水量不宜过大。雨季应采用少量多次方式施用。

3. 适宜作物及注意事项

硝酸铵适用于旱地作物和土壤，在水田中施用效果差，一般不建议用于水田。不宜与未腐熟的有机肥混合施用。硝酸铵储存时要防燃烧、爆炸、潮湿。

为方便施用硝酸铵，可熟记下面的歌谣：

硝酸铵、生理酸，内含三十四个氮；铵态硝态各一半，吸湿性强易爆燃；

施用最好做追肥，不施水田不混碱；掺和钾肥氯化钾，理化性质大改观。

六、硝酸钙

1. 基本性质

硝酸钙为硝态氮肥，化学分子式为 $Ca(NO_3)_2$，含氮量为 15% ~ 18%。硝酸钙一般为白色或灰褐色颗粒；易溶于水，水溶液为碱性，吸湿性强，容易结块；肥效快，为生理碱性肥料。

2. 科学施用

硝酸钙宜用作追肥，也可以用作基肥，不宜用作种肥。

（1）用作基肥　硝酸铵用作基肥时一般每亩用量为 30 ~ 40 千克，最好与有机肥料、磷肥和钾肥配合施用。

（2）用作追肥　硝酸钙用作追肥时应当施于旱地，特别适合喜钙作物，一般每亩用量为 20 ~ 30 千克。对旱地应分次少量施用。

3. 适宜作物及注意事项

硝酸钙适用于各类土壤和作物，特别适用于甜菜、马铃薯、麻类等作物；适合于酸性土壤，在缺钙的酸性土壤上效果更好；不宜在水田中施用。

硝酸钙储存时要注意防潮。由于硝酸钙含钙，不要与磷肥直接混用；避免与未发酵的厩肥和堆肥混合施用。

为方便施用硝酸钙，可熟记下面的歌谣：

硝酸钙、又硝石，吸湿性强易结块；

含氮十五生理碱，易溶于水呈弱酸；

各类土壤都适宜，最好施用缺钙田；

盐碱土上施用它，物理性状可改善；

最适作物马铃薯，甜菜果树和稻谷。

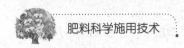

七、新型氮肥

1. 脲醛类肥料

脲醛类肥料是由尿素和醛类在一定条件下反应制成的有机微溶性缓释性氮肥。

（1）脲醛类肥料的种类和标准　目前主要有脲甲醛、异丁叉二脲、丁烯叉二脲、脲醛缓释复合肥等，其中最具代表性的产品是脲甲醛。脲甲醛不是单一化合物，是由链长与分子量不同的甲基尿素混合而成的，主要有未反应的少量尿素、羟甲基脲、亚甲基二脲、二亚甲基三脲、三亚甲基四脲、四亚甲基五脲、五亚甲基六脲等缩合物，其全氮（N）含量大约为38%。产品有固体粉状、片状或粒状的，也可以是液体形态。脲甲醛肥料的各成分标准为：总氮（TN）含量不低于36.0%，尿素氮（UN）含量不超过5.0%，冷水不溶性氮（CWIN）含量不低于14.0%，热水不溶性氮（HWIN）含量不超过10.0%，缓释有效氮含量不低于8.0%，活性系数不低于40.0%，水分含量不超过3.0%。

脲醛缓释复合肥是以脲醛树脂为核心原料的新型复合肥料。该肥料在不同温度下分解速度不同，满足作物不同生长期的养分需求，养分利用率高达50%以上，肥效是同含量普通复合肥的1.6倍以上；该肥无外包膜、无残留，养分释放完全，能减轻养分流失和对土壤水源的污染。

2010年我国颁布了HG/T 4137—2010《脲醛缓释肥料》，并于2011年3月1日起实施。脲醛缓释肥料的技术要求见表4-1；对含有部分脲醛缓释肥料的复混肥料的技术要求见表4-2。

表4-1　脲醛缓释肥料的技术要求

项目	指标		
	脲甲醛	异丁叉二脲	丁烯叉二脲
总氮（TN）的质量分数（%）≥	36.0	28.0	28.0
尿素氮（UN）的质量分数（%）≤	5.0	3.0	3.0
冷水不溶性氮（CWIN）的质量分数（%）≥	14.0	25.0	25.0
热水不溶性氮（HWIN）的质量分数（%）≤	10.0	—	—
缓释有效氮的质量分数（%）≥	8.0	25.0	25.0
活性系数（AD）≥	40.0	—	—

（续）

项目	指标		
	脲甲醛	异丁叉二脲	丁烯叉二脲
水分（H_2O）的质量分数[①]（%） ≤	3.0		
粒度（1.00~4.75毫米或3.35~5.60毫米）[②] ≥	90.0		

① 对于粉状产品，水分质量分数≤5.0%。

② 对于粉状产品，粒度不做要求，特殊形状或更大颗粒（粉状除外）产品的粒度可由供需双方协议确定。

表4-2　含有部分脲醛缓释肥料的复混肥料的技术要求

项目	指标
缓释有效氮［以冷水不溶性氮（CWIN）计］的质量分数[①]（%） ≥	标明值
总氮（TN）的质量分数[②]（%） ≥	18.0
中量元素单一养分（以单质计）的质量分数[③]（%） ≥	2.0
微量元素单一养分（以单质计）的质量分数[④]（%） ≥	0.02

① 肥料为单一氮养分时，缓释有效氮［以冷水不溶性氮（CWIN）计］的质量分数不应小于4.0%；肥料养分为2种或2种以上时，缓释有效氮［以冷水不溶性氮（CWIN）计］的质量分数不应小于2.0%，应注明缓释氮的形式，如脲甲醛、异丁叉二脲、丁烯叉二脲。

② 该项目仅适用于含有一定量脲醛缓释肥料的缓释氮肥。

③ 包装容器标明含有钙、镁、硫时检测该项指标。

④ 包装容器标明含有铜、铁、锰、锌、硼、钼时检测该项指标。

（2）脲醛类肥料的特点　脲醛类肥料的特点主要表现在以下5个方面：

1）可控。根据作物的需肥规律，通过调节添加剂含量的方式可以任意设计并生产不同释放期的缓释肥料。

2）高效。养分可根据作物的需求释放，需求多少释放多少，大大减少养分的损失，提高肥料的利用率。

3）环保。养分向环境散失少，同时包壳可完全生物降解，对环境友好。

4）安全。较低的盐分指数不会烧苗伤根。

5）经济。可一次施用，整个生育期均发挥肥效，同时较常规施肥可减少用量，节肥、节约劳动力。

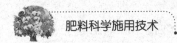

（3）脲醛类肥料的选择和施用 脲醛类肥料只适合用作基肥，除了草坪和园林外，如果对水稻、小麦、棉花等大田作物施用，应适当配合速效水溶性氮肥。

2. 稳定性肥料

稳定性肥料是指在生产过程中加入了脲酶抑制剂和（或）硝化抑制剂，施入土壤后能通过脲酶抑制剂抑制尿素的水解，和（或）通过硝化抑制剂抑制铵态氮的硝化，使肥效期得到延长的一类含氮（含酰胺态氮/铵态氮）肥料，包括含氮的二元或三元肥料和单质氮肥。

（1）稳定性肥料的主要类型 稳定性肥料包括含硝化抑制剂和脲酶抑制剂的缓释产品，如添加双氰胺、3，4-二甲基吡唑磷酸盐、正丁基硫代磷酰三胺、对苯二酚（氢醌）等抑制剂的稳定性肥料。

目前，脲酶抑制剂的主要类型有：一是磷胺类，如环己基磷酸三酰胺、硫代磷酰三胺、磷酰三胺、N-丁基硫代磷酰三胺、N-正丁基硫代磷酰胺等。二是酚醌类，如对苯醌、醌氢醌、蒽醌、菲醌、1，4-对苯二酚、邻苯二酚、间苯二酚、苯酚、甲酚、苯三酚、茶多酚等，其主要官能团为酚羟基和醌基。三是杂环类，如六酰氨基环三磷腈、硫代吡啶类、硫代吡唑-N-氧化物、N-卤-2-咪唑艾杜烯、N，N-二卤-2-咪唑艾杜烯等，主要特征是均含有—N＝及—O—基团。

硝化抑制剂的原料有：含硫氨基酸（甲硫氨酸等）、其他含硫化合物（二甲基二硫醚、二硫化碳、烷基硫醇、乙硫醇、硫代乙酰胺、硫代硫酸、硫代氨基甲酸盐等）、硫脲、烯丙基硫脲、烯丙基硫醚、双氰胺、吡唑及其衍生物等。

（2）稳定性肥料的特点 稳定性肥料采用了尿素控释技术，可以使氮肥有效期延长到 60~90 天，有效时间长；稳定性肥料有效抑制了氮的硝化作用，可以提高氮肥利用率 10%~20%，40 千克稳定性控释型尿素相当于 50 千克普通尿素。

（3）稳定性肥料的施用 稳定性肥料可以用作基肥和追肥，施肥深度为 7~10 厘米，种肥隔离 7~10 厘米。用作基肥时，将总施肥量（折纯氮）的 50% 施用稳定性肥料，另外 50% 施用普通尿素。

施用稳定性肥料时应注意：由于稳定性肥料速效性差，持久性好，需要较普通肥料提前 3~5 天施用。稳定性肥料的肥效可达到 60~90 天，常见蔬菜、大田作物一季施用 1 次就可以，注意配合施用有机肥料，效果理想；如果是作物生长前期，以长势为主的话，需要补充普通氮肥。各地的土壤墒情、气候、土壤质地不同，需要根据作物生长状况进行肥料补充。

3. 增值尿素

增值尿素是指在基本不改变尿素生产工艺的基础上，增加简单设备，向尿素中直接添加生物活性增效剂所生产的尿素增值产品。增效剂主要是指利用海藻酸、腐殖酸和氨基酸等天然物质，经改性获得的可以提高尿素利用率的物质。

（1）**增值尿素的产品要求** 增值尿素产品具有产能高、成本低、效果好的特点。增值尿素产品应符合以下原则：含氮（N）量不低于46%，符合尿素产品含氮量的国家标准；可建立添加增效剂的增值尿素质量标准，具有常规的可检测性；增效剂微量高效，添加量为0.05%~0.5%；工艺简单，成本低；增效剂为天然物质及其提取物或合成物，对环境、作物和人体无害。

（2）**增值尿素的主要类型** 目前，市场上的增值尿素产品主要有以下几种。

1）木质素包膜尿素。木质素是一种含有许多负电基团的多环高分子有机物，对土壤中的高价金属离子有较强的亲和力。木质素比表面积大，质轻，作为载体与氮、磷、钾、微量元素混合，养分利用率可达80%以上，肥效可持续20周之久；无毒，能被微生物降解成腐殖酸，可以改善土壤理化性状，提高土壤的通透性，防止土壤板结；在改善肥料的水溶性、降低土壤中脲酶的活性、减少有效成分被土壤组分固持及提高磷的活性等方面有明显效果。

2）腐殖酸尿素。腐殖酸与尿素通过科学工艺进行有效复合，可以使尿素具有缓释性，并通过改变尿素在土壤中的转化过程和减少氮的损失，改善养分的供应，使氮肥利用率提高45%以上。如锌腐酸尿素，是在每吨尿素中添加锌腐酸增效剂10~50千克，颜色为棕色至黑色，腐殖酸含量不低于0.15%，腐殖酸沉淀率不超过40%，含氮量不低于46%。

3）海藻酸尿素。海藻酸尿素是在尿素常规生产工艺过程中，添加海藻酸增效剂（含有海藻酸、吲哚乙酸、赤霉素、萘乙酸等）生产的增值尿素，可促进作物根系生长，提高作物根系活力，增强作物吸收养分的能力；可抑制土壤中脲酶的活性，降低尿素的氨挥发损失；发酵海藻增效剂中的物质与尿素发生反应，通过氢键等作用力延缓尿素在土壤中的释放和转化过程；海藻酸尿素还可以起到抗旱、抗盐碱、耐寒、杀菌和提高农产品品质等作用。海藻酸尿素是在每吨尿素中添加海藻酸增效剂10~30千克，颜色为浅黄色至浅棕色，海藻酸含量不低于0.03%，含氮量不低于46%，尿素残留差异率不低于10%，氨挥发抑制率不低于10%。

4）禾谷素尿素。禾谷素尿素是在尿素常规生产工艺过程中，添加禾谷素增效剂（以天然谷氨酸为主要原料经聚合反应而生成）生产的增值尿素，其中谷氨酸是作物体内多种氨基酸合成的前体，在作物生长过程中起着至关重要的作用；谷氨酸在作物体内形成谷氨酰胺，能储存氮并能消除因氨浓度过高产生的毒害作用。因此，禾谷素尿素可促进作物生长，改善氮在作物体内的储存形态，降低氨对作物的危害，提高养分利用率，可补充土壤的微量元素。禾谷素尿素，是在每吨尿素中添加禾谷素增效剂10~30千克，颜色为白色至浅黄色，含氮量不低于46%，谷氨酸含量不低于0.08%，氨挥发抑制率不低于10%。

5）纳米尿素。纳米尿素是在尿素常规生产工艺过程中，添加纳米碳生产的增值尿素。纳米碳进入土壤后能溶于水，使土壤电导率（EC值）增加30%，可直接形成碳酸氢根离子（HCO_3^-），以质流的形式进入根系，进而随着水分的快速吸收，携带大量的氮、磷、钾等养分进入作物体内合成叶绿体和线粒体，并快速转化为淀粉粒，因此纳米碳起到生物泵作用，增加作物根系吸收养分和水分的潜能。每吨纳米尿素成本只增加200~300元，在高产条件下可节肥30%左右，每亩综合成本下降20%~25%。

6）多肽尿素。多肽尿素是在尿素溶液中加入金属蛋白酶，经蒸发器浓缩造粒而成的增值尿素。酶是生物成长发育不可缺少的催化剂，因为生物体进行新陈代谢的所有化学反应，几乎都是在酶的作用下完成的。多肽是涉及生物体内各种细胞功能的生物活性物质，肽键是氨基酸在蛋白质分子中的主要连接方式，肽键和金属离子化合而成的金属蛋白酶具有很强的生物活性，酶鲜明地体现了生物的识别、催化、调节等功能，可激化化肥，促进化肥分子活跃。金属蛋白酶可以被作物直接吸收，因此可节省作物在转化微量元素时所需要的"体能"，大大促进作物生长发育。经试验，施用多肽尿素，作物一般可提前5~15天成熟（玉米提前5天左右，棉花提前7~10天，番茄提前10~15天），且可以提高化肥利用率和作物品质等。

7）微量元素增值尿素。在熔融的尿素中添加2%硼砂和1%硫酸铜的大颗粒尿素就是微量元素增值尿素。试验结果表明，含有硼、铜的尿素可以减少尿素中氮的损失，既能使尿素增效，又能使作物得到硼、铜等微量元素，提高产量。硼、铜等微量元素能使尿素增效的机理是：硼砂和硫酸铜有抑制脲酶的作用及抑制硝化和反硝化细菌的作用，从而提高尿素中氮的利用率。

（3）增值尿素的施用　理论上，增值尿素可以和普通尿素一样，应用在所有适合施用尿素的作物上，但是不同增值尿素的施用时期、施肥量、施肥方法等是不一样的，施用时需注意以下事项。

1）施用时期。木质素包膜尿素只能作为基肥一次性施用。其他增值尿素可以和普通尿素一样，既可以用作基肥，也可以用作追肥。

2）施肥量。增值尿素可以提高氮肥利用率达 10% ~ 20%，因此施用量可比普通尿素减少 10% ~ 20%。

3）施肥方法。增值尿素不能像普通尿素那样表面撒施，应当采取沟施、穴施等方法，并应适当配合有机肥料、普通尿素、磷钾肥及中、微量元素肥料施用。增值尿素不适合作为叶面肥施用，也不适合作为冲施肥及在滴灌或喷灌水肥一体化中施用。

▎身边案例

增值尿素应用效果显著

增值尿素使尿素具有缓释的特性，肥效延长，利用率提高，实现产品绿色环保、质量国际化和规格多样化，成为未来肥料发展的主要方向之一。各种增值尿素在全国各地的试验结果表明，增产效果明显。

黑龙江省农业委员会组织专家对硫包衣缓释尿素示范项目的田间鉴评结果表明，在每亩施用 20 千克硫包衣缓释尿素且不追肥的情况下，玉米产量为 1.21 吨，相比普通尿素可增产 6.1%。袁隆平主持的国家杂交水稻工程技术研究中心的超级杂交稻节氮高产试验中也取得了增产 10% 的效果。

中国农业科学院德州实验站在山东省禹城市安仁镇赵集村"郑单958"夏玉米上进行肥效试验，同时于附近农田设置大田对比示范，结果显示，与普通尿素相比，在等量施肥的情况下，施用双酶尿素的玉米能增产 6.6%。施用双酶尿素后作物品质也有了较大改善，表现为小麦面筋增加，果蔬中果糖、氨基酸等含量提高，口感好，色泽美，耐储存。

农田试验结果表明：与施用等氮量尿素相比，腐殖酸尿素可使冬小麦增产 8.1% ~ 13.2%，夏玉米增产 9.1% ~ 15.7%，棉花增产 6.2% ~ 17.5%，蔬菜增产 15.7% ~ 29.7%，果树增产 10.7% ~ 14.2%。氮肥利用率比普通尿素提高了 15% ~ 19%。

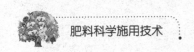

稳定性尿素技术具有肥效期长、养分利用率高、平稳供给养分、增产效果明显的优点。在东北、华中、西南、西北及长江流域等22个省进行了应用，生产的稳定性专用肥有60多个品种，应用作物涉及玉米、水稻、大豆、小麦、棉花等30多种，平均每亩增产165.25千克，增产率达14.7%。

 # 第三节　磷肥的科学施用

常见磷肥主要有：过磷酸钙、重过磷酸钙、钙镁磷肥、钢渣磷肥、脱氟磷肥、沉淀磷肥、偏磷酸钙、磷矿粉、骨粉和磷质海鸟粪等。

一、过磷酸钙

过磷酸钙又称普通过磷酸钙、过磷酸石灰，简称普钙。其产量占全国磷肥总产量的70%左右，是磷肥工业的主要基石。

1. 基本性质

过磷酸钙为磷酸二氢钙〔磷酸一钙，$Ca(H_2PO_4)_2$〕和硫酸钙（$CaSO_4$）的复合物，其中磷酸二氢钙约占其重量的50%，硫酸钙约占40%，此外还有5%左右的游离酸，2%~4%的硫酸铁、硫酸铝。其有效磷（P_2O_5）含量为14%~20%。

过磷酸钙为深灰色、灰白色或浅黄色粉状物，或制成粒径为2~4毫米的颗粒。其水溶液呈酸性，具有腐蚀性，易吸湿结块。由于硫酸铁、铝盐的存在，吸湿后，磷酸二氢钙会逐渐退化成难溶性磷酸铁、铝，从而失去有效性，这种现象被称为过磷酸钙的退化作用，因此在储运过程中要注意防潮。

2. 科学施用

过磷酸钙可以用作基肥、种肥和追肥。

（1）集中施用　过磷酸钙不管用作基肥、种肥还是追肥，均应集中施用和深施。用作基肥一般每亩用量为50~60千克，用作追肥一般每亩用量为20~30千克，用作种肥一般用量为10千克左右。集中施用时，旱地以条施、穴施、沟施的效果为好；水稻宜采用塞秧根和蘸秧根的方法。

（2）分层施用　在集中施用和深施原则下，可分层施用，即2/3磷肥用作基肥深施,其余1/3在种植时用作面肥或种肥施于表层土壤中。

(3)与有机肥料混合施用 过磷酸钙与有机肥料混合用作基肥每亩用量可在20~25千克。混合施用可减少过磷酸钙与土壤的接触,同时有机肥料在分解过程中产生的有机酸能与铁、铝、钙等络合,对水溶性磷有保护作用;有机肥料还能促进土壤微生物活动,释放二氧化碳,有利于土壤中难溶性磷酸盐的释放。

(4)酸性土壤配施石灰 施用石灰可调节土壤pH到6.5左右,减少土壤中磷的固定,改善作物生长环境,提高肥效。

(5)制成颗粒肥料 颗粒磷肥表面积小,与土壤接触面积也小,因而可以减少土壤对磷的吸附和固定,也便于机械施肥。颗粒直径以3~5毫米为宜。对于密植作物、根系发达作物,还是施用粉状过磷酸钙为好。

(6)用作根外追肥 根外追肥可减少土壤对磷的吸附和固定,也能提高经济效益。施用浓度为:水稻、大麦、小麦1%~2%;棉花、油菜0.5%~1%。方法是将过磷酸钙与水充分搅拌并放置过夜,取上层清液喷施。

3. 适宜作物和注意事项

过磷酸钙不宜与碱性肥料混用,以免发生化学反应降低磷的有效性。储存时要注意防潮,以免结块;要避免日晒雨淋,减少养分损失。运输时车上要铺垫耐磨的垫板和篷布。

施肥歌谣

为方便施用过磷酸钙,可熟记下面的歌谣:

过磷酸钙水能溶,各种作物都适用;混沤厕肥分层施,减少土壤磷固定。

配合尿素硫酸铵,以磷促氮大增产;含磷十八性呈酸,运储施用莫遇碱。

二、重过磷酸钙

1. 基本性质

重过磷酸钙也被称为三料磷肥,简称重钙,主要成分是磷酸二氢钙$[Ca(H_2PO_4)_2]$,含磷(P_2O_5)量为42%~46%。

重过磷酸钙一般为深灰色颗粒或粉状,性质与过磷酸钙类似。粉末状重过磷酸钙易吸潮、结块;含游离磷酸4%~8%,呈酸性,腐蚀性强。颗粒状重过磷酸钙商品性好、使用方便。

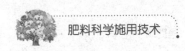

2. 科学施用

重过磷酸钙宜用作基肥、追肥和种肥，施用量比过磷酸钙减少一半以上，施用方法同过磷酸钙。

3. 适宜作物和注意事项

重过磷酸钙适用于各种作物及大多数土壤，但在喜硫作物上施用效果不如过磷酸钙。重过磷酸钙产品易吸潮结块，储运时要注意防潮、防水，避免结块损失。

施肥歌谣

为方便施用重过磷酸钙，可熟记下面的歌谣：

过磷酸钙名加重，也怕铁铝来固定；含磷高达四十六，俗称重钙呈酸性；

用量掌握要灵活，它与普钙用法同；由于含磷比较高，不宜拌种蘸根苗。

三、钙镁磷肥

1. 基本性质

钙镁磷肥的主要成分是磷酸三钙，含五氧化二磷、氧化镁、氧化钙、二氧化硅等成分，无明确的分子式和分子量。有效磷（P_2O_5）含量为 14%~20%。

钙镁磷肥由于生产原料及方法不同，成品呈灰白色、浅绿色、墨绿色、灰绿色、黑褐色等，呈粉末状；不吸潮、不结块，无毒，无臭，没有腐蚀性；不溶于水，溶于弱酸，物理性状好，呈碱性。

2. 科学施用

钙镁磷肥多用作基肥，施用时要深施、均匀施，使其与土壤充分混合。每亩用量为 15~20 千克；也可采用一年施用 30~40 千克，隔年施用的方法。

在酸性土壤上也可用作种肥或用于蘸秧根，每亩用量为 10 千克左右。与有机肥料混施效果较好，但应堆沤 1 个月以上，沤好后的肥料可用作基肥、种肥。

3. 适宜作物和注意事项

钙镁磷肥适用于各种作物和缺磷的酸性土壤，特别是南方酸性红壤。钙镁磷肥对油菜、豆科绿肥、瓜类作物等有较强的肥效。水田施用钙镁磷肥可以补硅。

钙镁磷肥不能与酸性肥料混用，不要直接与过磷酸钙、氮肥等混合施用，但可分开施用。钙镁磷肥为细粉产品，若用纸袋包装，在储存和搬运时要轻挪轻放，以免破损。

> **施肥歌谣**
>
> 为方便施用钙镁磷肥，可熟记下面的歌谣：
>
> 钙镁磷肥水不溶，溶于弱酸属枸溶；作物根系分泌酸，土壤酸液也能溶；
>
> 含磷十八呈碱性，还有钙镁硅锰铜；酸性土壤施用好，石灰土壤不稳定；
>
> 油料豆科等作物，施用效果各不同；施用应做基肥使，一般不做追肥用；
>
> 十五千克施一亩，用前堆沤肥效增；若与铵态氮肥混，氮素挥发不留情。

四、其他磷肥

除上述常用磷肥外，还有一些如钢渣磷肥、脱氟磷肥、沉淀磷肥、磷矿粉等，其成分、性质、施用技术、适宜作物与土壤、注意事项，可参考表4-3。

表4-3 其他磷肥的性质及施用特点

名称	主要成分	磷含量（P_2O_5，%）	主要性质	施用技术要点	适宜作物及注意事项
钢渣磷肥	$Ca_4P_2O_9 \cdot CaSiO_3$	8~14	黑色或棕色粉末，不溶于水，溶于弱酸，呈强碱性；无毒，腐蚀性小，不吸潮、不结块	一般用作基肥；其他施用方法参考钙镁磷肥	适于酸性土壤，对水稻、豆科作物等肥效较好
脱氟磷肥	$\alpha\text{-}Ca_3(PO_4)_2$	14~18	褐色或深灰色粉末，无毒，腐蚀性小，不吸潮、不结块；不溶于水，溶于弱酸，呈碱性	一般用作基肥；施用方法参考钙镁磷肥	适于酸性土壤，肥效高于钙镁磷肥

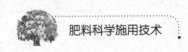

（续）

名称	主要成分	磷含量 $(P_2O_5,\%)$	主要性质	施用技术要点	适宜作物及注意事项
沉淀磷肥	$CaHPO_4 \cdot 2H_2O$	30~40	白色粉末，物理性状好；不溶于水，溶于弱酸，呈碱性	宜用作基肥、种肥及用于蘸秧根；应早施、集中施	适于酸性土壤和作物，对酸性土壤效果优于过磷酸钙
磷矿粉	$Ca_3(PO_4)_2$ 或 $Ca_5(PO_4)_3 \cdot F$	>14	褐灰色、灰白色粉末，难溶性磷肥；呈中性或微碱性；不吸湿、不结块	宜用作基肥撒施，每公顷750~1500千克，施在缺磷的酸性土壤上，可与硫铵、氯化铵等生理酸性肥料混施	适于酸性土壤，对油菜、萝卜、荞麦、豌豆、花生、紫云英、苕子等作物肥效显著

温馨提示

磷肥施用过量也有害

磷是作物特别需要的营养成分，尤其小麦作为喜磷作物，需磷更多。因此，农户们经常在施肥时对磷有所"偏心"。但磷"吃"多了，会有哪些危害，你可知道？

1）磷肥过量，作物会从土壤中吸收过多的磷。作物吸收过多的磷，会使作物呼吸作用过于旺盛，消耗的干物质量大于积累的干物质量，造成繁殖器官提前发育，引起作物过早成熟，籽粒小，产量低。

2）磷肥过量，会诱发土壤缺锌。若过量施用磷酸钙，会使土壤里的锌与过量的磷作用，产生作物无法吸收的磷酸锌沉淀，使作物出现明显的缺锌症状；过量施用钙镁磷肥等碱性磷肥后，土壤碱化，造成锌的有效性降低，进而影响作物对锌的吸收。

3）磷肥过量，会使作物得磷缺硅。过量施用磷肥后，还会造成土壤中的硅被固定，不能被作物吸收，引起缺硅，尤其是对喜硅的禾本科作物的影响更大，如水稻若不能从土壤中吸收到较多的硅元素就会出现茎秆纤细、倒伏及抗病能力差等缺硅症状。

4）磷肥过量，会使作物得磷缺钼。适量施用磷酸二氢钾磷肥会促进作物对钼的吸收，而过量施用磷肥，会导致磷和钼失去平衡，影响作物对钼的吸收，表现出"缺钼症"。

5）磷肥过量，造成土壤中有害元素积累。磷肥主要来源于磷矿石，磷矿石中含有许多杂质，包括镉、铅、氟等有害元素。过量施用磷肥会引起土壤中镉的增加，年增长量为 0.15% ~ 0.08%，且这种镉有效性高，易被作物吸收，给人畜造成危害。

6）磷肥过量，会造成土壤理化性状恶化。若施用过磷酸钙，因其含有大量游离酸，连续大量施用会造成土壤酸化。而钙镁磷肥含有 25% ~ 30% 的石灰，大量施用会使土壤碱性加重，理化性状恶化。不同作物对磷肥反应不一样。在同一土壤情况下，磷肥应优先分配在豆科作物或对磷肥反应良好的作物上。

第四节　钾肥的科学施用

常见钾肥主要有氯化钾、硫酸钾、钾镁肥、钾钙肥、草木灰等。

一、氯化钾

1. 基本性质

氯化钾的分子式为 KCl，含钾（K_2O）量约为 60%，肥料中的氯化钾含量应大于 95%，还含有氯化钠约 1.8%，氯化镁 0.8% 和少量的氯离子，水分含量少于 2%。盐湖钾肥是我国青海省盐湖钾盐矿中提炼制造而成的，主要成分为氯化钾，含钾（K_2O）量为 52% ~ 55%、氯化钠含量为 3% ~ 4%、氯化镁含量为 2%、硫酸钙含量为 1% ~ 2%、水分含量为 6% 左右。

氯化钾一般呈白色、粉红色或浅黄色结晶，易溶于水，物理性状良好，不易吸湿结块，水溶液呈中性，属于生理酸性肥料。盐湖钾肥为白色晶体，水分含量高，杂质多，吸湿性强，能溶于水。

2. 科学施用

氯化钾适宜用作基肥深施，用作追肥要早施，不宜用作种肥。

（1）用作基肥　一般每亩用量为 15 ~ 20 千克，通常要在播种前 10 ~

15 天，结合耕地施入。氯化钾配合施用氮肥和磷肥效果较好。

（2）用作早期追肥　一般每亩用量为 7.5～10 千克，一般要求在作物苗长大后追施。

3. 适宜作物和注意事项

氯化钾适宜用于大多数作物，特别适用于麻类作物。但忌氯作物不宜施用，如烟草、茶树、甜菜、甘蔗等，尤其是幼苗或幼龄期作物更要少用或不用。氯化钾适用于多数土壤，但盐碱地不宜施用。

对酸性土壤施用氯化钾时要配合石灰；对石灰性土壤施用时要配合施用有机肥料。氯化钾具有吸湿性，储存时要放在干燥地方，注意防雨防潮。

施肥歌谣

为方便施用氯化钾，可熟记下面的歌谣：

氯化钾、早当家，钾肥家族数它大；易溶于水性为中，生理反应呈酸性；

白色结晶似食盐，也有浅黄与紫红；含钾五十至六十，施用不易做种肥；

酸性土施加石灰，中和酸性增肥力；盐碱土上莫用它，莫施忌氯作物地；

基肥追肥都可以，每亩用量有变化；更适棉花和麻类，提高品质增效益。

二、硫酸钾

1. 基本性质

硫酸钾的分子式为 K_2SO_4，含钾（K_2O）量为 48%～50%、硫（S）含量约为 18%。硫酸钾一般呈白色、浅黄色或粉红色结晶状，易溶于水，物理性状好，不易吸湿结块，是化学中性、生理酸性肥料。

2. 科学施用

硫酸钾可用作基肥、追肥、种肥和根外追肥。

（1）用作基肥　一般每亩用量为 10～20 千克，块根、块茎作物可多施一些，每亩用量为 15～25 千克，应深施覆土，减少钾的固定。

（2）用作追肥　一般每亩用量为 10 千克左右，应集中条施或穴施到作物根系较密集的土层；砂质土壤一般易追肥。

（3）用作种肥　一般每亩用量为 1.5～2.5 千克。

（4）用作根外追肥　叶面施用时，硫酸钾可配成 2% ~ 3% 的溶液喷施。

3. 适宜作物和注意事项

硫酸钾适用于各种作物和土壤，对忌氯作物和喜硫作物（油菜、大蒜等）有较好效果。

硫酸钾在酸性土壤、水田上应与有机肥料、石灰配合施用，不易在通气不良的土壤上施用。硫酸钾施用时不易贴近作物根系。

> 施肥歌谣
>
> 为方便施用硫酸钾，可熟记下面的歌谣：
>
> 硫酸钾、较稳定，易溶于水性为中；吸湿性小不结块，生理反应呈酸性；
>
> 含钾四八至五十，基种追肥均可用；集中条施或穴施，施入湿土防固定；
>
> 酸土施用加矿粉，中和酸性又增磷；石灰土壤防板结，增施厩肥最可行；
>
> 每亩用量十千克，块根块茎用量增；易溶于水肥效快，氮磷配合增效应。

三、钾镁肥

1. 基本性质

钾镁肥一般为硫酸钾镁形态，化学分子式为 $K_2SO_4 \cdot MgSO_4$，含钾（K_2O）量在22%以上。除了含钾外，还含有镁11%以上、硫22%以上，因此是一种优质的钾、镁、硫多元素肥料，近几年推广施用前景很好。钾镁肥为白色、浅灰色结晶，也有浅黄色或肉色相杂的颗粒，易溶于水，水溶液呈弱碱性，不易吸潮，物理性状较好，属生理中性肥料。

2. 科学施用

钾镁肥可用作基肥、追肥和叶面追肥，施用方法同硫酸钾。

（1）用作基肥　一般每亩用量为 30 ~ 50 千克。

（2）用作追肥　如生长中期用作追肥，每亩用量为 17 ~ 22 千克。

与等钾量（K_2O）的单质钾肥氯化钾、硫酸钾相比，农用钾镁肥的施用效果优于氯化钾，略优于硫酸钾。

3. 适宜作物和注意事项

钾镁肥适用于甘蔗、花生、烟草、马铃薯、甜菜等作物。适合用于各

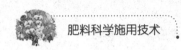
种土壤，特别适合用于南方缺镁的红黄壤地区。

钾镁肥多为双层袋包装，在储存和运输过程中要防止受潮、破包。钾镁肥还可以用作复合肥料、复混肥料、配方肥料的原料，进行二次加工。

施肥歌谣

为方便施用钾镁肥，可熟记下面的歌谣：

钾镁肥、为中性，吸湿性强水能溶；含钾高于二十二，还含硫肥和镁肥；

用前最好要堆沤，适应酸性红土地；忌氯作物不要用，千万莫要做种肥。

四、钾钙肥

1. 基本性质

钾钙肥也称钾钙硅肥，化学分子式为 $K_2SO_4 \cdot (CaO \cdot SiO_2)$，含钾（$K_2O$）量在4%以上。除了含钾外，还含有钙（$CaO$）4%以上、可溶性硅（$SiO_2$）20%以上、镁（$MgO$）4%左右。烧结法生产的产品，为浅蓝色还带绿色的多孔小颗粒，呈碱性，溶于水；生物法生产的产品，呈褐色或黑褐色粉粒状或颗粒状，呈中性。

2. 科学施用

钾钙肥一般用作基肥和早期追肥，一般每亩用量为 50~100 千克。与农家肥混合施用效果更好，施用后应立即覆土。

3. 适宜作物和注意事项

钾钙肥适用于各种作物，尤其是花生、甘蔗、烟草、棉花、薯类等作物。烧结法生产的产品适用于酸性土壤；生物法生产的产品适用于水田和干旱地区墒情好的土壤。

生物法生产的产品不宜用在旱田和干旱地区墒情不好的土壤，也不能与过酸过碱的肥料混合使用。钾钙肥应储存在阴凉、干燥、通风的库房内，不易露天堆放。

施肥歌谣

为方便施用钾钙肥，可熟记下面的歌谣：

钾钙肥、强碱性，酸性土壤最适用；灰色粉末易溶水，各种作物都适用；

含钾只有四至五，性状较好便运输；还有二八硅钙镁，有利抗病抗倒伏。

五、草木灰

1. 基本性质

植物残体燃烧后剩余的灰称为草木灰。草木灰含有多种元素，如钾、磷、钙、镁、硫、铁、硅等，主要成分为碳酸钾，含钾（K_2O）量为5%～10%，主要成分能溶于水，水溶液呈碱性。草木灰颜色与成分因其燃烧不同差异很大，颜色由灰白色至黑灰色。

2. 科学施用

可用作基肥、追肥和根外追肥或盖种肥。

（1）用作基肥 一般每亩用量为50～100千克，与湿润细土掺和均匀后于整地前撒施均匀、翻耕，也可沟施或条施，深度约为10厘米。

（2）用作追肥 采用穴施或沟施效果较好，每亩用量为50千克，也可用于叶面撒施，既能提供营养，又能减少病虫害发生。

（3）用作根外追肥 一般作物用1%草木灰水溶液浸液。

（4）用作盖种肥 一般每亩用量为20～30千克，在作物播种后，撒盖在土面上。

3. 适宜作物和注意事项

适用于各种作物和土壤，特别是施于酸性土壤上生长的豆科作物效果更好。草木灰为碱性肥料，不能与铵态氮肥和腐熟有机肥料混合施用，也不能用作垫圈材料。

施肥歌谣

为方便施用草木灰，可熟记下面的歌谣：

草木灰含碳酸钾，黏质土壤吸附大；易溶于水肥效高，不要混合人粪尿；

由于性质呈现碱，也莫掺和铵态氮；含钾虽说只有五，还有磷钙镁硫素。

温馨提示

氯化钾并不是果树补钾的禁区

不知道从什么时候开始，很多人都认为果树是忌氯作物，所以在果树种植施肥时，常用的都是硫酸钾，而不施用氯化钾。所以导致市面上的硫酸钾肥料比氯化钾肥料价格高很多，有的时候甚至高出了一倍多。

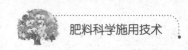

试验结果表明，所有果树都惧怕氯化钾钾肥的这个说法是错误的。科学工作者在辽宁的不同地区、不同土壤，对苹果、梨、山楂、葡萄、桃、李、杏等果树进行了使用氯化钾的研究。研究结果表明：在这7种果树上，使用氯化钾和使用硫酸钾的效果基本相同。有的氯化钾钾肥水果高产地区甚至比硫酸钾钾肥高产区效果还要好。所以合理使用氯化钾对树体发育其实没有不良影响。

第五节 中量元素肥料的科学施用

在作物生长过程中，需要量仅次于氮、磷、钾，但比微量元素肥料需要量大的营养元素肥料被称为中量元素肥料，主要是含钙、镁、硫等元素的肥料。

一、含钙肥料

1. 主要含钙肥料的种类与性质

含钙的肥料主要有石灰、石膏、硝酸钙、石灰氮、过磷酸钙等。常见含钙肥料的品种和成分见表4-4。

表4-4 常见含钙肥料的品种和成分

名称	主要成分	钙含量（CaO,%）	主要性质
石灰石粉	$CaCO_3$	44.8~56.0	碱性，难溶于水
生石灰（石灰石烧制）	CaO	84.0~96.0	碱性，难溶于水
生石灰（牡蛎蚌壳烧制）	CaO	50.0~53.0	碱性，难溶于水
生石灰（白云石烧制）	CaO	26.0~58.0	碱性，难溶于水
熟石灰	$Ca(OH)_2$	64.0~75.0	碱性，难溶于水
生石膏	$CaSO_4 \cdot 2H_2O$	26.0~32.0	微溶于水
熟石膏	$CaSO_4 \cdot 1/2H_2O$	35.0~38.0	微溶于水
磷石膏	$CaSO_4 \cdot Ca_3(PO_4)_2$	20.8	微溶于水
过磷酸钙	$Ca(H_2PO_4)_2 \cdot H_2O$、$CaSO_4 \cdot 2H_2O$	16.5~28.0	酸性，溶于水
重过磷酸钙	$Ca(H_2PO_4)_2 \cdot H_2O$	19.6~20.0	酸性，溶于水

（续）

名称	主要成分	钙含量（CaO,%）	主要性质
钙镁磷肥	$\alpha\text{-}Ca_3(PO_4)_2 \cdot$ $CaSiO_3 \cdot MgSiO_3$	25.0~30.0	微碱性，溶于弱酸
氯化钙	$CaCl_2 \cdot 2H_2O$	47.3	中性，溶于水
硝酸钙	$Ca(NO_3)_2$	26.6~34.2	中性，溶于水

2. 主要石灰物质

石灰是最主要的钙肥，包括生石灰、熟石灰、碳酸石灰等。

（1）生石灰　生石灰又称烧石灰，主要成分为氧化钙。通常用石灰石烧制而成，多呈白色粉末或块状，呈强碱性，具有吸水性，与水反应产生高热，并转化成粒状的熟石灰。生石灰中和土壤酸度的能力很强，施入土壤后，可在短期内矫正土壤酸度。此外，生石灰还有杀虫、灭草和土壤消毒的功效。

（2）熟石灰　熟石灰又称消石灰，主要成分为氢氧化钙，由生石灰吸湿或加水处理而成，多为白色粉末，溶解度大于石灰石粉，呈碱性；施用时不产生热，是常用的石灰。中和土壤酸度能力也很强。

（3）碳酸石灰　碳酸石灰的主要成分为碳酸钙，是由石灰石、白云石或贝壳类磨碎而成的粉末，不易溶于水，但溶于酸，中和土壤酸度的能力缓效而持久。碳酸石灰比生石灰加工简单，节约能源，成本低而改土效果好，同时不会引起土壤板结，淋溶损失小，后效长，增产作用大。

3. 科学施用

石灰多用作基肥，也可用作追肥。

（1）用作基肥　在整地时将石灰与农家肥一起施入土壤，也可结合绿肥压青和稻草还田进行。旱地每亩用量为50~70千克；如用于改土，可适当增加用量，每亩用量为150~250千克；在缺钙土壤上种植大豆、花生、块根作物等喜钙作物，每亩施用石灰15~25千克，沟施或穴施。

（2）用作追肥　用于旱地时，在作物生育前期可每亩条施或穴施15千克左右。

4. 适宜作物和注意事项

石灰主要适用于酸性土壤和酸性土壤上种植的大多数作物，特别是喜钙作物。对棉花等不耐酸作物要多施，对茶树、马铃薯、烟草等耐酸能力强的作物可不施。

施用石灰时要注意，不要过量，否则会降低土壤肥力，引起土壤板结；还要施用均匀，否则会造成局部土壤石灰过多，影响作物生长。石灰不能与氮、磷、钾、微肥等一起混合施用，一般先施石灰，几天后再施其他肥料。石灰肥料有后效，一般每隔 3~5 年施用 1 次。

施肥歌谣

为方便施用石灰，可熟记下面的歌谣：

钙质肥料施用早，常用石灰与石膏；主要调节土壤用，改善土壤理化性；

有益繁殖微生物，直接间接都可供；石灰可分生与熟，适宜改良酸碱土；

施用不仅能增钙，还能减少病虫害；亩施掌握百千克，莫混普钙人粪尿。

二、含镁肥料

1. 含镁肥料的种类与性质

农业上应用的镁肥有水溶性镁盐和难溶性镁矿物两大类，含镁的肥料有氯化镁、硫酸镁、水镁矾、硝酸镁、白云石、钙镁磷肥等。主要含镁肥料的品种和成分见表 4-5。

表 4-5　主要含镁肥料的品种和成分

名称	主要成分	镁含量（%）	主要性质
氯化镁	$MgCl_2 \cdot 6H_2O$	12.0	酸性，易溶于水
硝酸镁	$Mg(NO_3)_2 \cdot 6H_2O$	10.0	酸性，易溶于水
七水硫酸镁（泻盐）	$MgSO_4 \cdot 7H_2O$	9.6	酸性，易溶于水
一水硫酸镁（水镁矾）	$MgSO_4 \cdot H_2O$	17.4	酸性，易溶于水
硫酸钾镁	$K_2SO_4 \cdot 2MgSO_4$	8.4	酸性至中性，易溶于水
生石灰（白云石烧制）	CaO、MgO	8.4	碱性，微溶于水
菱镁矿	$MgCO_3$	27.0	中性，微溶于水
钾镁肥	$MgCl_2$、$MgSO_4$、NaCl、KCl	16.2	碱性，微溶于水
硅镁钾肥	$CaSiO_3$、$MgSiO_3$、K_2O、Al_2O_3	9.0	碱性，微溶于水

2. 科学施用

水溶性镁肥主要有氯化镁、硝酸镁、七水硫酸镁、一水硫酸镁、硫酸钾镁等，其中以七水硫酸镁和一水硫酸镁应用最为广泛。

农业生产上常用的泻盐实际上是七水硫酸镁，化学分子式为 $MgSO_4 \cdot 7H_2O$，易溶于水，稍有吸湿性，吸湿后会结块，水溶液为中性，属生理酸性肥料，目前，80%以上用作农肥。硫酸镁是一种双养分优质肥料，硫、镁均为作物的中量元素，不仅可以增加作物产量，而且可以改善果实的品质。

硫酸镁可用作基肥、追肥和叶面追肥。其用作基肥、追肥时，与铵态氮肥、钾肥、磷肥及有机肥料混合施用有较好的效果；用作基肥、追肥时，每亩用量为 10 ~ 15 千克；用作叶面追肥时，喷施浓度为 1% ~ 2%，一般在苗期喷施效果较好。

> **施肥歌谣**
>
> 为方便施用硫酸镁，可熟记下面的歌谣：
> 硫酸镁，种类多，无色结晶味苦咸；
> 易溶于水为速效，酸性缺镁土需要；
> 花生烟草马铃薯，施用效果较显著；
> 基肥追肥均可用，配施有机肥效高；
> 基肥亩施十千克，叶面喷施百分二。

三、含硫肥料

1. 含硫肥料的种类与性质

含硫肥料种类较多，大多数是氮、磷、钾及其他肥料的成分，如硫酸镁、硫酸铵、硫酸钾、过磷酸钙、硫酸钾镁等，但只有石膏、硫黄被作为硫肥施用。主要含硫肥料的品种和成分见表4-6。

表4-6 主要含硫肥料的品种和成分

名称	主要成分	硫含量（%）	主要性质
生石膏	$CaSO_4 \cdot 2H_2O$	18.6	微溶于水，缓效
硫黄	S	95.0 ~ 99.0	难溶于水，迟效
硫酸铵	$(NH_4)_2SO_4$	24.2	易溶于水，速效
过磷酸钙	$Ca(H_2PO_4)_2 \cdot H_2O$，$CaSO_4 \cdot 2H_2O$	12.0	部分溶于水，速效

名称	主要成分	硫含量（%）	主要性质
硫酸钾	K_2SO_4	17.6	易溶于水，速效
硫酸钾镁	$K_2SO_4 \cdot 2MgSO_4$	12.0	易溶于水，速效
硫酸镁	$MgSO_4 \cdot 7H_2O$	13.0	易溶于水，速效
硫酸亚铁	$FeSO_4 \cdot 7H_2O$	11.5	易溶于水，速效

2. 主要含硫物质

被用作硫肥的含硫物质主要是石膏和硫黄。农用石膏有生石膏、熟石膏和磷石膏3种。

（1）生石膏　生石膏即普通石膏，俗称白石膏，主要成分是 $CaSO_4 \cdot 2H_2O$，它由石膏矿直接粉碎而成，呈粉末状，微溶于水。生石膏粒细有利于溶解，改土效果也好，粒度通常以过60目（孔径约为0.25毫米）筛为宜。

（2）熟石膏　熟石膏又称雪花石膏，主要成分是 $CaSO_4 \cdot 1/2H_2O$，由生石膏加热脱水而成，吸湿性强，吸水后又变成生石膏，物理性质变差，施用不便，宜储存在干燥处。

（3）磷石膏　磷石膏的主要成分是 $CaSO_4 \cdot Ca_3(PO_4)_2$，是硫酸分解磷矿石制取磷酸后的残渣，是生产磷铵的副产品。其成分因产地而异，一般含硫（S）11.9%、五氧化二磷（P_2O_5）2%左右。

（4）农用硫黄　农用硫黄（S）含硫95%~99%，难溶于水，施入土壤经微生物氧化为硫酸盐后被植物吸收，肥效较慢但持久。农用硫黄必须100%通过16目（孔径为1.18毫米）筛，50%通过100目（孔径为0.15毫米）筛。

3. 科学施用

（1）改良碱地施用　一般土壤氢离子浓度在1纳摩尔/升以下（pH在9以上）时，需要用石膏中和碱性，其用量视土壤交换性钠的含量来确定。交换性钠的含量占土壤阳离子总量5%以下时，不必施用石膏；占10%~20%时，适量施用石膏；占20%以上时，石膏施用量要加大。

石膏多用作基肥，结合灌溉排水施用。由于一次施用难以撒匀，因此可结合双季稻及冬播小麦翻耕整地，分期分批施用，以每次每亩用量150~200千克为宜。同时，结合粮棉和绿肥间套作或轮作，不断培肥土壤，效果更好。施用石膏要尽可能研细，石膏溶解度小，后效长，不必年年施用。如果碱土呈斑状分布，其碱斑面积不足15%时，石膏最好撒在碱斑面上。

磷石膏含氧化钙少，但价格便宜，并含有少量磷，也是较好的碱土改良剂。其用量以比石膏多施 1 倍为宜。

（2）作为钙、硫营养施用 一般水田可结合耕作施用石膏或栽秧后撒施，每亩用量为 5～10 千克；塞秧根时，每亩用量为 2.5 千克；用作基肥或追肥时，每亩用量为 5～10 千克。

石膏用于旱地基施时，撒施于土表，再结合翻耕，也可条施或穴施用作基肥，一般用作基肥时每亩用量为 15～25 千克，用作种肥时每亩用量为 4～5 千克。花生可在果针入土后 15～30 天施用石膏，每亩用量为 15～25 千克。

4. 适宜作物和注意事项

石膏主要用于碱性土壤改良，或用于缺钙的砂质土壤、红壤、砖红壤等酸性土壤。

石膏的施用量要合适，过量施用会降低硼、锌等微量元素的有效性，要配合有机肥料施用，还要考虑钙与其他营养离子间的相互平衡。

为方便施用石膏，可熟记下面的歌谣：

石膏性质为酸性，改良碱土土壤用；无论磷石与生熟，都含硫钙二元素；

碱土亩施百千克，深耕灌排利改土；早稻亩施五千克，分蘖增加成穗多；

喜硫作物有多种，作物油菜及花生；施于豆科作物土，品质提高产量增。

第六节 微量元素肥料的科学施用

对于作物来说，含量介于 0.2～200 毫克/千克（按干重计）的必需营养元素称为微量元素（Trace Element，TE），主要有硼、锌、铁、锰、铜、钼、氯 7 种，由于氯在自然界中比较丰富，未发现作物缺氯症状，因此一般不用作肥料。

一、硼肥

1. 硼肥的主要种类与性质

硼是应用最广泛的微量元素之一。目前生产上常用的硼肥主要有硼酸、硼砂、硬硼钙石、五硼酸钠、硼镁肥、硼钠钙石等，其中最常用的是硼砂和硼酸。主要硼肥养分含量及特性见表4-7。

表4-7　主要硼肥养分含量及特性

名称	分子式	硼含量（%）	主要特性	施肥方式
硼酸	H_3BO_3	17.5	易溶于热水	基肥、追肥
硼砂	$Na_2B_4O_7 \cdot 10H_2O$	11.3	易溶于水	基肥、追肥
无水硼砂	$Na_2B_4O_7$	约20	易溶于水	基肥、追肥
五硼酸钠	$Na_2B_{10}O_{16} \cdot 10H_2O$	18~21	易溶于水	基肥、追肥
硼镁肥	$H_3BO_3 \cdot MgSO_4$	1.5	主要成分溶于水	基肥
硬硼钙石	$Ca_2B_6O_{11} \cdot 5H_2O$	10~16	难溶于水	基肥
硼钠钙石	$NaCaB_5O_9 \cdot 8H_2O$	9~10	难溶于水	基肥
硼玻璃	—	10~17	溶于弱酸	基肥

1）硼酸，化学分子式为 H_3BO_3，为白色结晶，含硼（B）量为17.5%，在冷水中溶解度较低，在热水中较易溶解，水溶液呈微酸性。硼酸为速溶性硼肥。

2）硼砂，化学分子式为 $Na_2B_4O_7 \cdot 10H_2O$，为白色或无色结晶，含硼（B）量为11.3%，在冷水中溶解度较低，在热水中较易溶解。

在干燥条件下，硼砂失去结晶水而变成白色粉末状，即无水硼砂（四硼酸钠），易溶于水，吸湿性强，被称为速溶硼砂。

2. 适用作物与土壤

（1）作物对硼的反应　作物种类不同，对硼的需要量也不同。对缺硼表现最敏感的作物有甜菜、油菜；需硼较高的作物有棉花等。同等土壤条件下，硼肥优先施用在需硼量较大的作物上。

（2）土壤条件　土壤中水溶性硼含量低于0.25毫克/千克时为严重缺硼，低于0.55毫克/千克时为缺硼，施用硼肥都有显著增产效果。土壤中水溶性硼含量在0.5~1毫克/千克时较为适量，能满足多数作物对硼的需要；在1~2毫克/千克时有效硼含量偏高，多数作物不会缺硼，部分作物可能会出现硼中毒现象；超过2毫克/千克时，一般应注意防止硼中毒。

3. 科学施用

硼肥主要用作基肥、追肥、根外追肥。

（1）用作基肥　硼肥用作基肥时可与氮肥、磷肥配合施用，也可单独施用。一般每亩施用0.5~1.0千克硼酸或硼砂，一定要施得均匀，防止因浓度过高而中毒。

（2）用作追肥　在作物苗期，每亩用0.5千克硼酸或硼砂拌干细土10~15千克，在离苗7~10厘米处开沟或挖穴施入。

（3）用作根外追肥　每亩可用0.1%~0.2%硼砂或硼酸溶液50~75千克，在作物苗期和由营养生长转入生殖生长时各喷1次。大面积施用时也可以采用飞机喷洒，用4%硼砂水溶液喷雾。

4. 注意事项

硼肥的当季利用率为2%~20%，具有后效，施用后可持续3~5年不施。轮作中，硼肥尽量用于需硼较多的作物，需硼较少的作物利用其后效。条施或撒施不均匀、喷洒浓度过大都有可能产生毒害，应慎重对待。

施肥歌谣

为方便施用硼肥，可熟记下面的歌谣：

常用硼肥有硼酸，硼砂已经用多年；硼酸弱酸带光泽，三斜晶体粉末白；

有效成分近十八，热水能够溶解它；四硼酸钠称硼砂，干燥空气易风化；

含硼十一性偏碱，适应各类酸性田；作物缺硼植株小，叶片厚皱色绿暗；

棉花缺硼蕾不花，多数作物花不全；增施硼肥能增产，关键还需巧诊断；

麦棉烟麻苜蓿薯，甜菜油菜及果树；这些作物都需硼，用作喷洒浸拌种；

浸种浓度掌握稀，万分之一就可以；叶面喷洒做追肥，浓度万分三至七；

硼肥拌种经常用，千克种子一克肥；用于基肥农肥混，每亩莫过一千克。

二、锌肥

1. 锌肥的主要种类与性质

目前生产上用到的锌肥主要有硫酸锌、氧化锌、氯化锌、硝酸锌、碳酸锌、尿素锌、螯合锌等，最常用的是七水硫酸锌。主要锌肥养分含量及特性见表4-8。

表4-8　主要锌肥养分含量及特性

名称	分子式	锌含量（%）	主要特性	施肥方式
七水硫酸锌	$ZnSO_4 \cdot 7H_2O$	20~30	无色晶体，易溶于水	基肥、种肥、根外追肥
一水硫酸锌	$ZnSO_4 \cdot H_2O$	36	白色粉末，易溶于水	基肥、种肥、追肥
氧化锌	ZnO	78~80	白色晶体或粉末，不溶于水	基肥、种肥、追肥
氯化锌	$ZnCl_2$	46~48	白色粉末或块状、棒状，易溶于水	基肥、种肥、追肥
硝酸锌	$Zn(NO_3)_2 \cdot 6H_2O$	21.5	无色四方晶体，易溶于水	基肥、种肥、追肥
碱式碳酸锌	$ZnCO_3 \cdot 2Zn(OH)_2 \cdot H_2O$	57	白色细微无定型粉末，不溶于水	基肥、种肥、追肥
尿素锌	$Zn \cdot CO(NH_2)_2$	11.5~12	白色晶体或粉末，易溶于水	基肥、种肥、追肥
螯合锌	$Na_2ZnEDTA$	14	微晶粉末，易溶于水	基肥、种肥、追肥
	$Na_2ZnHEDTA$	9	液态，易溶于水	追肥

硫酸锌，一般指七水硫酸锌，俗称皓矾，化学分子式为 $ZnSO_4 \cdot 7H_2O$，锌（Zn）含量为20%~30%，为无色斜方晶体，易溶于水，在干燥环境下会失去结晶水变成白色粉末。

2. 适用作物与土壤

（1）作物对锌的反应　对锌敏感的作物有甜菜、亚麻、棉花等。在这些作物上施用锌肥通常都有良好的效果。

（2）土壤条件　一般认为，缺锌主要发生于石灰性土壤；冷浸田、冬泡田、烂泥田、沼泽型水稻土、潜育性水稻土也易发生水稻生理性缺锌；酸性土壤过量施用石灰或碱性肥料也易诱发作物缺锌；过量施用磷肥、新开垦土地、贫瘠沙土地等也容易缺锌。

一般土壤有效锌含量低于0.3毫克/千克时施用锌肥增产效果明显；锌含量为0.3~0.5毫克/千克时为中度缺锌，施用锌肥增产效果显著；锌含量为0.6~1毫克/千克时为轻度缺锌，施用锌肥也有一定增产效果；当锌含量超过 1 毫克/千克时，一般不需要施用锌肥。

3. 科学施用

锌肥可以用作基肥、种肥和根外追肥。

（1）**用作基肥** 每亩施用 1～2 千克硫酸锌，可与生理酸性肥料混合施用。轻度缺锌地块隔 1～2 年再行施用，中度缺锌地块隔年或于第二年减量施用。

（2）**用作根外追肥** 一般对作物喷施 0.02%～0.1% 硫酸锌溶液。

（3）**用作种肥** 主要采用浸种或拌种法，浸种时用 0.02%～0.05% 硫酸锌溶液，浸种 12 小时，阴干后播种。拌种时每千克种子用 2～6 克硫酸锌。

4. 注意事项

硫酸锌用作基肥时，每亩施用量不要超过 2 千克，喷施浓度不要过高，否则会引起毒害。施用时一定要撒施、喷施均匀，否则效果欠佳。锌肥不能与碱性肥料、碱性农药混合，否则会降低肥效。锌肥有后效，不需要连年施用，一般隔年施用效果好。

施肥歌谣

为方便施用锌肥，可熟记下面的歌谣：

常用锌肥硫酸锌，按照剂型有区分；一种七水化合物，白色颗粒或白粉；

含锌稳定二三十，易溶于水为弱酸；二种含锌三十六，菱形结晶性有毒；

最适土壤石灰性，还有酸性砂质土；适应麻棉和甜菜，酌情增锌能增产；

亩施莫超两千克，混合农肥生理酸；喷施作物千分一，连喷三次效明显；

另有锌肥氯化锌，白色粉末锌氯粉；含锌较高四十八，制造电池常用它；

还有锌肥氧化锌，又叫锌白锌氧粉；含锌高达七十八，不溶于水和乙醇；

百分之一悬浊液，可用秧苗来蘸根；能溶醋酸碳酸铵，制造橡胶可充填；

医药可用作软膏，油漆可用作颜料；最好锌肥螯合态，易溶于水肥效高。

三、铁肥

1. 铁肥的主要种类与性质

目前生产上用到的铁肥主要有硫酸亚铁、三氯化铁、硫酸亚铁铵、尿素铁、螯合铁、氨基酸铁、柠檬酸铁、葡萄糖酸铁等品种，常用的品种是七水硫酸亚铁和螯合铁肥。主要铁肥养分含量及特性见表4-9。

表4-9　主要铁肥养分含量及特性

名称	分子式	铁含量（%）	主要特性	施肥方式
硫酸亚铁	$FeSO_4 \cdot 7H_2O$	19~20	易溶于水	基肥、种肥、根外追肥
三氯化铁	$FeCl_3 \cdot 6H_2O$	20.6	易溶于水	根外追肥
硫酸亚铁铵	$(NH_4)_2SO_4 \cdot FeSO_4 \cdot 6H_2O$	14.0	易溶于水	基肥、种肥、根外追肥
尿素铁	$Fe[(NH_4)_2CO]_6(NO_3)_3$	9.3	易溶于水	种肥、根外追肥
螯合铁	EDTA-Fe、HEDHA-Fe、DTPA-Fe、EDDHA-Fe	5.0~12.0	易溶于水	根外追肥
氨基酸铁	$Fe \cdot H_2N \cdot RCOOH$	10.0~16.0	易溶于水	种肥、根外追肥

1）硫酸亚铁，又称黑矾、绿矾，化学分子式为$FeSO_4 \cdot 7H_2O$，含铁（Fe）量为19%~20%，为浅绿色或蓝绿色结晶，易溶于水，有一定的吸湿性。硫酸亚铁性质不稳定，极易被空气中的氧氧化为棕红色的硫酸铁，因此硫酸亚铁要放置于不透光的密闭容器中，并置于阴凉处存放。

2）螯合铁，主要有乙二胺四乙酸铁（EDTA-Fe）、羟乙基乙二胺三乙酸铁（HEDHA-Fe）、二乙烯三胺五乙酸铁（DTPA-Fe）、乙二胺邻羟基苯乙酸铁（EDDHA-Fe）等，这类铁肥可适用的pH、土壤类型广泛，肥效高，可混性强。

3）羟基羧酸盐铁盐，主要有氨基酸铁、柠檬酸铁、葡萄糖酸铁等。氨基酸铁、柠檬酸铁土施可促进土壤中铁的溶解吸收，还可促进土壤中钙、磷、铁、锰、锌的释放，提高铁的有效性，其成本低于螯合铁类，可与许多农药混用，对作物安全。

2. 适用作物与土壤

（1）**作物对铁的反应** 对铁敏感的作物有大豆、甜菜、花生等。一般情况下，禾本科作物和其他作物很少缺铁。

（2）**土壤条件** 石灰性土壤上种植的作物易发生缺铁失绿症；此外，高位泥炭土、砂质土、通气不良的土壤、富含磷或大量施用磷肥的土壤、有机质含量低的酸性土壤、过酸的土壤易发生缺铁。

3. 科学施用

铁肥可用作基肥、根外追肥，以及用于根灌施肥等。

（1）**用作基肥** 一般施用硫酸亚铁，每亩用量为 1.5～3 千克；铁肥在土壤中易转化为无效铁，其后效弱，需要年年施用。

（2）**用作根外追肥** 一般选用硫酸亚铁或螯合铁等，一般作物的喷施浓度为 0.2%～1.0%，每隔 7～10 天喷 1 次，连喷 3～4 次。

（3）**用于根灌施肥** 在作物根系附近开沟或挖穴，对一年生作物，沟或穴深 10 厘米；对多年生作物，沟或穴深 20～25 厘米。对每株树木开沟或挖穴 5～10 个，用螯合铁溶液灌入沟或穴中，对一年生作物每沟或穴灌 0.5～1 升，对多年生作物每沟或穴灌 5～7 升，待自然渗入土壤后即可覆土。

施肥歌谣

为方便施用铁肥，可熟记下面的歌谣：

常用铁肥有黑矾，又名亚铁色绿蓝；含铁十九硫十二，易溶于水性为酸；

南方水田多缺硫，施用一季壮一年；北方土壤多缺铁，直接施地肥效减；

应混农肥人粪尿，用于经作大增产；为免土壤来固定，最好根外追肥用；

亩需黑矾二百克，兑水一百千克整；时间掌握出叶芽，连喷三次效果明。

四、锰肥

1. 锰肥的主要种类与性质

目前生产上用到的锰肥主要有硫酸锰、氧化锰、氯化锰、碳酸锰、硫酸铵锰、硝酸锰、锰矿泥、含锰矿渣、螯合锰、氨基酸锰等，常用的锰肥是硫酸锰。主要锰肥养分含量及特性见表 4-10。

表 4-10　主要锰肥养分含量及特性

名称	分子式	锰含量（%）	主要特性	施肥方式
硫酸锰	$MnSO_4 \cdot H_2O$	31	易溶于水	基肥、追肥、种肥
	$MnSO_4 \cdot 4H_2O$	24		
氧化锰	MnO	62	难溶于水	基肥
氯化锰	$MnCl_2 \cdot 4H_2O$	27	易溶于水	基肥、追肥
碳酸锰	$MnCO_3$	43	难溶于水	基肥
硫酸铵锰	$3MnSO_4 \cdot (NH_4)SO_4$	26~28	易溶于水	基肥、追肥、种肥
硝酸锰	$Mn(NO_3)_2 \cdot 4H_2O$	21	易溶于水	基肥
锰矿泥	—	9	难溶于水	基肥
含锰矿渣	—	1~2	难溶于水	基肥
螯合锰	$Na_2MnEDTA$	12	易溶于水	喷施、拌种
氨基酸锰	$Mn \cdot H_2N \cdot RCOOH$	5~12	易溶于水	喷施、拌种

硫酸锰，有一水硫酸锰和四水硫酸锰2种，化学分子式分别为 $MnSO_4 \cdot H_2O$、$MnSO_4 \cdot 4H_2O$，含锰（Mn）量分别为31%和24%，都易溶于水，为浅玫瑰红色细小晶体，是目前常用的锰肥，速效。

2. 适用作物与土壤

（1）作物对锰的反应　对锰高度敏感的作物有大豆、花生；中度敏感的作物有亚麻、棉花等。在对锰较敏感的作物上，应当注意锰肥的施用。

（2）土壤条件　中性及石灰性土壤上施用锰肥效果较好；砂质土、有机质含量低的土壤、干旱土壤等施用锰肥效果较好。

3. 科学施用

锰肥可用作基肥及用于叶面喷施和种子处理等。

（1）用作基肥　一般每亩用硫酸锰2~4千克。

（2）用于叶面喷施　用于叶面喷施时，用0.1%~0.3%硫酸锰溶液在作物不同生长阶段1次或多次进行。

（3）用于种子处理　一般采用浸种法，用0.1%硫酸锰溶液浸种12~48小时，豆类12小时；也可采用拌种法，每千克种子用2~8克硫酸锰加少量水溶解后进行拌种。

4. 注意事项

锰肥应在施足基肥和氮肥、磷肥、钾肥等基础上施用。锰肥后效较差，一般采取隔年施用的方法。

五、铜肥

1. 铜肥的主要种类与性质

生产上用的铜肥有五水硫酸铜、碱式硫酸铜、氧化亚铜、氧化铜、含铜矿渣等，其中五水硫酸铜是最常用的铜肥。主要铜肥养分含量及特性见表4-11。

表4-11 主要铜肥养分含量及特性

名称	分子式	铜含量（%）	主要特性	施肥方式
五水硫酸铜	$CuSO_4 \cdot 5H_2O$	25~35	易溶于水	基肥、追肥、种肥
碱式硫酸铜	$CuSO_4 \cdot 3Cu(OH)_2$	15~53	难溶于水	基肥、追肥
氧化亚铜	Cu_2O	89	难溶于水	基肥
氧化铜	CuO	75	难溶于水	基肥
含铜矿渣	—	0.3~1	难溶于水	基肥

五水硫酸铜，俗称胆矾、铜矾、蓝矾。化学分子式为 $CuSO_4 \cdot 5H_2O$，含铜（Cu）量为25%~35%，为深蓝色块状结晶或蓝色粉末，有毒、无臭，带金属味。五水硫酸铜在常温下不潮解，于干燥空气中风化脱水成为

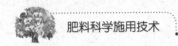

白色粉末；能溶于水、醇、甘油及氨液，水溶液呈酸性。硫酸铜与石灰的混合乳液被称为波尔多液，是一种良好的杀菌剂。

2. 适用作物与土壤

（1）作物对铜的反应　对铜敏感的作物有烟草等。

（2）土壤条件　有机质含量低的土壤，如山坡地、风沙土、砂姜黑土、西北某些瘠薄黄土等，有效铜含量均较低，施用铜肥可取得良好效果。另外，石灰岩、花岗岩、砂岩发育的土壤也容易缺铜。

3. 科学施用

常用的铜肥是硫酸铜，可以用作基肥、种肥、根外追肥，以及用于种子处理。

（1）用作基肥　每亩用量为 0.2～1 千克，最好与其他生理酸性肥料配合施用，可与细土混合均匀后撒施、条施、穴施。

（2）用作种肥　拌种时，每千克种子用 0.2～1 克硫酸铜，将肥料先用少量水溶解，再均匀地喷于种子上，阴干播种。浸种浓度为 0.01%～0.05%，浸泡 24 小时后捞出阴干即可播种。蘸秧根时可采用 0.1% 硫酸铜溶液。

（3）用作根外追肥　叶面喷施硫酸铜或螯合铜，用量少，效果好。喷施浓度为 0.02%～0.1%，一般在作物苗期或开花前喷施，每亩喷液量为 50～75 千克。

4. 注意事项

土壤施铜具有明显的长期后效，其后效可维持 6～8 年甚至 12 年，依据施用量与土壤性质，一般每 4～5 年施用 1 次。

施肥歌谣

为方便施用铜肥，可熟记下面的歌谣：

目前铜肥有多种，溶水只有硫酸铜；五水含铜二十五，蓝色结晶有毒性；

应用铜肥有技术，科学诊断看苗情；作物缺铜叶尖白，叶缘多呈黄灰色；

林木缺铜顶叶簇，上部顶梢多死枯；认准缺铜才能用，多用基肥浸拌种；

基肥亩施一千克，可掺十倍细土混；重施石灰砂壤土，土壤肥沃富钾磷；

根外喷洒浓度大，氢氧化钙加百克；掺拌种子一千克，仅需铜肥为一克；

硫酸铜加氧化钙，波尔多液防病害；由于铜肥有毒性，浓度宁稀不要浓。

六、钼肥

1. 钼肥的主要种类与性质

生产上用的钼肥有钼酸铵、钼酸钠、三氧化钼、含钼玻璃肥料、含钼矿渣等，其中钼酸铵是最常用的钼肥。主要钼肥养分含量及特性见表 4-12。

表 4-12　主要钼肥养分含量及特性

名称	分子式	钼含量（%）	主要特性	施肥方式
钼酸铵	$(NH_4)_6Mo_7O_{24} \cdot 4H_2O$	50 ~ 54	易溶于水	基肥、根外追肥
钼酸钠	$Na_2MoO_4 \cdot 2H_2O$	35 ~ 39	溶于水	基肥、根外追肥
三氧化钼	MoO_3	66	难溶于水	基肥
含钼玻璃肥料	—	2 ~ 3	难溶于水	基肥
含钼矿渣	—	约 10	难溶于水	基肥

钼酸铵，化学分子式为 $(NH_4)_6Mo_7O_{24} \cdot 4H_2O$，含钼（Mo）量为 50%~54%，为无色或浅黄色的棱形结晶，易溶于水、强酸及强碱，不溶于醇、丙酮；在空气中易风化失去结晶水和部分氨，高温分解形成三氧化钼。

2. 适用作物与土壤

（1）作物对钼的反应　对钼敏感的作物有甜菜、棉花、油菜、大豆等。

（2）土壤条件　酸性土壤容易缺钼。在酸性土壤上施用石灰可以提高钼的有效性。

3. 科学施用

钼酸铵可以用作基肥、追肥、根外追肥，以及用于种子处理等。

（1）用作基肥　在播种前每亩用 10 ~ 50 克钼酸铵与常量元素肥料混合施用，或者喷涂在一些固体物料的表面，条施或穴施。

（2）用作追肥　可在作物生长前期，每亩用 10～50 克钼酸铵与常量元素肥料混合条施或穴施，也能取得较好效果。

（3）用作根外追肥　每亩喷施 0.05%～0.1% 钼酸铵溶液 50～75 千克。豆科作物在苗期至初花期喷施，一般每隔 7～10 天喷施 1 次，共喷 2～3 次。

（4）用于种子处理　主要用于拌种和浸种：拌种时每千克种子用 2～6 克钼酸铵，先用热水溶解，后用冷水稀释至所需体积，喷洒在种子上阴干播种；浸种浓度为 0.05%～0.1%，浸泡 12 小时后捞出阴干即可播种。

施肥歌谣

为方便施用钼铜肥，可熟记下面的歌谣：

常用钼肥钼酸铵，五十四钼六个氮；粒状结晶易溶水，也溶强碱及强酸；

太阳暴晒易风化，失去晶水以及氨；作物缺钼叶失绿，首先表现叶脉间；

最适豆科十字科，不适葱韭等作物；每亩仅用五十克，严防施用超剂量；

经常用于浸拌种，根外喷洒最适应；浸种浓度千分一，拌种千克需两克；

还有钼肥钼酸钠，含钼有达三十九；白色晶体溶于水，酸地施用加石灰。

第五章

复合（混）肥料

复合（混）肥料是世界肥料工业发展的方向和潮流，其施用量已超过化肥总施用量的1/3。复合（混）肥料的作用是满足不同生产条件下作物对多种养分的综合需要和平衡；其有效成分较高且副成分少；产品经过加工造粒，物理性状好，易于包装、储运和施用。

第一节　复合（混）肥料概述

复合（混）肥料是氮、磷、钾3种养分中至少有2种养分标明量的由化学方法和（或）掺混方法制成的肥料。

一、复合（混）肥料的类型及成分

1. 复合（混）肥料的类型

复合（混）肥料按其制造方法不同可分为化成复合肥料、混成复合肥料和配成复合肥料3种类型。

（1）**化成复合肥料**　化成复合肥料又称复合肥料，简称复合肥，是在一定工艺条件下，利用化学合成或化学提取分离等加工技术而制成的具有固定养分含量和配比的复合（混）肥料，如磷酸二铵、硝酸钾、磷酸二氢钾等。

（2）**混成复合肥料**　混成复合肥料又称掺混肥料、掺合肥料、BB肥，简称掺混肥，是根据土壤条件和作物的需要，将2种或2种以上的基础肥料经过简单的干混而制成的复合（混）肥料。掺混肥料是基础肥料之间干混，随混随用，通常不发生化学反应。掺混的浓度可高可低，完全根据需要配制。

（3）**配成复合肥料**　配成复合肥料又称复混肥料、多元素肥料、作物专用肥，简称复混肥，是用2种或多种基础肥料经过一定的加工工艺重新制成的复合（混）肥料，在基础肥料之间发生某些化学反应。生产上一般根据作物的需要常配成氮、磷、钾比例不同的专用肥，如小麦专用肥、西瓜专用肥、花卉专用肥等。复混肥料体系分类见表5-1。

表5-1 复混肥料体系分类

养分浓度	原料体系
低浓度（二元：20%～30%，三元：25%～30%）	尿素-普钙-钾盐、氯化铵-普钙-钾盐、硝酸铵-普钙-钾盐、硫酸铵-普钙-钾盐、尿素-钙镁磷肥-钾盐
中浓度（30%～40%）	尿素-普钙-磷铵-钾盐、氯化铵-普钙-磷铵-钾盐、尿素-普钙-重钙-钾盐、氯化铵-普钙-重钙-钾盐
高浓度（≥40%）	尿素-磷铵-钾盐、氯化铵-磷铵-钾盐、硝酸铵-磷铵-钾盐、尿素-重钙-钾盐、氯化铵-重钙-钾盐、硝酸铵-重钙-钾盐

2. 复合（混）肥料的养分含量表示方法

复合（混）肥料有效养分的含量，一般用 N-P_2O_5-K_2O 的含量百分数表示。例如，含氮（N）量为16%、含磷（P_2O_5）量为16%、含钾（K_2O）量为16%的复合肥料，有效养分的含量可用 16-16-16 来表示。复合（混）肥料中含有中量或微量元素时，则在 K_2O 后面的位置上标明其含量，并加括号注明元素符号，例如，16-8-10-4（S）为含中量元素硫的三元复合（混）肥料，16-8-10-0.5（B）-0.5（Mo）为含微量元素硼、钼的三元复合（混）肥料。

复合（混）肥料中氮、磷、钾含量百分数的总和即为复合肥料的总养分含量，总养分含量不低于40%为高浓度复合（混）肥料；总养分含量不到40%，不低于30%为中浓度复合（混）肥料；三元肥料总养分含量不到30%，不低于25%、二元肥料总养分含量不到30%，不低于20%为低浓度复合（混）肥料。

二、复合（混）肥料的国家标准

1. 常规复合（混）肥料国家标准

我国于1987年制定了复合（混）肥料专业标准 ZB G 21002—1987《复混肥料（高浓度）》，对复合（混）肥料的养分含量、粒度、强度和水分含量等都有明确规定。1994 年正式发布了国家标准 GB 15063—94 《复混肥料》，于 2001 年、2009 年进行了修订。2020 年 11 月新的国家标准 GB/T 15063—2020《复合肥料》，提出了复合（混）肥料的技术指标。

（1）**外观**　粒状、条状或片状产品，无机械杂质。

（2）**技术要求**　复合（混）肥料应符合表 5-2 的技术指标要求。

表 5-2　复合（混）肥料的主要技术指标

项目		指标		
		高浓度	中浓度	低浓度
总养分（$N + P_2O_5 + K_2O$）含量[①]（%） ≥		40.0	30.0	25.0
水溶性磷占有效磷百分率[②]（%） ≥		60	50	40
水分（H_2O）含量（%） ≤		2.0	2.5	5.0
粒度（1.00～4.75 毫米或 3.35～5.60 毫米,%） ≥		90		
氯离子（Cl^-）含量[③]（%）	未标"含氯"的产品 ≤	3.0		
	标识"含氯（低氯）"的产品 ≤	15.0		
	标识"含氯（中氯）"的产品 ≤	30.0		

① 组成产品的单一养分含量不得低于 4.0%，且单一养分测定值与标明值负偏差的绝对值不得大于 1.5%。

② 以钙镁磷肥等枸溶性磷肥为基础磷肥并在包装容器上注明为"枸溶性磷"时，"水溶性磷占有效磷百分率"项目不做检验和判定。若为氮、钾二元肥料，"水溶性磷占有效磷百分率"项目不做检验和判定。

③ 氯离子的质量分数大于 30.0% 的产品，应在包装容器上标明"含氯（高氯）"；标识"含氯（高氯）"的产品氯离子的质量分数可不做检验和判定。

2. 有机无机复混肥料国家标准

国家市场监督管理总局和国家标准化管理委员会于 2020 年 11 月 19 日发布了 GB 18877—2020《有机无机复混肥料》，自 2021 年 6 月 1 日起实施，提出了有机无机复混肥料的技术要求。

（1）**外观**　颗粒状或条状产品，无机械杂质。

（2）**技术要求**　有机无机复混肥料应符合表 5-3 的技术指标要求，并应符合标明值。

表 5-3 有机无机复混肥料的技术指标

项目			指标	
			I 型	II 型
总养分（$N + P_2O_5 + K_2O$）含量[1]（%）		≥	15.0	25.0
水分（H_2O）含量（%）		≤	12.0	12.0
有机质含量（%）		≥	20.0	15.0
粒度（1.00~4.75 毫米或 3.35~5.60 毫米,%）		≥	70	
pH			5.5~8.5	
蛔虫卵死亡率（%）		≥	95	
粪大肠菌群数/（个/克）		≤	100	
氯离子（Cl^-）含量[2]（%）	未标"含氯"的产品	≤	3.0	
	标识"含氯（低氯）"的产品	≤	15.0	
	标识"含氯（高氯）"的产品	≤	30.0	
砷及其化合物含量（以 As 计)/(毫克/千克）		≤	50	
镉及其化合物含量（以 Cd 计)/(毫克/千克）		≤	10	
铅及其化合物含量（以 Pb 计)/(毫克/千克）		≤	150	
铬及其化合物含量（以 Cr 计)/(毫克/千克）		≤	500	
汞及其化合物含量（以 Hg 计)/(毫克/千克）		≤	5	

① 标明的单一养分含量不低于 3.0%，且单一养分测定值与标明值负偏差的绝对值不大于 1.5%。

② 氯离子的质量分数大于 30.0% 的产品，应在包装袋上标明"含氯（高氯）"，标识"含氯（高氯）"的产品氯离子的质量分数不做检测和判定。

第二节 复合（混）肥料的科学施用

一、复合肥料

一般真正意义上的复合肥料是指化学合成的化成复合肥料。其生产的基础原料主要是矿石或化工产品，工艺流程中有明显的化学反应过程，产品成分和养分浓度相对固定。这类肥料的物理、化学性质稳定，施用方便，有效性高，还可以作为复混肥料、掺混肥料的主要原料。

1. 磷酸铵系列

磷酸铵系列包括磷酸一铵、磷酸二铵、磷酸铵和聚磷酸铵，是氮、磷二元复合肥料。

（1）基本性质　磷酸一铵的化学分子式为 $NH_4H_2PO_4$，氮（N）含量为 10%~14%、磷（P_2O_5）含量为 42%~44%，为灰白色或浅黄色颗粒或粉末，不易吸潮、结块，易溶于水，其水溶液为酸性，性质稳定，氨不易挥发。

磷酸二铵简称二铵，化学分子式为（NH_4）$_2HPO_4$，氮（N）含量为 18%、磷（P_2O_5）含量为 46%，纯品为白色，一般商品为灰白色或浅黄色颗粒或粉末，易溶于水，水溶液呈中性至偏碱性，不易吸潮、结块，相对于磷酸一铵，性质不太稳定，在湿热条件下，氨易挥发。

目前，用作肥料的磷酸铵系列产品实际是磷酸一铵、磷酸二铵的混合物，氮（N）含量为 12%~18%、磷（P_2O_5）含量为 47%~53%。产品多为颗粒状，性质稳定，并加有防湿剂以防吸湿分解，易溶于水，水溶液呈中性。

（2）科学施用　磷酸铵系列产品可用作基肥、种肥，也可以用于叶面喷施。用作基肥时，一般每亩用量为 15~25 千克，通常在整地前结合耕地将肥料施入土壤；也可在播种后开沟施入。用作种肥时，通常将种子和肥料分别播入土壤，每亩用量为 2.5~5 千克。

（3）适宜作物和注意事项　磷酸铵系列产品基本适合用于所有土壤和作物。磷酸铵系列产品不能和碱性肥料混合施用。当季如果施用足够的磷酸铵系列产品，后期一般无须再施磷肥，应以补充氮肥为主。施用磷酸铵系列产品的作物应补充施用氮、钾肥，同时应优先用在需磷较多的作物和缺磷土壤。磷酸铵用作种肥时要避免与种子直接接触。

施肥歌谣

为了方便施用磷酸铵系列产品，可熟记下面的歌谣：

磷酸一铵性为酸，四十四磷十一氮；我国土壤多偏碱，适应尿素掺一铵；氮磷互补增肥效，省工省钱又高产。

磷酸二铵性偏碱，四十六磷十八氮；国产二铵含量低，四十五磷氮十三；按理应施酸性地，碱地不如施一铵；施用最好掺尿素，随掺随用能增产。

2. 硝酸磷肥

（1）**基本性质** 硝酸磷肥的生产工艺有冷冻法、碳化法、硝酸-硫酸法，因而其产品组成也有一定差异。硝酸磷肥的主要成分是磷酸二钙、硝酸铵、磷酸一铵，另外还含有少量的硝酸钙、磷酸二铵。氮（N）含量为13%~26%、磷（P_2O_5）含量为12%~20%。冷冻法生产的硝酸磷肥中有效磷的75%为水溶性磷、25%为弱酸溶性磷；碳化法生产的硝酸磷肥中基本都是弱酸溶性磷；硝酸-硫酸法生产的硝酸磷肥中有效磷的30%~50%为水溶性磷。硝酸磷肥一般为灰白色颗粒，有一定的吸湿性，部分溶于水，水溶液呈酸性。

（2）**科学施用** 硝酸磷肥主要用作基肥和追肥。用作基肥时条施、深施效果较好，每亩用量为45~55千克。硝酸磷肥一般在底肥不足情况下用作追肥。

（3）**适宜作物和注意事项** 硝酸磷肥含有硝酸根，容易助燃和爆炸，在储存、运输和施用时应远离火源，如果肥料出现结块现象，应用木棍将其击碎，不能使用铁锹拍打，以防爆炸伤人。硝酸磷肥呈酸性，适宜施用在北方石灰质的碱性土壤中，不适宜施用在南方酸性土壤中。硝酸磷肥含硝态氮，容易随水流失，因此水田作物应尽量避免施用该肥料。硝酸磷肥用作追肥时应避免根外喷施。

> **施肥歌谣**
>
> 为了方便施用硝酸磷肥，可熟记下面的歌谣：
> 硝酸磷肥性偏酸，复合成分有磷氮；二十六氮十三磷，最适中等小麦田；由于含有硝态氮，最好施用在旱田；遇碱也能放出氨，储运都要严加管。

3. 硝酸钾

（1）**基本性质** 硝酸钾的分子式为KNO_3。氮（N）含量为13%、钾（K_2O）含量为46%。纯净的硝酸钾为白色结晶，粗制品略带黄色，有吸湿性，易溶于水，为化学中性、生理中性肥料。硝酸钾在高温下易爆炸，在储运、施用时要注意安全。

（2）**科学施用** 硝酸钾适宜用作旱地追肥，一般每亩用量为5~10千克。硝酸钾也可用作根外追肥，适宜浓度为0.6%~1%。在干旱地区还可以与有机肥料混合用作基肥，每亩用量为10千克。硝酸钾还可用来拌种、浸种，适宜浓度为0.2%。

（3）**适宜作物和注意事项** 硝酸钾适合各种作物，对马铃薯、烟草、甜菜、葡萄、甘薯等喜钾而忌氯的作物具有良好的肥效，用于豆科作物反映也比较好。

硝酸钾属于易燃易爆品，生产成本较高，所以用作肥料的比重不大。运输、储存和施用时要注意防高温，切忌与易燃物接触。

4. 磷酸二氢钾

（1）**基本性质** 磷酸二氢钾是含磷、钾的二元复合肥，分子式为 KH_2PO_4，磷（P_2O_5）含量为52%、钾（K_2O）含量为35%，为灰白色粉末，吸湿性小，物理性状好，易溶于水，是一种很好的肥料，但价格高。

（2）**科学施用** 磷酸二氢钾可用作基肥、追肥和种肥。因其价格高，多用于根外追肥和浸种。磷酸二氢钾喷施浓度为0.1%～0.3%，在作物生殖生长期开始时使用；浸种浓度为0.2%。

目前推广的磷酸二氢钾的超常量施用技术如下。

1）小麦在返青、拔节、孕穗、扬花、灌浆等前期，每亩每次用磷酸二氢钾400克兑水30千克喷施。

2）玉米在定苗后和拔节期各喷施1次，每亩每次用磷酸二氢钾400克兑水30千克喷施。

3）棉花在苗期、现蕾期、开花期各喷1次，每亩每次用磷酸二氢钾400克兑水30千克喷施；在花铃期至封顶前每10天喷1次，每亩每次用磷酸二氢钾400克兑水30千克喷施；在封顶后再喷施2次，每亩每次用磷酸二氢钾800克兑水60千克喷施。

4）水稻在育苗期，喷施1%的磷酸二氢钾溶液1～2次；在分蘖期、拔节期、孕穗期、灌浆期各喷洒1次，每亩每次用磷酸二氢钾800克兑水60千克喷施。

5）苹果、桃、梨等果树在秋季施基肥时，将磷酸二氢钾均匀施入，覆盖后浇水1次，用量可根据树龄大小，每株用量为500～1000克；在初花期、幼果期分别喷施1次，每亩每次用磷酸二氢钾800克兑水60千克喷施；在膨大期喷施2～4次，每亩每次用磷酸二氢钾1200克兑水100千克喷施。

6）黄瓜、番茄、菜豆、茄子等在育苗期用1%的磷酸二氢钾溶液喷施2次；移栽时可用1%的磷酸二氢钾溶液浸根；在定苗至花前期喷施2次，每亩每次用磷酸二氢钾200克兑水30千克喷施；在座果后每7天喷施1次，每亩每次用磷酸二氢钾400克兑水30千克喷施。

（3）**适宜作物和注意事项** 磷酸二氢钾主要用于叶面喷施、拌种和

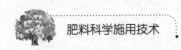

浸种，适宜各种作物。

磷酸二氢钾和一些氮肥、微肥及农药等做到合理配合、混施，可节省劳力，增加肥效和药效。

5. 磷铵系列复合肥料

在磷酸铵生产基础上，为了平衡氮、磷的比例，加入单一氮肥品种，便形成磷酸铵系列复合肥料，主要有尿素磷酸盐、硫磷铵、硝磷铵等。

（1）基本性质 尿素磷酸盐有尿素磷铵、尿素磷酸二铵等。尿素磷酸铵氮（N）含量为 17.7%、磷（P_2O_5）含量为 44.5%。尿素磷酸二铵按养分含量分，有 37-17-0、29-29-0、25-25-0 等品种。

硫磷铵是将氨通入磷酸与硫酸的混合液制成的，含有磷酸一铵、磷酸二铵和硫酸铵等成分，氮（N）含量为 16%、磷（P_2O_5）含量为 20%，为灰白色颗粒，易溶于水，不吸湿，易储存，物理性状好。

硝磷铵的主要成分是磷酸一铵和硝酸铵，按养分含量分，有 25-25-0、28-14-0 等品种。

（2）科学施用 磷铵系列复合肥可以用作基肥、追肥和种肥，适用于多种作物和土壤。

6. 三元复合肥

（1）硝磷钾 硝磷钾是在硝酸磷肥基础上增加钾盐而制成的三元复合肥料，养分含量多为 10-10-10，为浅黄色颗粒，有吸湿性，在我国多作为烟草专用肥施用，一般用作基肥。

（2）铵磷钾 铵磷钾是用硫酸钾和磷酸盐按不同比例混合而成或磷酸铵加钾盐制成的三元复合肥料，一般有 12-24-12、12-20-15、10-30-10 等品种。其物理性质很好，养分均为速效，易被作物吸收，适用于多种作物和土壤，可用作基肥和追肥。

（3）尿磷铵钾 尿磷铵钾养分含量多为 22-22-11。可以用作基肥、追肥和种肥，适用于多种作物和土壤。

（4）磷酸尿钾 磷酸尿钾是硝酸分解磷矿时，加入尿素和氯化钾制得的，氮、磷、钾的比例为1:0.7:1，可以用作基肥、追肥和种肥，适用于多种作物和土壤。

二、复混肥料

复混肥料是将2种或多种单质化肥，或者将1种复合肥料与几种单质化肥，通过物理混合的方法制得的不同规格即不同养分配比的肥料。物理加工过程包括粉碎后再混拌、造粒，也包括将各种原料高温熔融后再造粒。目前主要有三大工艺：粉料混合造粒法、料浆造粒法和熔融造粒法。

1. 基础肥料的可混性

制备复混肥料的基础肥料中的单质肥料可用硝酸铵、尿素、硫酸铵、氯化铵、过磷酸钙、重过磷酸钙、钙镁磷肥、氯化钾和硫酸钾等，二元肥料可用磷酸一铵、磷酸二铵、聚磷酸铵、硝酸磷肥等。基础肥料混合必须遵循一定的原则：肥料混合不会造成养分损失或有效性降低；肥料混合不会产生不良的物理性状；肥料混合有利于提高肥效和工效。根据上述3条原则，肥料是否适宜混合通常有3种情况：可以混合、可以暂混和不可混合。

（1）可以混合　可以混合即在肥料混合过程中或混合后的储存、施用过程中，不会因肥料的组分不同而发生一系列变化，引起养分的损失或有效性下降，也不会使肥料的物理性状变差，降低肥效和工效，甚至能够改善肥料的物理性状，使施用更加方便。例如，硫酸铵、磷矿粉、硫酸铵、氨水与过磷酸钙，氯化铵与氯化钾，尿素与硝酸钙、氯化铵、硫酸镁等都可以混合。现举例说明如下。

硝酸铵与氯化钾混合后发生反应，反应产生的氯化铵、硝酸钾吸湿性弱，从而使混合后肥料的物理性状得到改善，施用方便，并且肥效没有降低。其化学反应如下。

$$NH_4NO_3 + KCl \longrightarrow NH_4Cl + KNO_3$$

（2）可以暂混　有些肥料混合后立即施用，不致产生不良影响，但如果混合后存放时间较长，则容易引起肥料物理性状变坏或肥效变差，所以这些肥料可以暂混但混合后不能长久放置。如硝态氮肥与过磷酸钙、尿素与硝酸铵、尿素与氯化钾、石灰氮与氯化钾、钢渣磷肥与硝酸钾等，都可以暂时混合，现举例说明如下。

1）硝态氮肥与过磷酸钙。2种肥料混合后，在放置过程中会引起潮解，肥料物理性质恶化，施用难度增大，并且还会引起硝态氮的逐步分解，造成氮的损失。其化学反应如下：

$$2NaNO_3 + Ca(H_2PO_4)_2 \cdot H_2O \longrightarrow CaNa_2(HPO_4)_2 \downarrow + N_2O_5 + 2H_2O$$

如果在过磷酸钙中先加入少量磷矿粉、骨粉或碳酸氢铵，中和其游离酸后再混合，就不会发生潮解，也不会很快引起化学变化。因此这2种肥料可以暂时混合，但混合后不宜长时间放置。

2）尿素与氯化钾。尿素和氯化钾混合不会降低肥效，但物理性状变差，吸湿性增强，易于结块。两者分别放置存放5天，尿素吸湿率为8%，氯化钾吸湿率为5.5%，而两者混在一起，吸湿率达36%。所以，这2种肥料混合后应马上施入土壤。

3）硝态氮肥与其他无机肥料。硝态氮肥多有极强的吸湿性，与其他无机肥料混合则吸湿更强，并且放置过久时不易施用。但如果在混合后加入少量干燥的有机物，并及时施用，不会产生不良的影响。

（3）不可混合　混合后发生养分损失、肥效降低的肥料不可以混合。例如铵态氮肥与碱性肥料、过磷酸钙与碱性肥料、硝态氮肥与窑灰钾肥等都不可以混合。现举例说明如下。

1）铵态氮肥与碱性肥料。如硫酸铵、硝酸铵、氯化铵、碳酸氢铵不能与石灰、草木灰、窑灰钾肥混合，否则会引起氨的损失。

$$(NH_4)_2SO_4 + CaO \longrightarrow 2NH_3 \uparrow + CaSO_4 + H_2O$$

2）过磷酸钙与碱性肥料。过磷酸钙不能与草木灰、窑灰钾肥等碱性肥料混合，以免导致水溶性磷转化为难溶性磷，使磷肥有效性降低。

$$Ca(H_2PO_4)_2 \cdot H_2O + CaO \longrightarrow 2CaHPO_4 \downarrow + 2H_2O$$

3）难溶性磷肥与碱性肥料。如骨粉、磷矿粉与石灰、草木灰等碱性肥料混合后，碱性肥料将土壤中的酸与根系分泌的酸中和掉，使植物更难吸收利用难溶性磷肥。

4）过磷酸钙与碳酸氢铵。碳酸氢铵与过磷酸钙混合，会引起水溶性磷含量的降低和加速氨的挥发。

复混肥料除有原料肥料的互配性要求外，对颗粒原料肥料也有特殊的要求，以满足养分均匀性的规定，如对颗粒原料肥料的粒度、比重和形态，特别是粒度有要求，要保证原料肥料的颗粒粒径、密度尽量一致（即匹配性高）。各种基础肥料混合的适宜性见图5-1。

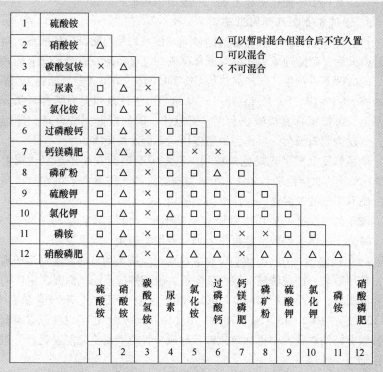

图 5-1　各种基础肥料的可混性

	硫酸铵	硝酸铵	碳酸氢铵	尿素	氯化铵	过磷酸钙	钙镁磷肥	磷矿粉	硫酸钾	氯化钾	磷铵
1 硫酸铵											
2 硝酸铵	△										
3 碳酸氢铵	×	△									
4 尿素	□	△	×								
5 氯化铵	□	△	×	□							
6 过磷酸钙	□	△	×	□	□						
7 钙镁磷肥	△	△	×	×	□	△					
8 磷矿粉	△	△	×	□	□	△	△				
9 硫酸钾	□	△	×	□	□	□	△	□			
10 氯化钾	□	△	×	□	□	△	△	□	□		
11 磷铵	□	△	×	×	□	□	×	×	□	□	
12 硝酸磷肥	△	△	×	△	△	△	×	△	△	△	△
	硫酸铵	硝酸铵	碳酸氢铵	尿素	氯化铵	过磷酸钙	钙镁磷肥	磷矿粉	硫酸钾	氯化钾	磷铵	硝酸磷肥
	1	2	3	4	5	6	7	8	9	10	11	12

△ 可以暂时混合但混合后不宜久置
□ 可以混合
× 不可混合

2. 复混肥料的类型

按对作物的用途划分，可将复混肥料分为专用肥和通用肥2种。

（1）专用肥　专用肥是针对不同作物对氮、磷、钾三元素的需求规律而生产出氮、磷、钾含量和比例有差异的复混肥料。目前常用的专用肥品种有果树专用肥［9-7-9（Fe）］、西瓜专用肥（9-7-9）、叶菜类蔬菜专用肥［12-5-8（B）］、果菜类蔬菜专用肥［9-7-9（Zn)-(B）］、根菜类蔬菜专用肥［8-10-7（S)-(Mg）］、小麦专用肥［8-10-7（Mn）］、棉花专用肥［9-9-9（B）］、春玉米专用肥［12-5-8（Zn）］、夏玉米专用肥［9-6-10（Zn）］、花生大豆专用肥［7-10-8（Mo）］、水稻专用肥［12-6-7（Si）］、烟草专用肥［6-7-12（Mg）］等。专用肥一般用作基肥。

（2）通用肥　通用肥是大的生产厂家为了保持常年生产或在不同的用肥季节交替时加工的产品，主要品种有15-15-15、10-10-10、8-8-9等。

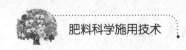

通用肥适宜用于各种作物和土壤，一般用作基肥。

3. 常见复混肥料的科学施用

（1）**硝酸铵-磷铵-钾盐复混肥系列** 该系列复混肥可用硝酸铵、磷铵或过磷酸钙、硫酸钾或氯化钾等混合制成，也可在硝酸磷肥基础上配入磷铵、硫酸钾等进行生产。产品执行 GB/T 15063—2020《复合肥料》，养分含量有 10-10-10（S）或 15-15-15（Cl）。由于该系列复混肥含有部分的硝基氮，可被植物直接吸收利用，肥效快，磷的配置比较合理，速缓兼容，表现为肥效长久，可作为种肥施用，不会发生肥害。

该系列复混肥呈浅褐色颗粒状，氮素中有硝态氮和铵态氮，磷素中30%～50%为水溶性磷、50%～70%为枸溶性磷，钾素为水溶性。该系列复混肥有一定的吸湿性，应注意防潮结块。

该系列复混肥一般用作基肥和早期追肥，每亩用量为 30～50 千克。不含氯离子的该系列复混肥可作为烟草专用肥施用，效果较好。

（2）**磷酸铵-硫酸铵-硫酸钾复混肥系列** 该系列复混肥主要是铵磷钾肥，是用磷酸一铵或磷酸二铵、硫酸铵、硫酸钾按不同比例混合生产的三元复混肥料，产品执行 GB/T 15063—2020《复合肥料》，养分含量有 12-24-12（S）、10-20-15（S）、10-30-10（S）等多种。也可以在尿素磷酸铵或氯铵普钙的混合物中再加氯化钾，制成单氯或双氯三元复混肥料，但不宜在烟草上施用。

铵磷钾肥的物理性状良好，易溶于水，易被作物吸收利用，主要用作基肥，也可用作早期追肥，每亩用量为 30～40 千克。铵磷钾肥目前主要用在烟草等忌氯作物上，施用时可根据需要选用一种适宜的比例，或在追肥时用单质肥料进行调节。

（3）**尿素-过磷酸钙-氯化钾复混肥系列** 该系列复混肥是用尿素、过磷酸钙、氯化钾为主要原料生产的三元复混肥料，总养分含量在 28% 以上，还含有钙、镁、铁、锌等中量和微量元素，产品执行 GB/T 15063—2020《复合肥料》。

该系列复混肥为灰色或灰黑色颗粒，不起尘，不结块，便于装卸和施用，在水中会发生崩解。应注意防潮、防晒、防重压，开包施用最好一次用完，以防吸潮结块。

该系列复混肥适用于水稻、小麦、玉米、棉花、油菜、大豆、瓜果等作物，一般用作基肥和早期追肥，但不能直接接触种子和作物根系。用作基肥时一般每亩用量为 50～60 千克，用作追肥时一般每亩用量为

10～15千克。

（4）尿素-钙镁磷肥-氯化钾复混肥系列 该系列复混肥是用尿素、钙镁磷肥、氯化钾为主要原料生产的三元复混肥料，产品执行 GB/T 15063—2020《复合肥料》。由于尿素产生的氨和碱性的钙镁磷肥充分混合的情况下，易产生挥发损失，因此在生产上采用酸性黏结剂包裹尿素工艺技术，既可降低颗粒肥料的碱度，施入土壤后又可减少或降低氮的挥发损失和磷、钾的淋溶损失，从而进一步提高肥料的利用率。

该产品含有较多的营养元素，除含有氮、磷、钾外，还含有6%左右的氧化镁、1%左右的硫、20%左右的氧化钙、10%以上的二氧化硅，以及少量的铁、锰、锌、钼等微量元素。其物理性状良好，吸湿性小。

该产品适用于水稻、小麦、玉米、棉花、油菜、大豆、瓜果等作物，特别适用于南方酸性土壤。一般用作基肥，但不能直接接触种子和作物根系。用作基肥时一般每亩用量为50～60千克。

（5）氯化铵-过磷酸钙-氯化钾复混肥系列 该系列复混肥是用氯化铵、过磷酸钙、氯化钾为主要原料生产的三元复混肥料，产品执行 GB/T 15063—2020《复合肥料》。

该产品物理性状良好，但有一定的吸湿性，储存过程中应注意防潮结块。由于该产品中含氯离子较多，适用于水稻、小麦、玉米、高粱、棉花、麻类等耐氯作物。长期施用该产品易使土壤变酸，因此在酸性土壤上施用时应配施石灰和有机肥料，不宜在盐碱地以及干旱缺雨的地区施用。

该产品主要作为基肥和追肥施用，用作基肥时一般每亩用量为50～60千克，用作追肥时一般每亩用量为15～20千克。

（6）尿素-磷酸铵-硫酸钾复混肥系列 该系列复混肥是用尿素、磷酸铵、硫酸钾为主要原料生产的三元复混肥料，属于无氯型氮磷钾三元复混肥，其总养分含量在54%以上，水溶性磷的含量在80%以上。产品执行 GB/T 15063—2020《复合肥料》。

该产品有粉状和粒状2种。粉状肥料为灰白色或灰褐色的均匀粉状物，不易结块，除了部分填充料外，其他成分均能在水中溶解。粒状肥料为灰白色或黄褐色粒状，pH为5～7，不起尘，不结块，便于装运和施肥。

该产品可用作烟草等忌氯作物的专用肥料，主要作为基肥和追肥施用，用作基肥时一般每亩用量为40～50千克，用作追肥时一般每亩用量为10～15千克。

（7）含微量元素的复混肥 生产含微量元素的复混肥有如下原则：

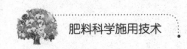

要有一定数量的基本微量元素种类，满足种植在缺乏微量元素的土壤上作物的需要；微量元素的形态要适合所有的施用方法。

含微量元素的复混肥料是添加一种或几种微量元素的二元或三元肥料，一般具有如下特点：大量元素与微量元素之间有最适宜的比例，无论采用哪种施肥方法都能有足够的养分；应是肥料养分浓度高且易被作物吸收的形态；微量元素分布要均匀；肥料具有良好的物理特性。目前生产的含微量元素的复混肥料大都为颗粒状。

1）含锰复混肥料是用尿素磷铵钾、磷酸铵和高浓度无机混合肥等，在造粒前加入硫酸锰，或将硫酸锰事先与一种肥料混合，再与其他肥料混合，经造粒而制成的。其主要品种有：含锰尿素磷铵钾，18-18-18-1.5（Mn）；含锰硝磷铵钾，17-17-17-1.3（Mn）；含锰无机混合肥料，18-18-18-1.0（Mn）；含锰磷酸一铵，12-52-0-3.0（Mn）。

含锰复混肥料一般用作基肥，撒施时每亩用量为15～25千克，条施时每亩用量为4～8千克，主要用在缺锰土壤和对锰敏感的作物上。

2）含硼复混肥料是将硝磷铵钾肥、尿素磷铵钾肥、磷酸铵及高浓度无机混合肥等在造粒前加入硼酸，或将硼酸事先与一种肥料混合，再与其他肥料混合，经造粒而制成的。其主要品种有：含硼尿素磷铵钾，18-18-18-0.20（B）；含硼硝磷铵钾，17-17-17-0.17（B）；含硼无机混合肥料，16-24-16-0.2（B）；含硼磷酸一铵，12-52-0-0.17（B）。

含硼复混肥料一般用作基肥，撒施时每亩用量为20～27千克，穴施时每亩用量为4～7千克，主要用在缺硼土壤和对硼敏感的作物上。

3）含钼复混肥料是硝磷钾肥、磷钾肥（重过磷酸钙＋氯化钾或过磷酸钙＋氯化钾）同钼酸铵的混合物。含钼硝磷钾肥是向磷酸中添加钼酸铵进行中和，或者进行氨化、造粒而制成的。在制造磷-钾-钼肥时，需事先把过磷酸钙或氯化钾同钼酸铵进行浓缩。其主要品种有：含钼硝磷钾肥，17-17-17-0.5（Mo）；含钼重过磷酸钙＋氯化钾，0-27-27-0.9（Mo）；含钼过磷酸钙＋氯化钾，0-15-15-0.5（Mo）。

含钼复混肥适用于蔬菜和大豆等作物。一般用作基肥，撒施时一般每亩用量为17～20千克，穴施时每亩用量为3.5～6.7千克。

4）含铜复混肥料是用尿素、氯化钾和硫酸铜为原料所制成的氮-钾-铜复混肥料，含氮14%～16%、氧化钾34%～40%、铜0.6%～0.7%。含铜复混肥料一般可用在泥炭土和其他缺铜的土壤上，用作基肥或在播种前用作种肥，每亩用量为14～34千克。

5）含锌复混肥料是以磷酸铵为基础制成的氮-磷-锌肥和氮-磷-钾-锌肥。含氮 12% ~ 13%、五氧化二磷 50% ~ 60%、锌 0.7% ~ 0.8%，或氮 18% ~ 21%、五氧化二磷 18% ~ 21%、氧化钾 18% ~ 21%、锌 0.3% ~ 0.4%。含锌复混肥料适用于对锌敏感的作物和缺锌土壤，一般用作基肥，撒施时一般每亩用量为 20 ~ 25 千克，穴施时每亩用量为 5 ~ 8 千克。

三、掺混肥料

掺混肥料又称配方肥、BB 肥，是由 2 种以上粒径相近的单质肥料或复合肥料为原料，按一定比例，通过简单的机械掺混而成的，是各种原料的混合物。这种肥料一般由农户根据土壤养分状况和作物需要随混随用。

掺混肥料的优点是生产工艺简单，操作灵活，生产成本较低，养分配比适应微域调控或具体田块作物的需要。与复合肥料和复混肥料相比，掺混肥料在生产、储存、施用等方面有其独特之处。

掺混肥料一般是针对当地作物和土壤而生产的，因此要因土壤、作物而施用，一般用作基肥。

四、新型复混肥料

新型复混肥料是在无机复混肥的基础上添加有机物、微生物、稀土、沸石等填充物而制成的一类复混肥料。

1. 有机无机复混肥料

有机无机复混肥料是以无机原料为基础，采用烘干鸡粪、经过处理的生活垃圾、污水处理厂的污泥及泥炭、菇渣、氨基酸、腐殖酸等有机物质作为填充物，然后经造粒、干燥后包装而成的复混肥料。

有机无机复混肥料的施用：一是用作基肥。旱地宜全耕层深施或条施；水田宜先将肥料均匀撒在湿润的土壤表面上，翻耕入土后灌水，耕细耙平。二是用作种肥。可采用条施或穴施，将肥料施于种子下方 3 ~ 5 厘米处，防止烧苗；如用于拌种，可将肥料与 1 ~ 2 倍的细土拌匀，再与种子搅拌，随拌随播。

2. 稀土复混肥料

稀土复混肥料是将稀土制成固体或液体的调理剂，以加入 0.3% 硝酸稀土的量配入生产复混肥的原料而生产的复混肥料。施用稀土复混肥料不仅可以起到叶面喷施稀土的作用，还对土壤中一些酶的活性有影响，对植

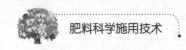

物的根有一定的促进作用。施用方法同一般复混肥料。

3. 功能性复混肥料

功能性复混肥料是具有特殊功能的复混肥料的总称，是指适用于某个地域的某种（或某类）特定作物的肥料，或含有某些特定物质、具有某种特定作用的肥料，目前主要是指与农药、除草剂等结合的一类专用药肥。

（1）除草专用药肥 除草专用药肥因其生产简单、适用，又能达到高效除草和增加作物产量的目的，受到农民的欢迎。但不足之处是目前产品种类少，功能过于专一，因此在制定配方时应根据主要作物、土壤肥力、草害情况等综合因素来考虑。

除草专用药肥的作用机理主要有：施用除草专用药肥后能有效杀死多种杂草，有除杂草并防止其吸收土壤中养分的作用，使土壤中有限的养分供作物吸收利用，从而使作物增产；有些药肥以包衣剂的形式存在，客观上造成肥料中的养分缓慢释放，有利于提高肥料的利用率；除草专用药肥在作物生长初期对其生长有一定的抑制作用，而后期又有促进作用，还能增强作物的抗逆能力，使作物提高产量；施用除草专用药肥后，在一定时间内能抑制土壤中的氨化细菌和真菌的繁殖，但能使部分固氮菌的数量增加，因此降低了氮肥的分解速度，使肥效延长，提高土壤富集氮的能力，提高氮肥利用率。

除草专用药肥一般专肥专用，如小麦除草专用药肥不能施用到水稻、玉米等其他作物上。目前一般为基肥剂型，也可以生产追肥剂型。施用量一般按作物正常施用量即可，也可按照产品说明书操作。一般应在作物播种前、插秧前或移栽前施用。

（2）防治线虫和地下害虫的无公害药肥 张洪昌等人研制发明了防治线虫和地下害虫的无公害药肥，并获得国家发明专利。该药肥是选用烟草秸秆及烟草加工下脚料，或辣椒秸秆及辣椒加工下脚料，或菜籽饼，配以尿素、磷酸一铵、钾肥等肥料，并添加氨基酸螯合微量元素肥料、稀土及有关增效剂等生产而成的。

该产品中氮、磷、钾总养分含量大于 20%，有机质含量大于 50%，微量元素含量大于 0.9%，腐殖酸及氨基酸含量大于 4%，有效活菌数为 0.2 亿个/克，pH 为 5~8，水分含量小于 20%。该产品能有效消除韭蛆、蒜蛆、黄瓜根结线虫、甘薯根瘤线虫、地老虎、蛴螬等，同时具有抑菌功能，还可促进作物生长，提高农产品品质，增产增收。

该产品一般每亩用量为 1.5~6 千克。用作基肥时可与生物有机肥料或其他基肥拌匀后同施；沟施、穴施时可与 20 倍以上的生物有机肥料混匀后施入，然后覆土浇水；灌根时，可将该产品用清水稀释 1000~1500 倍，灌于作物根部，灌根前将作物基部土壤耙松，使药液充分渗入；也可冲施，将该产品用水稀释 300 倍左右，随灌溉水冲施，每亩用量为 5~6 千克。

（3）**防治枯黄萎病的无公害药肥** 该药肥的追施剂型是利用含动物胶质蛋白的屠宰场废弃物、豆饼粉、植物提取物、中草药提取物、生物提取物，水解助剂、硫酸钾、磷酸铵和中、微量元素，以及添加剂、稳定剂、助剂等加工生产而成的。基施剂型是利用氮肥、重过磷酸钙、磷酸一铵、钾肥、中量元素、氨基酸螯合微量元素、稀土、有机原料、腐殖酸钾、发酵泥炭、发酵畜禽粪便、生物制剂、增效剂、助剂、调理剂等加工生产而成的。

利用液体或粉剂产品对棉花、瓜类、茄果类蔬菜等种子进行浸种或拌种后再播种，可彻底消灭种子携带的病菌，预防病害发生；用颗粒剂型产品作为基肥，既能为作物提供养分，还能杀灭土壤中病原菌，减少作物枯黄萎病、根腐病、土传病等危害；在作物生长期用液体剂型进行叶面喷施，既能增加作物产量，还能预防病害发生；施用粉剂或颗粒剂产品作为追肥，既能快速补充作物营养，还能防治枯黄萎病、根腐病等病害；当作物发生病害后，在发病初期用液体剂型产品进行叶面喷施，同时灌根，3 天左右可抑制病害蔓延，4~6 天后病株可长出新根新芽。

该药肥的追施剂型主要用于叶面喷施或灌根。叶面喷施是将该产品兑水稀释 800~2000 倍，喷雾至株叶湿润；同时灌根，每株用量为 200~500 毫升。

该药肥的基施剂型一般每亩用量为 2~5 千克。用作基肥时可与生物有机肥料或其他基肥拌匀后同施；沟施、穴施时可与 20 倍以上的生物有机肥料混匀后施入，然后覆土浇水。

（4）**生态环保复合药肥** 该药肥是选用多种有机物料为原料，经酵素菌发酵或活化处理，配入以腐殖酸为载体的综合有益生物菌剂，再添加适量的氮、磷、钾、钙、镁、硫、硅肥及微量元素、稀土等而生产的产品。一般氮、磷、钾总养分含量在 25% 以上，中、微量元素总含量在 10% 以上，有机质含量在 20% 以上，氨基酸及腐殖酸含量在 6% 以上，有

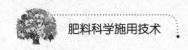

效活菌数为 0.2 亿个/克，pH 为 5.5~8。

该产品适用于蔬菜、瓜类、果树、棉花、花生、烟草、茶树、小麦、大豆、玉米、水稻等作物。可用作基肥，也可穴施、条施、沟施，施用时可与有机肥料混合施用，一般每亩用量为 50~70 千克；果树根据树龄施用，一般每株用量为 3~7 千克，可与有机肥料混合施用。

第六章

微生物肥料

发展绿色农业，生产安全、无公害的绿色食品已成为现代农业发展的必然趋势，这就为高效优质的微生物肥料使用提供了一个极好的发展机遇。而滥用化学肥料引起的土壤质量下降、地下水污染等问题日益突出，无污染的微生物肥料的综合作用更显示出其应用优势和良好的发展前景。

第一节　微生物肥料概述

微生物肥料是指一类含有活体微生物的特定制品，应用于农业生产中，能够获得特定的肥料效应，并且在这种效应的产生中，制品中活体微生物起关键作用。符合上述定义的制品均属于微生物肥料。

一、微生物肥料的主要功效

微生物肥料的功效主要与营养元素的来源和有效性有关，或与作物吸收营养、水分和抗病有关，概括起来主要有以下几个方面。

1. 增加土壤肥力

这是微生物肥料的主要功效。例如，固氮微生物肥料可以增加土壤中的氮；多种磷细菌、钾细菌肥料可以将土壤中难溶性磷、钾分解出来，供作物吸收利用；许多种微生物肥料能够产生大量的多糖物质，与作物黏液、矿物质胶体和有机胶体结合起来，改善土壤团粒结构，从而改善土壤理化性状。

2. 制造作物所需养分或协助作物吸收养分

根瘤菌肥料中的根瘤菌可以侵染豆科作物根部，形成根瘤进行固氮，进而将氮转化为谷氨酰胺和谷氨酸类等作物能吸收利用的氮元素化合物。

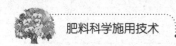

丛枝菌根可与多种作物共生，其菌丝伸出根部很远，可吸收更多营养供作物利用。

3. 产生的植物激素类物质可刺激作物生长

许多用作微生物肥料的微生物可产生植物激素类物质，能够刺激和调节作物生长，使作物生长健壮，营养状况得到改善。

4. 对有害微生物具有防治作用

对作物根部使用微生物肥料，其中的微生物在作物根部大量生长繁殖，作为作物根际的优势菌，限制其他病原微生物的繁殖。同时，有的微生物对病原微生物还具有拮抗作用，起到减轻作物病害的功效。

二、微生物肥料的特点

微生物肥料使用时必须与化肥、有机肥料相辅相成、相互补充，才能达到平衡作物营养的目的。与有机肥料、化学肥料相比较，其主要特点表现在以下几个方面。

1. 节约能源，减少污染

工业合成化学肥料需要消耗大量的资源和能量，排放大量的二氧化碳和其他废气。而固氮微生物可将空气的氮转化为可被作物吸收利用的氮，因而可以节约大量的能源、减少废气排放。

2. 无毒无污染

合格的微生物肥料对环境污染少。同时，微生物肥料多采用有机肥原料作为载体，有利于改善土壤质量。并且生物菌肥和生物有机肥料是优质的微生物菌种和有机肥料，不含有人工合成的化学物质，符合严格的绿色食品肥料甚至有机食品肥料的要求。

3. 提高化肥利用率

生物肥料主要通过各种菌剂促进土壤中难溶性养分的溶解和释放。同时，菌剂在代谢过程中释放出大量的无机、有机和酸性物质，可促进土壤中微量元素硅、铝、铁、镁、钼等的释放及螯合，有效打破土壤板结，促进团粒结构的形成，使被土壤固定的无效肥料转化成有效肥料，改善了土壤中养分的供应情况、通气状况及疏松程度。如各种自生、联合、共生的固氮菌肥料，可以增加土壤中的氮来源。

4. 促进作物生长，改善农产品品质

生物肥料的施用，促进了生长调节剂的产生，可以调节、促进作物的生长发育。使用生物肥料还可以提高农产品中的维生素 C、氨基酸和糖分的含量，有效降低硝酸盐的含量。

三、微生物肥料的种类

1. 微生物肥料的剂型

从成品性状看，微生物肥料成品的剂型主要有液体、固体、冻干剂3种。

液体剂型有的是由发酵液直接装瓶，也有用矿物油封面的。固体剂型主要是以泥炭为载体，又分粉剂、颗粒剂2种剂型，近年来也有用吸附剂作为载体的。冻干剂是用发酵液浓缩后冷冻干燥制得的。

2. 微生物肥料的分类

微生物肥料的分类见表6-1。

表6-1 微生物肥料的分类

分类依据	微生物肥料的类型
按功能分	微生物拌种剂：利用多孔的物质作为吸附剂，吸附菌体发酵液而制成的菌剂，主要用于拌种，如根瘤菌肥料
	复合微生物肥料：含有2种或2种以上的互不拮抗微生物，通过其生命活动使作物增产
	腐熟促进剂：一些菌剂能加速作物秸秆腐熟和有机废物发酵，主要由纤维素分解菌组成
按营养物质分	微生物和有机物复合、微生物和有机物及无机元素复合
按作用机理分	以营养为主、以抗病为主、以降解农药为主，也可多种作用同时兼有
按微生物种类分	细菌肥料（根瘤菌肥料、固氮菌肥料、磷细菌肥料、钾细菌肥料）、放线菌肥料（抗生菌肥料）、真菌类肥料（菌根真菌肥料、霉菌肥料、酵母肥料）、光合细菌肥料

第二节 微生物肥料的科学施用

常用的微生物肥料主要有根瘤菌肥料、固氮菌肥料、磷细菌肥料、钾细菌肥料、抗生菌肥料、复合微生物肥料等。

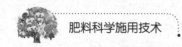

一、根瘤菌肥料

根瘤菌能和豆科作物共生、结瘤、固氮。用人工选育出来的高效根瘤菌株，经大量繁殖后，用载体吸附制成的生物菌剂称为根瘤菌肥料。

1. 根瘤菌的特点

根瘤菌是一类存在于土壤中的革兰阴性好氧杆菌，它通过豆科作物的根毛，从土壤侵入根内，形成根瘤。在培养条件下，根瘤菌的个体形态为杆状，革兰染色呈阴性，周生鞭毛，或端生、侧生鞭毛，能运动，不形成芽孢。细胞内含许多聚 β - 羟基丁酸颗粒，细胞外形成荚膜和黏液物质。根瘤菌为化能异养微生物，具有以下特点。

（1）**专一性** 专一性是指某种根瘤菌只能使某些种类的豆科作物形成根瘤，这些豆科作物即为互接种族关系。只有在同一种族内的作物，才可以互相利用其根瘤菌形成根瘤。

（2）**侵染性** 侵染性是指根瘤菌侵入豆科作物根内形成根瘤的能力。只有侵染能力和结瘤能力强的菌株才对作物生产有意义。无论根瘤菌的固氮能力有多高，只要侵染性差就无法与土壤中的原有根瘤菌竞争，最后会被自然淘汰。

（3）**有效性** 根瘤菌的有效性是指它的固氮能力，这也是衡量菌株优劣的重要指标。并不是所有能够形成根瘤的根瘤菌都能固氮，因而有了有效根瘤和无效根瘤之分。从形态上判断，有效根瘤一般生长在主根或靠近主根的地方，根瘤大而饱满，呈粉红色，淀粉积累少；无效根瘤结瘤少，多分散在侧根上，且个体较小，呈灰白色或青色。

2. 根瘤菌肥料的性质

根瘤菌肥料按剂型不同分为固体、液体、冻干剂 3 种。固体根瘤菌肥料的吸附剂多为泥炭，为黑褐色或褐色粉末状固体，湿润松散，含水量为 20% ~ 35%，一般菌剂含活菌数为 1 亿 ~ 2 亿个/克，杂菌率小于 15%，pH 为 6 ~ 7.5。液体根瘤菌肥料应无异臭味，含活菌数为 5 亿 ~ 10 亿个/毫升，杂菌率小于 5%，pH 为 5.5 ~ 7。冻干根瘤菌肥料没有吸附剂，为白色粉末状，含菌量比固体型高几十倍，但生产上应用很少。

3. 根瘤菌肥料的科学施用

根瘤菌肥料多用于拌种，即将每亩所用种子用 30 ~ 40 克菌剂加 3.75 千克水混匀后拌种，或根据产品说明书施用。拌种时要掌握互接种族关系，选择与作物相对应的根瘤菌肥。作物出苗后，发现结瘤效果差时，可在幼苗附近浇泼兑水的根瘤菌肥料。

4. 注意事项

根瘤菌结瘤的最适温度为 20～40℃，土壤含水量为田间持水量的 60%～80%、中性到微碱性（pH 为 6.5～7.5）环境及良好的通气条件有利于结瘤和固氮；在酸性土壤中使用时需加石灰调节土壤酸度；拌种及风干过程切忌阳光直射，已拌菌的种子必须当天播完；不可与速效性氮肥及杀菌农药混合使用，如果种子需要消毒，需在根瘤菌拌种前 2～3 周完成，保证菌、药使用有较长的间隔时间，以免影响根瘤菌的活性。

二、固氮菌肥料

固氮菌肥料是指含有大量好氧性自生固氮菌的生物制品。具有自生固氮作用的微生物种类有很多，在生产上得到广泛应用的是固氮菌科的固氮菌属，以圆褐固氮菌应用较多。

1. 固氮菌的特点

固氮菌常为 2 个菌体聚在一起，形成"8"字形孢囊。生长旺盛时期的个体形态为杆状，单生或成对，周生鞭毛，能运动；在阿什比无氮培养基上，表现为荚膜丰富，菌落光滑，无色透明，进一步变成褐色或黑色，色素不溶于水。固氮菌为中温性微生物，具有以下特点。

（1）**固氮作用**　固氮菌能固定空气中的分子态氮并将其转化成作物可利用的化合态氮。但与根瘤菌不同的是，自生固氮菌不与高等植物共生，而是独立存在于土壤中，利用土壤中的有机物或根系分泌物作为碳源并固定氮。

（2）**生长调节作用**　自生固氮菌能分泌某些化合物如维生素 B_1、维生素 B_2、维生素 B_{12}、吲哚乙酸，刺激作物生长和发育。近年来还发现一些自生固氮菌在其生活过程中能溶解难溶性的磷酸三钙。

2. 固氮菌肥料的性质

固氮菌肥料可分为自生固氮菌肥料和联合固氮菌肥料。自生固氮菌肥料是指由人工培育的自生固氮菌制成的微生物肥料，能直接固定空气中的氮，并产生很多激素类物质来刺激作物生长。联合固氮菌是指在固氮菌中有一类自由生活的类群，生长于作物根表和近根土壤中，靠根系分泌物生存，与作物根系密切。联合固氮菌肥料是指利用联合固氮菌制成的微生物肥料，对增加作物氮来源、提高产量、促进作物根系的吸收作用、增强抗逆性有重要作用。

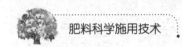

固氮菌肥料的剂型有固体、液体、冻干剂3种。固体剂型多为黑褐色或褐色粉末状，湿润松散，含水量为20%~35%，一般菌剂含活菌数为1亿个/克以上，杂菌率小于15%，pH为6~7.5。液体剂型为乳白色或浅褐色，混浊，稍有沉淀，无异臭味，含活菌数为5亿个/毫升以上，杂菌率小于5%，pH为5.5~7。冻干剂型为乳白色结晶，无味，含活菌数为5亿个/毫升以上，杂菌率小于2%，pH为6~7.5。

3. 固氮菌肥料的科学施用

固氮菌肥料适用于各种作物，可用作基肥、追肥和种肥，施用量按说明书确定。也可与有机肥料、磷肥、钾肥及微量元素肥料配合施用。

（1）用作基肥　作为基肥施用时，可与有机肥料配合沟施或穴施，施后立即覆土。也可蘸秧根或用作基肥施在蔬菜、菌床上，或与棉花盖种肥混施。

（2）用作追肥　用作追肥时，把菌肥用水调成糊状，施于作物根部，施后覆土，一般在作物开花前施用较好。

（3）用作种肥　用作种肥时一般拌种施用，即将肥料加水混匀后拌种，待种子阴干后即可播种。对于移栽作物，可采取蘸秧根的方法施用。

固体固氮菌肥料一般每亩用量为250~500克，液体固氮菌肥料每亩用量为100毫升，冻干剂固氮菌肥料每亩用量为500亿~1000亿个活菌。

4. 注意事项

固氮菌属中温好氧性细菌，最适温度为25~30℃，要求土壤通气良好、含水量为田间持水量的60%~80%，适宜pH为7.4~7.6。在酸性土壤（pH<6）中，其活性明显受到抑制，因此，施用前需加石灰调节土壤酸度。固氮菌只有在环境中有丰富的碳水化合物并且缺少化合态氮时才能进行固氮作用，因此固氮菌肥料与有机肥料、磷肥、钾肥及微量元素肥料配合施用，对固氮菌的活性有促进作用，这对贫瘠土壤而言尤其重要。过酸、过碱的肥料或有杀菌作用的农药都不宜与固氮菌肥料混施，以免影响其活性。

三、磷细菌肥料

磷细菌肥料是指含有能强烈分解有机磷或无机磷化合物的磷细菌的生物制品。

1. 磷细菌的特点

磷细菌是指具有强烈分解含磷有机物或无机物，或具有促进磷有效化作用的细菌。磷细菌在生命活动中除具有解磷的特性外，还能形成维生素等物质，对作物生长有刺激作用。

磷细菌分为 2 种：一种是水解有机磷微生物（如芽孢杆菌属、节杆菌属、沙雷菌属等中的某些细菌），能使土壤中有机磷水解；另一种是溶解无机磷微生物（如色杆菌属等），能利用生命活动产生的二氧化碳和各种有机酸，将土壤中一些难溶性的磷酸盐溶解，改善土壤的供磷性能。

2. 磷细菌肥料的性质

目前国内生产的磷细菌肥料有液体和固体 2 种剂型。液体剂型的磷细菌肥料为棕褐色的混浊液体，含活菌数为 5 亿 ~ 15 亿个/毫升，杂菌率小于 5%，含水量为 20% ~ 35%，有机磷细菌数不低于 1 亿个/毫升，无机磷细菌数不低于 2 亿个/毫升，pH 为 6 ~ 7.5。固体剂型的磷细菌肥料呈褐色，有效活菌数大于 3 亿个/克，杂菌率小于 20%，含水量小于 10%，有机质含量不低于 25%，粒径为 2.5 ~ 4.5 毫米。

3. 磷细菌肥料的科学施用

磷细菌肥料可用作基肥、追肥和种肥。

（1）用作基肥 用作基肥时，可与有机肥料、磷矿粉混匀后沟施或穴施，一般每亩用量为 1.5 ~ 2 千克，施后立即覆土。

（2）用作追肥 用作追肥时，可将磷细菌肥料用水稀释后施于根部，在作物开花前施用为宜。

（3）用作种肥 用作种肥时主要是拌种，可先将菌剂加水调成糊状，然后加入种子拌匀，待种子阴干后立即播种，防止阳光直接照射。一般每亩种子用固体磷细菌肥料 1.0 ~ 1.5 千克或液体磷细菌肥料 0.3 ~ 0.6 千克，加水稀释 4 ~ 5 倍。

4. 注意事项

磷细菌的最适温度为 30 ~ 37℃，适宜 pH 为 7 ~ 7.5。用其拌种时随配随拌，不宜留存；暂时不用的，应该放置在阴凉处覆盖保存。磷细菌肥料不能与农药及生理酸性肥料同时施用，也不能与石灰氮、过磷酸钙及碳酸氢铵混合施用。

四、钾细菌肥料

钾细菌肥料又名硅酸盐细菌肥料、生物钾肥，是指含有能分解土壤中

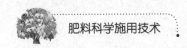

云母、长石等含钾的铝硅酸盐及磷灰石，释放出钾、磷与其他灰分元素，改善作物营养条件的钾细菌的生物制品。

1. 钾细菌的特点

钾细菌又名硅酸盐细菌，其产生的有机酸类物质能强烈分解土壤中的硅酸盐，使其中的难溶性的钾转化为作物可利用的有效钾。同时，钾细菌对磷、钾等元素有特殊的利用能力，它可借助荚膜包围岩石矿物颗粒而吸收磷、钾养分。钾细菌的细胞内含钾量很高，其灰分中的钾含量高达33%～34%。菌株死亡后钾可以从菌体中游离出来，供作物吸收利用。钾细菌可以抑制作物病害，提高作物的抗病性。菌体内存在着生长素和赤霉素，对作物生长具有一定的刺激作用。此外，该菌还有一定的固氮作用。

2. 钾细菌肥料的性质

钾细菌肥料主要有液体和固体2种剂型。液体剂型为浅褐色的混浊液体，无异臭，有微酸味，有效活菌数大于10亿个/毫升，杂菌率小于5%，pH为5.5～7。固体剂型是以泥炭为载体的粉状吸附剂，呈黑褐色或褐色，湿润而松散，无异味，有效活细菌数大于1亿个/克，杂菌率小于20%，含水量小于10%，有机质含量不低于25%，粒径为2.5～4.5毫米，pH为6.9～7.5。

3. 钾细菌肥料的科学施用

钾细菌肥料可用作基肥、追肥、种肥。

（1）用作基肥 钾细菌肥料与有机肥料混合沟施或穴施后，立即覆土，固体剂型每亩用3～4千克，液体剂型每亩用2～4千克。对果树施用钾细菌肥料，一般在秋末或早春，根据树冠大小，在距树身1.5～2.5米处环树挖沟（深、宽各15厘米），每亩用钾细菌肥料1.5～2.5千克混细肥土20千克，施于沟内后覆土即可。

（2）用作追肥 按每亩用钾细菌肥料1～2千克兑水50～100千克混匀后进行灌根。

（3）用作种肥 按每亩用钾细菌肥料1.5～2.5千克与其他种肥混合施用。也可将固体菌剂加适量水制成菌悬液或液体菌剂加适量水稀释，然后喷到种子上拌匀，稍干后立即播种。还可将固体菌剂或液体菌剂稀释5～6倍，搅匀后，对水稻、蔬菜进行蘸根，蘸后立即插秧或移栽。

4. 注意事项

紫外线对钾细菌有杀灭作用，因此在储存、运输、使用过程中应避免阳光直射。应在室内或棚内等避光处拌种，拌好晾干后应立即播完，并及时覆土。钾细菌肥料不能与过酸或过碱的肥料混合施用。当土壤中速效钾含量在 26 毫克/千克以下时，不利于钾细菌肥料肥效的发挥；当土壤中速效钾含量为 50~75 毫克/千克时，钾细菌的解钾能力可达到高峰。钾细菌的最适温度为 25~27℃，适宜 pH 为 5~8。

五、抗生菌肥料

抗生菌肥料是利用能分泌抗菌物质和刺激素的微生物制成的微生物肥料。常用的菌种是放线菌，我国常用的是泾阳链霉菌（细黄链霉菌 5406），此类制品不仅有肥效作用，而且能抑制一些作物的病害，促进作物生长。

1. 抗生菌肥料的性质

抗生菌肥料是一种多功能微生物肥料，抗生菌在生长繁殖过程中可以产生刺激性物质、抗生素，还能转化土壤中的氮、磷、钾元素，具有改进土壤团粒结构等功能，有防病、保苗、肥地、松土及刺激作物生长等多种作用。

抗生菌生长的最适温度是 28~32℃，超过 32℃或低于 26℃时生长减弱，超过 40℃或低于 12℃时生长近乎停止；适宜 pH 为 6.5~8.5，适宜含水量在 25% 左右，要求有充分的通气条件，对营养条件的要求较低。

2. 抗生菌肥料的作用机理

绝大多数链霉菌属成员都可产生抗生素，对作物病原菌（如真菌、寄生性菌）有很好的拮抗作用。其作用机理主要表现在：一是促进作物对养分的吸收，改善土壤物理性状。抗生菌肥料在水田、旱田中有松土作用，凡是用过抗生菌肥料的土壤，水稳性团粒结构均增加，增加幅度为 5%~30%，土壤孔隙度和透气度增加 1% 左右。二是转化土壤和肥料的营养元素。抗生菌肥料能够将作物不能吸收利用的氮、磷、钾等元素转化成可利用的状态。三是增强土壤中有益微生物的活性。抗生菌肥料促进土壤中有益微生物生长，抑制有害微生物。四是提高土壤微生物的呼吸强度和对纤维素的分解强度。抗生菌肥料可以加速有机质的分解，改善土壤的营养条件，为作物生长提供很好的土壤环境。五是刺激与调节作物生长。抗生菌肥料的代谢产物中有不同类型的刺激素，可以刺激作物细胞向纵横两

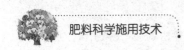

方向伸长，促进细胞分裂等作用。六是防病保苗作用。抗生菌能够产生壳多糖酶，分解病原菌的细胞壁，抑制或杀死病原菌，同时还产生抗生素，对水稻烂秧、小麦烂种有明显的防治效果，并对 30 多种作物的病原菌有抑制作用。

3. 抗生菌肥料的科学施用

抗生菌肥料适用于棉花、小麦、油菜、甘薯、高粱和玉米等作物，一般用作浸种或拌种，也可用作追肥。

（1）用作种肥　一般每亩用抗生菌肥料 7.5 千克，加入饼粉 2.5 ~ 5 千克、细土 500 ~ 1000 千克、过磷酸钙 5 千克，拌匀后覆盖在种子上，施用时最好配施有机肥料和化学肥料。浸种时，玉米种用 1:（1 ~ 4）的抗生菌肥料浸出液浸泡 12 小时，水稻种子浸泡 24 小时。也可用 1:（1 ~ 4）的抗生菌肥料浸出液浸根或蘸根。还可在作物移栽时每亩用抗生菌肥料 10 ~ 25 千克穴施。

（2）用作追肥　可在作物定植后，在苗附近开沟施用后覆土。也可用抗生菌肥料浸出液进行叶面喷施，主要适用于一些蔬菜和温室作物。

4. 注意事项

抗生菌肥料配合施用有机肥料、化学肥料的效果较好，不能与杀菌剂混合拌种，但可与杀虫剂混用，也不能与硫酸铵、硝酸铵等混合施用。

六、复合微生物肥料

复合微生物肥料是指 2 种或 2 种以上的有益微生物或 1 种有益微生物与营养物质复配而成的，能提供、保持或改善作物的营养，提高农产品产量或改善农产品品质的活体微生物制品。

1. 复合微生物肥料的类型

复合微生物肥料一般有 2 种：一种是菌与菌复合微生物肥料，可以是同一微生物菌种的复合（如大豆根瘤菌的不同菌系分别发酵，吸附时混合），也可以是不同微生物菌种的复合（如固氮菌、磷细菌、钾细菌等分别发酵，吸附时混合）。另一种是菌与各种营养元素或添加物、增效剂的复合微生物肥料，采用的复合方式有：菌与大量元素复合、菌与微量元素复合、菌与稀土元素复合、菌与作物生长激素复合等。

2. 复合微生物肥料的性质

复合微生物肥料可以增加土壤有机质，改善土壤菌群结构，并通过微生物的代谢物刺激作物生长，抑制有害病原菌。

目前，复合微生物肥料按剂型分主要有液体、粉剂和颗粒 3 种。粉剂产品应松散；颗粒产品应无明显的机械杂质，大小均匀，具有吸水性。复合微生物肥料产品执行 NY/T 798—2015《复合微生物肥料》，其技术指标见表 6-2，无害化指标见表 6-3。

表 6-2　复合微生物肥料产品技术指标

项目		剂型	
		液体	固体
有效活菌数（cfu）[①]/［亿个/克（毫升）］	≥	0.50	0.20
总养分（$N + P_2O_5 + K_2O$）[②]（%）		6.0 ~ 20.0	8.0 ~ 25.0
有机质（以烘干基计,%）	≥	—	20.0
杂菌率（%）	≤	15.0	30.0
水分（%）	≤	—	30.0
pH		5.5 ~ 8.5	5.5 ~ 8.5
有效期[③]	≥	3 个月	6 个月

① 含 2 种以上微生物的复合微生物肥料，每一种有效菌的数量不得少于 0.01 亿个/克（毫升）。

② 总养分应为规定范围内的某一确定值，其测定值与标明值正负偏差的绝对值不应大于 2.0%；各单一养分值应不少于总养分含量的 15.0%。

③ 此项仅在监督部门或仲裁双方认为有必要时才检测。

表 6-3　复合微生物肥料产品无害化指标

项目		限量指标
粪大肠菌群数/［个/克（毫升）］	≤	100
蛔虫卵死亡率（%）	≤	95
砷（As，以烘干基计)/（毫克/千克）	≤	15
镉（Cd，以烘干基计)/（毫克/千克）	≤	3
铅（Pb，以烘干基计)/（毫克/千克）	≤	50
铬（Cr，以烘干基计)/（毫克/千克）	≤	150
汞（Hg，以烘干基计)/（毫克/千克）	≤	2

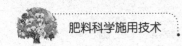

3. 复合微生物肥料的科学施用

复合微生物肥料主要适用于大田作物、果树和蔬菜等作物。

（1）用作基肥　每亩用复合微生物肥料 1～2 千克，与有机肥料或细土混匀后沟施、穴施、撒施均可。注意，沟施或穴施后立即覆土；结合整地撒施时，也应尽快将肥料翻于土中。

对果树或林木施用时，幼树可用 200 克/株环状沟施，成年树可用 0.5～1 千克/株放射状沟施。

（2）用于蘸根或灌根　每亩用复合微生物肥料 2～5 千克兑水 5～20 倍，移栽时蘸根或干栽后适当增加稀释倍数灌于根部。

（3）用于拌苗床土　每平方米苗床土与复合微生物肥料 200～300 克混匀后播种。花卉草坪可按复合微生物肥料 10～15 克/千克盆土施用或用作基肥。

（4）用于冲施　每亩用 1～3 千克（因作物不同而异）复合微生物肥料与化肥混合，用适量水稀释后在灌溉时随水冲施。

七、有机物料腐熟剂

有机物料腐熟剂是指能够加速各种有机物料（包括农作物秸秆、畜禽粪便、生活垃圾及城市污泥等）分解、腐熟的微生物活体制剂，如腐秆灵、酵素菌等。有机物料腐熟剂按剂型可分为粉状、颗粒状、液体状等。其特点为：能快速促进堆料升温，缩短物料腐熟时间；有效杀灭病虫卵、杂草种子、除水、脱臭；腐熟过程中释放部分速效养分，产生大量的氨基酸、有机酸、维生素、多糖、酶类、植物激素等多种促进植物生长的物质。

1. 腐秆灵

腐秆灵含有分解纤维素、半纤维素、木质素等的多种微生物群。用它处理水稻、小麦、玉米和其他作物秸秆，可通过上述微生物作用，加速其茎秆的腐烂，使之转化成优质有机肥料。腐秆灵堆沤农家肥的方法如下。

第一步，按每吨农家肥用腐秆灵 2 千克（如农家肥以秸秆、杂草等植物残体为主，每吨需另加尿素 8 千克）的配比用量加水配成菌液。加水量依据农家肥的干湿情况而定，以菌液刚好淋过堆肥为度。

第二步，把秸秆、人畜粪便、土杂肥等按每 15～20 厘米一层上堆，并每堆一层均匀加入 5%～10% 的生土，再均匀泼洒 1 次用腐秆灵配成的菌液。

第三步，堆肥完成后用黑膜或稻草覆盖，以便保湿保温，在堆沤发酵过程中可产生 55~70℃ 的高温，可杀死肥料中的病原菌、虫卵和草籽等。堆沤中间若能翻堆 1~2 次，腐熟会更彻底、效果更好。堆沤时间为 15~30 天。

对于水田，可在水稻收割时把脱粒后的稻秆均匀撒在田面上，放水 7~10 厘米深，结合机耕均匀施用腐秆灵，每亩用量为 2~3 千克，压秆后困水以防止菌随水流失。

2. CM 菌

CM 菌是指一类高效有益微生物菌群，主要由光合细菌、酵母菌、醋酸杆菌、放线菌、芽孢杆菌等组成。光合细菌利用太阳能或紫外线将土壤中的硫氢化合物和碳氢化合物中的氢分离出来，变有害物质为无害物质，并和二氧化碳、氮等合成糖类、氨基酸、纤维素、生物发酵物质等，进而增肥土壤。醋酸杆菌从光合细菌中摄取糖类固定氮，然后将固定的氮一部分供给作物，另一部分还给光合细菌，形成好氧和厌氧细菌共生的结构。放线菌将光合细菌生产的氮作为基质，从而使放线菌数量增加。放线菌产生的抗生性物质，可增加作物对病害的抵抗力和免疫力。乳酸菌摄取光合细菌生产的物质，分解在常温下不易被分解的木质素和纤维素，使未腐熟的有机物发酵，转化为作物容易吸收的养分。酵母菌可产生促进细胞分裂的生物发酵物质，同时还对促进其他有益微生物增殖起重要作用。芽孢杆菌可以产生生理发酵物质，促进作物生长。

发酵沤制有机堆肥的办法和施用量：每 500 千克（约 1 米^3）有机肥料（家禽粪便、作物秸秆和其他农作物副产物均可），将 CM 菌原液 0.5~1 千克、红糖 0.5~1 千克、35℃ 温水 5 千克活化拌入有机肥料中，含水量调节至 35%（手握成团，轻放即散），翻倒均匀，起堆后用大塑料布封严，厌氧发酵 15~30 天，中间翻堆 1 次。大棚蔬菜每亩施用量为 1500~2000 千克，果树每亩施用量为 500~1000 千克，其他作物酌情施用，最少不能低于 200 千克。

3. 催腐剂

催腐剂是根据钾细菌、磷细菌等有益微生物的营养要求，以有机物为主要原料，选用适合有益微生物营养要求的化学药品配制成定量氮、磷、钾等营养的化学制剂。将其拌于秸秆等有机物中，能有效地改善有益微生

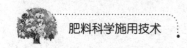

物的生态环境，加速有机物分解腐烂，故名催腐剂。它是化学、生物技术相结合的边缘科学产品。

将催腐剂用于水田时，在小麦收获后，将小麦、油菜秸秆平铺在田间，将5克催腐剂用0.5千克水浸泡24小时后，再用100千克水稀释，搅匀喷施或浇施于小麦、油菜秸秆上，整地或不整地均可，然后放水插秧（或抛秧），施肥量按常规进行。若返青时出现夺氮争磷现象，补施5千克尿素、2千克磷酸一铵。

将催腐剂用于旱地时，将催腐剂按每亩5克用0.1～0.5千克水浸泡24小时后，再用100千克水稀释，加入1千克尿素溶解、搅匀，喷施或浇施于拔倒后倒置于耕地上的秸秆上，施肥量按常规执行，经40～50天秸秆基本腐烂。旱地水分稀少，应注意秸秆保湿，湿度不低于70%。为保持水分，可以适当增加用水量或在秸秆上覆盖少量土壤。

将其他有机物如多年生植物枯枝落叶、干杂草置于耕地中，按500千克秸秆加100千克水、5千克尿素、10克催腐剂的比例施用，将10克催腐剂用0.5千克水浸泡24小时后，再用100千克水稀释，搅匀喷施或浇施于植物枯叶和杂草上，湿度不低于70%。

按以上方法施用后，经过40～50天微生物的繁殖生长和代谢发酵，腐熟即告完成。

4. 酵素菌

酵素菌是一种多功能菌种，是由能够产生多种酶的好氧细菌、酵母菌和霉菌组成的有益微生物群体。酵母菌能产生多种酶，如纤维素酶、淀粉酶、蛋白酶、脂肪酶、氧化还原酶等。它能够在短时间内将有机物分解，尤其能降解木屑等物质中的毒素。

利用酵素菌加工有机肥料的原料配方为：麦秸1000千克、钙镁磷肥20千克、干鸡粪300千克、麸皮100千克、红糖1.5千克、酵素菌15千克、原料总重量60%的水。先将麦秸摊成50厘米厚，用水充分泡透。将干鸡粪均匀撒在麦秸上，再撒上麸皮、红糖，最后将酵素菌与钙镁磷肥混合均匀撒上，充分掺匀，堆成高1.5～2.0米、宽2.5～3.0米、长度不超过4米的长形堆进行发酵。夏季发酵温度上升很快，一般第二天温度升至60℃，维持7天，翻堆1次，前后共翻4次。第4次翻堆后，注意观察温度变化，当温度日趋平稳且呈下降趋势时，表明堆肥发酵完成。

八、生物有机肥

生物有机肥是指特定功能的微生物与经过无害化处理、腐熟的有机物料（主要是动植物残体，如畜禽粪便、作物秸秆等）复合而成的一类肥料，兼有微生物肥料和有机肥料的效应。生物有机肥按功能微生物的不同可分为固氮生物有机肥、解磷生物有机肥、解钾生物有机肥、复合生物有机肥等。

1. 生物有机肥的技术要求

生物有机肥产品执行 NY 884—2012《生物有机肥》，其技术指标见表6-4。

表6-4　生物有机肥产品技术指标

项目		技术指标
有效活菌数（cfu）/（亿个/克）	≥	0.20
有机质（以干基计,%）	≥	40.0
水分（%）	≤	30.0
pH		5.5～8.5
粪大肠菌群数/（个/克）	≤	100
蛔虫卵死亡率（%）	≥	95
有效期	≥	6个月

2. 生物有机肥的科学施用

应根据作物的不同选择不同的生物有机肥施肥方法，常用的施肥方法有：

（1）种施法　机播时，将颗粒生物有机肥与少量化肥混匀，随播种机施入土壤。

（2）撒施法　结合深耕或在播种时将生物有机肥均匀地施在根系集中分布的区域和经常保持湿润状态的土层中，做到土肥相融。

（3）条状沟施法　条播作物或葡萄等果树时，开沟后施肥播种或在距离果树5厘米处开沟施肥。

（4）环状沟施法　对苹果、桃、梨等幼年果树，在距树干20～30厘米处，绕树干开一环状沟，施肥后覆土。

（5）放射状沟施法　对苹果、桃、梨等成年果树，在距树干30厘米处，按果树根系伸展情况向四周开4～5个50厘米长的沟，施肥后覆土。

（6）穴施法　点播或移栽作物（如玉米、棉花、番茄等）时，将肥料施入播种穴，然后播种或移栽。

（7）蘸根法　对移栽作物，如水稻、番茄等，按1份生物有机肥加5份水配成肥料悬浊液，浸蘸苗根，然后定植。

（8）盖种肥法　开沟播种后，将生物有机肥均匀地覆盖在种子上面。一般每亩施用量为100～150千克。

▌身边案例

微生物肥料真有那么神奇？

微生物肥料的效果究竟如何？也曾有许多人质疑其作用。河北农业大学曹克强教授团队通过多年实践，证实了它对苹果各种病害的施用方法及改良作用，在此与大家分享这些案例，为农民朋友提供一些参考。

（1）苹果腐烂病　苹果腐烂病是苹果树的"癌症"，是由黑腐皮壳菌侵染引起的毁灭性病害，会对树皮造成巨大创伤，造成树势严重衰弱直至死树，发病率达到52.7%，为我国苹果第一大病害。

试验点：河北农业大学病虫害防控试验园

试验材料：9年生富士，果园统一管理

试验方法：曹克强教授团队对9年生富士进行了腐烂病防控试验。2013年8月22日，将2株腐烂病果树的病疤刮除后，分别涂抹微生物肥料和其他药剂。2014年3月15日，分别对这2株果树进行等量根际施肥，一株施微生物肥料，另一株施其他肥料。2014年4月22日发现，施微生物肥料的果树腐烂病复发率为0，促进病疤愈合效果为251.63%；对照果树腐烂病复发率为10%，促进病疤愈合效果为58.54%，差异明显。微生物肥料对腐烂病防控效果好、愈合快、无复发。

（2）苹果根腐病　苹果根腐病是由土壤习居菌引起的一种分布广、危害重的土传病害。病部皮层腐烂，会扩大致整段根变黑，造成果树烂根和树上黄叶、小叶及缺素，引起树势衰弱。在干旱缺肥、排水不良、土壤板结的果园，根系长势减弱，病菌最易侵入，致使植株发病。

示范户：陕西省宝鸡市扶风县召公镇李××

施肥方案：2014年秋季，李××在果园中施入未腐熟发酵的羊粪，造成果树烂根，引起根腐病大暴发。2015年苹果套袋后发现，树体黄化严重，叶片边缘发干，叶片枯死。2015年6月，李××对病树开环状沟，用液体微生物菌剂灌根2次（相隔10天）。使用1个月后，整个园子的苹果树的叶片明显好转。

（3）苹果病毒病　苹果病毒病是以苹果花脸病为代表的病毒病，一经感染终生带毒，会造成树势逐渐衰弱，果实品质下降。以往除了毁树或换脱毒苗，没有任何防控花脸病的有效办法。近年来，专家实践观察发现，微生物肥料能明显改善花脸病的症状，提高苹果商品率，显效率在60%以上，虽未能根治该病，却能帮助果农增产增收，当属花脸病防控"零的突破"。

示范户：河北省保定市顺平县南神镇苹果基地张××

试验材料和试验方法：8年生富士，10月中旬施用微生物肥料10千克/株，40株用其他药剂和肥料作为对照。

经观察，在连续3年施用试验后，施用微生物肥料的苹果树的苹果98%以上都是商品果，看不出花脸病症状，果面平滑；对照组苹果树花脸病症状明显，且有逐年加重的趋势。

（4）苹果重茬　苹果重茬病又称再植病，是指在同一块地上重复栽种苹果，重茬后苹果树生长受到抑制或病害发生严重，导致果品产量低、质量差的现象。挖除老树后当年移栽的小树成活率很低。即使侥幸活下来，植株也不能正常生长结果，目前世界上对此还没有有效的解决方案。曹克强教授团队利用4年时间，在多地连续试验，取得了克服重茬病的重大突破，筛选出有效抗病菌株，带有拮抗菌的微生物肥料在防控重茬病方面显出奇效。

示范户：山东省烟台海阳市黄塘果树站技术员赵××

试验材料和试验方法：2012年，春季伐35年生的老树，经烟台市农业科学研究院专家张宗坤推荐，施用微生物肥料，当年定植了5亩幼苗。2013年，上年5亩地改造成功，成活率在98%以上，树势强壮，赵××再植了5亩。2014年，幼树长势健壮，赵××又再植了20亩；3年生树结果达62个/株，树干径粗达7.16厘米。2015年，2012年栽

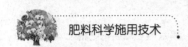

的树挂满了果子，赵××索性在边角地再植了 4 亩。2016 年，国家苹果产业技术体系岗位专家对 5 年生再植园进行鉴定，苹果产量可达 4000 千克/亩。

赵××的"秘密武器"是：定植每株树时穴施微生物肥料 1 千克，并用液体微生物菌剂灌根；每年秋肥增施微生物肥料 2 千克，并用微生物菌剂灌根。

第七章
水溶性肥料

近年来，随着我国节水农业和水肥一体化技术的发展，新型水溶性肥料逐渐得到重视，农业部于 2015 年印发的《到 2020 年化肥使用量零增长行动方案》提出水肥一体化技术推广面积达到 1.5 亿亩、增加 8000 万亩，水溶性肥料的发展前景广阔。

 ## 第一节　水溶性肥料概述

一、水溶性肥料的概念

水溶性肥料的概念有广义和狭义之分。

广义上的水溶性肥料是指完全、迅速溶于水的大量单质化学肥料（如尿素、硝酸铵、氯化钾等）、复合肥料（如磷酸一铵、磷酸二铵、硝酸钾、磷酸二氢钾等）、农业农村部行业标准规定的水溶性肥料（大量元素水溶肥料、微量元素水溶肥料、中量元素水溶肥料、含氨基酸水溶肥料、含腐殖酸水溶肥料）和有机水溶肥料等。

狭义上的水溶性肥料是指完全、迅速溶于水的多元复合肥料或功能性有机复混肥料，特别是农业农村部行业标准规定的水溶性肥料。该类肥料是专门针对灌溉施肥和叶面施肥的高端产品，满足针对性强的区域和作物的养分需求，施用时需要较强的农化服务技术指导。

因此，水溶性肥料可以概括为：一种可完全、迅速溶解于水的单质化学肥料、多元复合肥料、功能性有机水溶肥料，具有被作物吸收，可用于灌溉施肥、叶面施肥、无土栽培、浸种灌根等特点。

二、水溶性肥料的特点

水溶性肥料的特点具体体现在其产品特点和施用特点上。

1. 水溶性肥料的产品特点

（1）限定水不溶物含量 水不溶物是水溶性肥料的核心指标之一。目前农业农村部制定的相关标准中，水不溶物含量要求小于5%或50克/升，其检测方法是用滤板孔径为50～70微米的1号玻璃坩埚式过滤器进行测定。滴灌和喷灌设备对水不溶物含量要求更高，要求水不溶物含量小于0.5%或5克/升。

（2）复合化程度高，养分种类齐全 水溶性肥料的复合化主要表现在：一是大量元素与中量元素复合，二是大量元素或中、微量元素与腐殖酸、氨基酸等功能性物质复合。有的水溶性肥料还添加海藻酸、糖醇、甲壳素等生物活性物质。另外，药肥结合也是水溶性肥料发展的一种趋势。从原料和功能来看，水溶性肥料均是高度复合化的肥料产品。

（3）产品种类丰富 水溶性肥料产品的种类多种多样，既有含有作物生长的全部营养元素的产品，也有加入腐殖酸、氨基酸等溶于水的活性有机物质的产品，且可以根据土壤养分丰缺状况、供肥水平及作物对营养元素的需求来确定养分的种类和比例。同时，既有满足高价值作物的完全水溶性肥料，又有适合大田作物的基础性水溶性肥料。

2. 水溶性肥料的施用特点

（1）与水肥一体化技术结合，施用方便安全，节省劳力 水溶性肥料采用水、肥同施技术，以水带肥，实现水肥一体化，可应用于滴灌、喷灌等精准施肥设施。施肥均匀度可达80%～90%，节肥30%～50%，还可以节约土地成本和劳动力成本。

（2）养分形态多样，肥料利用率高 一般肥料的利用率在20%～30%，水溶性肥料的利用率可达70%～80%。

（3）根据施用方式选择肥料种类 水溶性肥料的施用方式多样，既包括滴灌、喷灌等依靠管道施肥的方式，又包括沟灌等冲施灌溉方式，还可以采取叶面喷施、无土栽培、浸种蘸根等方式。固体水溶性肥料一般可采用冲施、叶面喷施等方法，功能性液体水溶性肥料一般采用叶面喷施或水肥一体化技术施用。

三、水溶性肥料的农业功效

水溶性肥料除含有大量、中量、微量等必需营养元素外，还由于含有氨基酸、腐殖酸、海藻提取物等有机活性物质，而具有特殊的功能。

1. 氨基酸的农业功效

多年在各类作物上的应用表明，氨基酸的生态效益、经济效益和社会效益都很显著。含氨基酸水溶肥料的主要作用有以下几点：

（1）提供营养，提高肥料利用率 含氨基酸水溶肥料具有生物活性高、养分全、养分含量高等特性，能够提供作物生长所需的各种养分，并促进作物光合作用；能够迅速补充作物养分，有利于作物吸收，提高肥料利用率，改善作物品质。

（2）增强抗逆性，增产效果明显 施用含氨基酸水溶肥料可增强作物抗逆性，促进作物的生长，且有保花、保果等功能，增产增收效果明显。施用后，稻、麦、棉、油料等作物的增产率一般在10%左右，瓜、果树、蔬菜类作物的增产率可达15%以上，桑叶增产率在20%以上，雨前茶产量增加20%～30%。另外，还可以有效诱导作物修复受损组织，抗低温冻害（抗寒），对旱、涝、干热风等具有明显的抵抗作用。

（3）防病抗病，解除药害 施用含氨基酸水溶肥料可有效抑制部分真菌、细菌、病毒和生理病害的发生，具有防病、抗病效果。还可以有效解除农药造成的药害，钝化重金属离子的毒害作用。

（4）促进根系生长 施用含氨基酸水溶肥料可以提高多种酶的活性，特别是能增强作物末端氧化酶的活性，有促进作物根系生长的作用；用于拌种可加速种子发芽生根，提早3～5天出苗。

（5）改善理化性质 施用含氨基酸水溶肥料可以提高土壤的缓冲性能，促进土壤团粒结构的形成。

2. 腐殖酸的农业功效

腐殖酸已广泛应用与农业生产，它具有以下几点作用。

（1）改良土壤 腐殖酸是多孔物质，可改善土壤团粒结构，调节土壤水、肥、气、热状况，提高土壤交换容量，调节土壤酸碱性和缓冲性。腐殖酸可吸附、络合土壤中的有害物质（如残留农药、重金属等）。腐殖酸具有胶体性能，可改善土壤微生物群体，促进有益菌的生长繁殖。

（2）刺激作物生长 腐殖酸含有多种活性基团，可增强作物体内的过氧化氢酶、多酚氧化酶的活性，刺激作物的生理代谢，促使种子发芽早，出苗率高，幼苗发根快，根量多，根系发达，茎、枝叶健壮繁茂。

（3）增加肥效 腐殖酸含有羧基、酚羟基等活性基团，有较强的交换与吸附能力，能减少铵态氮的损失，提高氮肥的利用率；腐殖酸可与尿素作用形成络合物，可以缓释增效、减缓尿素分解挥发损失。腐殖酸可与磷肥形成络合物，防止土壤对磷的固定；同时能够提高土壤中磷酸酶的活性，促进土壤有机磷的转化，提高肥效。腐殖酸可吸收和储存钾肥中的钾离子，减少其流失；促进难溶性钾的释放，提高钾的有效性。腐殖酸可与金属离子发生螯合作用，减少土壤对微量元素的固定，从而提高微量元素肥料的肥效。

（4）**提高农药药效，减少药害**　腐殖酸对作物病菌有很好的抑制作用，可有效防治枯萎病、黄萎病、霜霉病、根腐病等。腐殖酸对农药具有缓释增效作用，降低农药使用量 1/3~1/2，使药效延缓 3~7 天，并大大降低农药毒性，减少污染。

（5）**提高作物抗逆性，增加产量**　腐殖酸可减少叶面水分蒸发，节水保墒效果显著；可促进矿物质养分吸收，增强作物抗寒性、抗病性；一般可使作物增产 10% 以上。

（6）**改善农产品品质**　腐殖酸可与微量元素形成络合物或螯合物，加强酶对糖分、淀粉、蛋白质及各种维生素的合成和运转，从而改善农产品品质。

3. 海藻提取物的农业功效

海藻提取物含有 17 种氨基酸（如谷氨酸、天冬氨酸、精氨酸等）、多种植物生长物质（如植物生长素、细胞分裂素、赤霉素、脱落酸、乙烯、甜菜碱、海藻酸等）、丰富的维生素（如抗坏血酸、维生素 K、胡萝卜素、维生素 B_1、维生素 B_2、维生素 E 等）等，在作物生产中的应用取得了很好的效果。它能促使种子萌发，促进作物生长发育，增强作物抗逆性，提高产量，改善农产品品质。

（1）**促使种子萌发**　海藻提取物对促进种子萌发有显著作用。经海藻提取物处理的种子，呼吸速率加快，发芽率明显提高。很多研究已证实其中起作用的正是海藻提取物中的生理活性成分（植物生长素和其他具有生理活性的有机化合物）。而最普通的植物生长素是吲哚乙酸（IAA），它广泛地存在于海藻中，在合适的浓度条件下它还能促进作物根的生成，以及花、菜、果实的发育和新器官的生长，促进组织分化和细胞生长。

（2）**提高作物产量**　施用海藻提取物能使多种作物不同程度地增产。研究者在黄瓜、辣椒、莜麦菜、甘薯、马铃薯、苹果、鸭梨、桃、柑橘、葡萄、大豆、玉米、棉花等蔬菜、瓜果及大田作物上的试验结果表明，海藻提取物均能显著增加产量。1984 年南非开普敦大学（University of Cape Town）的园艺学家用不同种类的花做试验，证明海藻提取物不仅能促使花早开，还能明显增加花芽数目，并且增加率可达 30%～60%。在我国，研究者曾用棉花、稻麦、蔬菜和烟草等做试验，获得幅度为 10%～30% 的增产效果。另外，对烟草施用海藻提取物还能提高上等烟的比例。大棚试验结果表明，施用海藻提取物的番茄比对照组的株高、茎粗、平均坐果率和产量均显著增加。

（3）改善农产品品质　研究表明，施用海藻提取物能不同程度地提高农产品品质。烟台市农业科学研究院某海藻产品在黄瓜上的试验显示，优质黄瓜数量增加 22.7%，劣质黄瓜数量减少 20.4%，并且口味优良。海藻提取物能改善胡萝卜的外观品质（色泽）；可降低西芹的粗纤维含量，增加番茄的有机酸含量和可溶性固形物含量，提高维生素 C 的含量。在桃、鸭梨上施用海藻提取物能提高单果重和果实硬度，增加果实的可溶性固形物含量。在荷兰彩椒上施用海藻提取物后，果形方正，畸形果少。

（4）增强作物抗逆性　在辣椒、番茄、黄瓜、茄子、油菜、胡萝卜、西芹、甘蓝和白菜等蔬菜上施用海藻提取物，对提高其抗逆性有积极作用。如施用海藻提取物能提高作物的抗病能力，可提高抗烟草花叶病毒的抗病毒有效率，降低番茄灰霉病发病率，减轻水稻瘟枯病病情，对秋季大白菜的软腐病和霜霉病有明显的抗病效果。另外，海藻提取物与化学肥料配成的有机无机复混肥料，在增强肥效的同时能改善土壤结构，增强土壤透气保水能力。与普通肥料相比，海藻提取物具有更高效、易吸收和环境友好的特点。

第二节　水溶性肥料的类型

水溶性肥料是我国目前大量推广应用的一类新型肥料，多用于叶面喷施或随灌溉施。水溶性肥料主要分为营养型水溶性肥料和功能型水溶性肥料，还有一些其他类型的水溶性肥料。

一、营养型水溶性肥料

营养型水溶性肥料包括微量元素水溶肥料、大量元素水溶肥料、中量元素水溶肥料。

1. 微量元素水溶肥料

微量元素水溶肥料是由微量元素铜、铁、锰、锌、硼、钼按照所需比例制成的或由单一微量元素制成的液体或固体水溶性肥料。产品标准参照

NY 1428—2010《微量元素水溶肥料》。其产品外观要求为均匀的液体或均匀、松散的固体。微量元素水溶肥料产品技术指标应符合表 7-1 的要求。

表 7-1　微量元素水溶肥料产品技术指标

项目		固体指标	液体指标
微量元素含量	≥	10.0 %	100 克/升
水不溶物含量	≤	5.0 %	50 克/升
pH（1∶250 倍稀释）		3.0 ~ 10.0	
水分（H_2O）含量	≤	6.0%	

注：微量元素含量指铜、铁、锰、锌、硼、钼元素含量之和。产品应至少包含 1 种微量元素。含量不低于 0.05%（0.5 克/升）的单一微量元素均应计入微量元素含量中。钼元素含量不高于 1.0%（10 克/升），单质含钼微量元素产品除外。

2. 大量元素水溶肥料

大量元素水溶肥料是以大量元素氮、磷、钾为主，按照适合作物生长所需比例，添加以微量元素铜、铁、锰、锌、硼、钼或中量元素钙、镁制成的液体或固体水溶性肥料。其产品标准为 NY/T 1107—2010《大量元素水溶肥料》。大量元素水溶肥料可分固体和液体 2 种剂型。产品技术指标应符合表 7-2 的要求。

表 7-2　大量元素水溶肥料产品技术指标

项目			固体指标	液体指标
大量元素含量[①]		≥	50.0%	400 克/升
水不溶物含量		≤	1.0%	10 克/升
水分（H_2O）		≤	3.0%	—
缩二脲含量			0.9%	
氯离子含量[②]	未标"含氯"的产品	≤	3.0%	30 克/升
	标识"含氯（低氯）"的产品	≤	15.0%	150 克/升
	标识"含氯（中氯）"的产品	≤	30.0%	300 克/升

① 大量元素含量指总氮（N）、磷（P_2O_5）、钾（K_2O）含量之和。产品应至少包含 2 种大量元素。单一大量元素含量不低于 4.0%（40 克/升）。

② 氯离子含量大于 30.0% 或 300 克/升的产品，应在包装袋上标识"含氯（高氯）"，标识"含氯（高氯）"的产品，氯离子可不做检验和判定。

3. 中量元素水溶肥料

中量元素水溶肥料是以中量元素钙、镁为主，按照适合作物生长所需比例，或添加以铜、铁、锰、锌、硼、钼等微量元素制成的液体或固体水溶性肥料。其产品标准为 NY 2266—2012《中量元素水溶肥料》。中量元素水溶肥料产品技术指标应符合表 7-3 的要求。

表 7-3　中量元素水溶肥料产品技术指标

项目		固体指标	液体指标
中量元素含量	≥	10.0%	100 克/升
水不溶物含量	≤	5.0%	50 克/升
pH（1∶250 倍稀释）		3.0 ~ 9.0	
水分（H_2O）含量	≤	3.0%	

注：中量元素含量指钙含量或镁含量或钙镁含量之和。含量不低于 1.0%（10 克/升）的钙或镁元素均应计入中量元素含量中。硫元素含量不计入中量元素含量，仅在标识中标注。

二、功能型水溶性肥料

功能型水溶性肥料包括含氨基酸水溶肥料、含腐殖酸水溶肥料、有机水溶肥料等。

1. 含氨基酸水溶肥料

含氨基酸水溶肥料是以游离氨基酸为主体，按适合作物生长所需比例，添加适量的中量元素钙、镁或微量元素铜、铁、锰、锌、硼、钼而制成的液体或固体水溶性肥料。含氨基酸水溶肥料分微量元素型和中量元素型 2 种类型，产品标准为 NY 1429—2010《含氨基酸水溶肥料》。

（1）含氨基酸水溶肥料（中量元素型）　该类型肥料有固体和液体 2 种剂型。产品技术指标应符合表 7-4 的要求。

表 7-4　含氨基酸水溶肥料（中量元素型）产品技术指标

项目		固体指标	液体指标
游离氨基酸含量	≥	10.0%	100 克/升
中量元素含量	≥	3.0%	30 克/升
水不溶物含量	≤	5.0%	50 克/升

（续）

项目		固体指标	液体指标
pH（1:250 倍稀释）		3.0~9.0	
水分（H_2O）含量	≤	4.0%	

注：中量元素含量指钙、镁元素含量之和。产品应至少包含 1 种中量元素。含量不低于 0.1%（1 克/升）的单一中量元素均应计入中量元素含量中。

（2）含氨基酸水溶肥料（微量元素型）　该类型肥料有固体和液体 2 种剂型。产品技术指标应符合表 7-5 的要求。

表 7-5　含氨基酸水溶肥料（微量元素型）产品技术指标

项目		固体指标	液体指标
游离氨基酸含量	≥	10.0%	100 克/升
微量元素含量	≥	2.0%	20 克/升
水不溶物含量	≤	5.0%	50 克/升
pH（1:250 倍稀释）		3.0~9.0	
水分（H_2O）含量	≤	4.0%	

注：微量元素含量指铜、铁、锰、锌、硼、钼元素含量之和。产品应至少包含 1 种微量元素。含量不低于 0.05%（0.5 克/升）的单一微量元素均应计入微量元素含量中。钼元素含量不高于 0.5%（5 克/升）。

2. 含腐殖酸水溶肥料

含腐殖酸水溶肥料是以适合作物生长所需比例的矿物源腐殖酸，添加适量的大量元素氮、磷、钾或微量元素铜、铁、锰、锌、硼、钼而制成的液体或固体水溶性肥料。含腐殖酸水溶肥料分大量元素型和微量元素型 2 种类型，产品标准为 NY 1106—2010《含腐殖酸水溶肥料》。

（1）含腐殖酸水溶肥料（大量元素型）　该类型肥料有固体和液体 2 种剂型。产品技术指标应符合表 7-6 的要求。

表 7-6　含腐殖酸水溶肥料（大量元素型）产品技术指标

项目		固体指标	液体指标
腐殖酸含量	≥	3.0%	30 克/升
大量元素含量	≥	20.0%	200 克/升
水不溶物含量	≤	5.0%	50 克/升

（续）

项目		固体指标	液体指标
pH（1:250倍稀释）			4.0~10.0
水分（H$_2$O）含量	≤		5.0%

注：大量元素含量指总氮、五氧化二磷、氧化钾含量之和。产品应至少包含2种大量元素。单一大量元素含量不低于2.0%（20克/升）。

（2）**含腐殖酸水溶肥料**（微量元素型） 该类型肥料只有固体剂型。产品技术指标应符合表7-7要求。

表7-7 含腐殖酸水溶肥料（微量元素型）产品技术指标

项目		指标
腐殖酸含量	≥	3.0%
微量元素含量	≥	6.0%
水不溶物含量	≤	5.0%
pH（1:250倍稀释）		4.0~10.0
水分（H$_2$O）含量	≤	5.0%

注：微量元素含量指铜、铁、锰、锌、硼、钼元素含量之和。产品应至少包含1种微量元素。含量不低于0.05%的单一微量元素均应计入微量元素含量中。钼元素含量不高于0.5%。

3. 有机水溶肥料

有机水溶肥料是采用有机废弃物原料经过处理后提取有机水溶原料，再与大量元素氮、磷、钾及钙、镁、锌、硼等中、微量元素复配，研制生产的全水溶、高浓缩、多功能、全营养的增效型水溶性肥料产品。目前，农业农村部还没有统一的登记标准，其活性有机物质一般包括腐殖酸、黄腐酸、氨基酸、海藻酸、甲壳素等。目前，农业农村部登记有100多个品种，有机质含量均在20~500克/升，水不溶物含量小于20克/升。

三、其他类型的水溶性肥料

除上述营养型、功能型水溶性肥料外，还有一些其他类型的水溶性肥料。

1. 糖醇螯合水溶肥料

糖醇螯合水溶肥料是以作物对矿物质养分的需求特点和规律为依据，

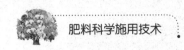

用糖醇复合体生产出含有镁、硼、锰、铁、锌、铜等中、微量元素的液体肥料。除了这些矿物质养分对作物的产量和品质的营养功能外，糖醇物质对于作物的生长也有很好的促进作用：一是补充的微量元素促进作物生长，提高果实等产品的感官品质和含糖量等；二是作物在盐害、干旱、洪涝等逆境胁迫下，糖醇可通过调节细胞渗透性使作物适应逆境生长，提高抗逆性；三是细胞内糖醇的产生，可以提高细胞对活性氧的抗性，避免由于紫外线、干旱、病害、缺氧等原因造成的活性氧损伤。由于糖醇螯合水溶肥料产品具有无与伦比的养分高效吸收和运输的优势，即使在使用浓度较低的情况下，其非常高的养分吸收效率也能完全满足作物的需求，其增产的效果甚至超过同类高浓度叶面肥产品。

2. 肥药型水溶肥料

在水溶性肥料中，除了营养元素，还会加入一定数量不同种类的农药和除草剂等，不仅可以促进作物生长发育，还具有防治病虫害和除草功能，即肥药型水溶肥料。这是一类农药和肥料相结合的肥料，通常可分为除草专用肥、除虫专用肥、杀菌专用肥等。但作物对营养调节的需求与病虫害的发生不一定同步，因此在开发和使用时，应根据作物的生长发育特点，综合考虑不同作物的耐药性及病虫害的发生规律、习性、气候条件等因素，尽量避免药害。

3. 木醋液（或竹醋液）水溶肥料

近年来，市场上还出现以木炭或竹炭生产过程中产生的木醋液或竹醋液为原料，添加营养元素而成的水溶性肥料。一般在树木或竹材烧炭过程中，收集高温分解产生的气体，常温冷却后得到的液体物质即为原液。木醋液中含有钾、钙、镁、锌、锰、铁等矿物质，此外还含有维生素 B_1 和维生素 B_2。竹醋液中含有近 300 种天然有机化合物，包括有机酸类、酚类、醇类、酮类、醛类、酯类及微量的碱性成分等。木醋液和竹醋液最早在日本应用，使用较广泛，也有相关的生产标准。我国在这方面的研究起步较晚，两者的生产还没有国家标准，但是相关产品已经投放市场。据试验研究，木醋液不仅能提高水稻的产量，还可以提高水稻抗病虫害的能力。

4. 稀土型水溶肥料

稀土元素是指化学周期表中镧系的 15 个元素和化学性质相似的钪与钇。农用稀土元素通常是指其中的镧、铈、钕、镨等有放射性，但放射性较弱，造成污染的可能性很小的轻稀土元素，最常用的是铈硝酸稀土。我国从 20 世纪 70 年代就已经开始对稀土肥料的研究和使用，其在作物生理上的作用还不够清楚，现在只知道在某些作物或果树上施用稀土元素后，有增大叶面积、增加干物质重、提高叶绿素含量、提高含糖量、降低含酸量的效果。由于它的生理作用和有效施用条件还不很清楚，一般认为是在作物不缺大、中、微量元素的条件下才能发挥出它的效果来。

5. 有益元素类水溶肥料

近年来，部分含有硒、钴等元素的叶面肥料得以开发和应用，而且施用效果很好。此类元素不是所有植物必需的养分元素，只是对某些作物生长发育所必需或有益。受其原料毒性及高成本的限制，此类肥料应用较少。

第三节 水溶性肥料的选择与科学施用

实际生产中，科学施用水溶性肥料的第一步是选择合适的正规的水溶性肥料产品，确保正确施用，才能获得高产量、高品质和高效益。

一、水溶性肥料的选择

在了解水溶性肥料类型的基础上，选择优质的水溶性肥料，并根据区域作物种植情况，结合不同的灌溉方式与作物经济效益，选择合理价位的水溶性肥料产品，进而实现作物全生育期的施肥套餐组合。

1. 根据产品包装的规范性进行选择

选择水溶性肥料产品时，首先需要根据其产品包装的规范性，选择优质的肥料产品。具体方法如下。

（1）看包装袋上大量元素与微量元素养分的含量 对于符合农业农村部登记要求的水溶性肥料，以大量元素水溶肥料为例，依据其标准，氮、磷、钾元素单一养分含量不能低于 4%（40 克/升），三者之和不能低于 50%；产品中若添加微量元素养分，应至少包含 1 种微量元素，含量不低于 0.05%（0.5 克/升）的单一微量元素均应计入微量元素总含量中，但钼含量不高于 0.5%（5 克/升）。符合以上标准的，才是正规产品。

对于水溶性的硝基复合肥产品，其包装上除了标注氮、磷、钾养分含量外，还应标注硝态氮的养分含量。

（2）看包装袋上各种具体养分的标注 高品质的水溶性肥料对成分标识非常清楚，而且都有单一元素的标明值，这样养分含量明确，可以放

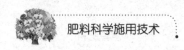

心使用。

（3）**看产品配方和登记作物**　高品质的水溶性肥料一般配方种类丰富，从苗期到采收期都能找到适宜的配方。正规的肥料登记作物是一种或几种作物，对于没有登记的作物需要有各地使用经验的说明。

（4）**看有无产品执行标准、产品通用名称和肥料登记证号**　如市场上通常说的全水溶性肥料，实际上其产品通用名称是大量元素水溶肥料，执行的行业标准是 NY/T 1107—2020《大量元素水溶肥料》，目前尚没有 GB 开头的国家标准。另外，可通过农业农村部官网查询肥料登记证号的真假来进行判断。

（5）**看有无防伪标志**　一般正规厂家生产的水溶性肥料在包装袋上都有防伪标识。它是肥料的身份证，每包肥料上的防伪标识都是不一样的，刮开后在网上或打电话输入数字后便可知道肥料真假。

（6）**看包装袋上是否标注重金属含量**　正规厂家生产的水溶性肥料的重金属含量都低于行业标准，并且有明显的标注。

2. 根据产品特性进行选择

（1）**固体水溶性肥料产品的选择**　在选择固体水溶性肥料时，可通过溶解性、颗粒外观及燃烧情况进行判别。通常将肥料放入水中，高品质的水溶性肥料产品在水中溶解迅速，溶液澄清且无残渣及沉淀物。质量好的水溶性肥料产品颗粒均匀，呈结晶状。

（2）**液体水溶性肥料产品的选择**　目前市场上液体水溶性肥料主要有：含腐殖酸水溶肥料、含氨基酸水溶肥料、大量元素水溶肥料、中量元素水溶肥料、微量元素水溶肥料、有机水溶肥料 6 种。对其主要从看、称、闻、冷冻和检验 5 个方面进行选择。

1）看产品物理状态。好的液体水溶性肥料，澄清透明，洁净无杂质，而含氨基酸、腐殖酸等的肥料的黑色溶液虽不透明，但仔细观察可以发现好的产品倒置后没有沉淀。

2）称产品重量。行业标准对每种产品都有最低营养元素含量的要求，液体肥料中每种营养元素含量以"克/升"为单位，因此可用比重大小衡量。合格的含氨基酸水溶肥料、含腐殖酸水溶肥料、有机水溶肥料的比重一般都在 1.25 以上，大、中、微量元素水溶肥料比重一般在 1.35 以上。

3）闻产品气味。好的产品没有明显气味。

4）通过冷冻，检验产品稳定性。好的产品放置在冰箱里速冻 24 小时不会分层、结晶。

5）检测产品性质。如用 pH 试纸检测肥料的酸度，好的产品 pH 接近中性或呈弱酸、弱碱性。

3. 根据区域作物种植情况、市场效益需求与施肥技术水平进行选择

农户在选择水溶性肥料时应考虑当地区域内主要种植的作物种类，主要种植作物在生产中常见的问题、缺素症状，主要作物肥料施用情况，水溶性肥料施用时期及主要作物的经济效益，市场上已经在销售的水溶性肥料信息（包括品牌、价格、规格及推广作物等）。

对于一些作物种植规模不大的小农户，由于作物的附加值高，农户舍得投入，可以选择高度复合化的完全水溶性肥料产品，并根据作物不同生育期养分需求情况，选择高氮、高磷、高钾和平衡型水溶性肥料产品。

对于施肥技术水平较高、种植规模较大的农户，应该结合生产需要，根据自身对肥料高效化、施肥机械化、组合专业化、水肥一体化、配方简单化、产品差异化、功能多样化、生态环保化、成本节约化的需求，选择水溶性基础原料配方产品。

4. 根据灌溉施肥方式与作物经济效益进行套餐搭配

水溶性肥料主要用于作物生长期追肥，仅仅需要针对作物生长后期养分调控进行选择，基本原则是：以氮定磷、钾。这主要是考虑到氮在土壤中非常活跃，容易发生淋洗、氨挥发、径流损失、硝化反硝化、土壤固持等现象，而磷、钾在土壤中比较稳定，因此常常根据基肥种类进行组合搭配（表7-8）。

表 7-8 用作基肥和追肥的不同肥料种类

基肥	追肥
生物有机肥/复合微生物肥料	水溶性肥料（根外追施、滴灌、冲施）
作物专用肥/缓控释肥料	水溶性专用肥/复混肥料
有机无机复混肥料	有机水溶肥料
土壤调理剂	水溶性硝基肥
普通有机肥料	—

确定追肥种类后，需要结合不同作物的灌溉施肥方式进行水溶性肥料的选择。如对于滴灌、喷灌施肥，一般选择完全水溶性肥料产品；对于冲施和沟灌施肥，一般可以选择水溶性硝基肥或水溶性基础原料肥；而对于

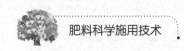

叶面喷施，一般可以选择含氨基酸水溶肥料、含腐殖酸水溶肥料、有机水溶肥料等。在确定好可以选择的肥料产品种类之后，最后根据作物经济效益，选择其能够承受价位的水溶性肥料品种（表7-9）。

表 7-9 我国主要作物经济效益情况及适用的水溶性肥料品种

肥料品种	适宜作物	每亩产值/元
水溶性基础原料肥：尿素、硝酸铵钙、磷酸二铵、氯化钾等	大田作物：小麦、玉米、甘蔗、甜菜等	≤3000
	大田作物：马铃薯、棉花等	3000～6000
	果树：苹果、葡萄、香蕉、菠萝、蜜柚等	6000～12000
	设施园艺作物：番茄、草莓、反季节设施蔬菜	≥12000
水溶性硝基肥	大田作物：马铃薯、棉花等	3000～6000
	果树：苹果、葡萄、香蕉、菠萝、蜜柚等	6000～12000
	设施园艺作物：番茄、草莓、反季节设施蔬菜	≥12000
营养型水溶性肥料	果树：苹果、葡萄、香蕉、菠萝、蜜柚等	6000～12000
	设施园艺作物：番茄、草莓、反季节设施蔬菜	≥12000
功能型水溶性肥料	大田作物、蔬菜、果树等	均可

二、水溶性肥料的科学施用

水溶性肥料不但配方多样而且使用方法十分灵活，使用方法一般有以下4种。

1. 灌溉施肥或土壤浇灌

通过土壤浇水或灌溉施肥的时候，将水溶性肥料先行混合在灌溉水中，这样可以让作物根部全面地接触到肥料，通过根的呼吸作用把营养元素运输到作物的各个组织中。

利用水溶性肥料与节水灌溉相结合进行施肥，即灌溉施肥或水肥一体化，水肥同施，以水带肥，让作物根系同时全面接触水肥，可以节水节肥、节约劳动力。灌溉施肥或水肥一体化技术适用于极度缺水地区、规模化种植的农场，以及用在高品质、高附加值的作物上，是今后现代农业技术发展的重要措施之一。

水溶性肥料随同滴灌、喷灌施用，是目前生产中最为常见的方法。施用时应注意以下事项。

（1）掐头去尾 先滴清水，等管道充满水后加入肥料，以避免前段无肥；施肥结束后立刻滴清水 20～30 分钟，将管道中残留的肥液全部排出（可用电导率仪监测肥液是否彻底排出）。如果不洗管，可能会在滴头处生出青苔、藻类等低等植物或微生物，堵塞滴头，损坏设备。

（2）采用膜下滴灌，防止地表盐分积累 大棚或温室长期用滴灌施肥，会造成地表盐分累积，影响作物根系生长。可采用膜下滴灌抑制盐分向表层迁移。

（3）做到均匀 注意施肥的均匀性，滴灌施肥的原则是施肥的速度越慢越好。特别是对在土壤中移动性差的元素（如磷），延长施肥时间，可以极大地提高难移动养分的利用率。在旱季进行滴灌施肥，建议施肥在2～3小时完成；在土壤不缺水的情况下，在保证均匀度的前提下，施肥速度越快越好。

（4）避免过量灌溉 在进行以施肥为主要目的的灌溉时，达到根层深度湿润即可。不同的作物根层深度差异很大，可以用铲子随时挖开土壤，了解根层的具体深度。过量灌溉不仅浪费水，还会使养分渗析到根层以下，作物不能吸收，浪费肥料，特别是尿素、硝态氮肥（如硝酸钾、硝酸铵钙、硝基磷肥及含有硝态氮的水溶性肥料）极易随水流失。

（5）配合施用 水溶性肥料为速效肥料，只能用作追肥。特别是在常规的农业生产中，水溶性肥料是不能替代其他常规肥料的。因此，在农业生产中绝不能采取用以水溶性肥料替代其他肥料的做法，要做到基肥与追肥相结合、有机肥料与无机肥料相结合，水溶性肥料与常规肥料相结合，以便降低成本，发挥各种肥料的优势。

（6）安全施用，防止烧伤叶片和根系 水溶性肥料施用不当，特别是采取随同喷灌和微喷一同施用的方法时，极易出现烧叶、烧根的现象。根本原因就是肥料浓度过高。因此，在调配肥料时，要严格按照说明书的要求进行。但是，由于不同地区的水源盐分不同，同样的浓度在个别地区也会发生烧伤叶片和根系的现象。生产中最保险的办法就是通过进行肥料浓度试验，找到本地区适宜的肥料浓度。

2. 叶面施肥

把水溶性肥料先行稀释溶解于水中进行叶面喷施，或与非碱性农药一

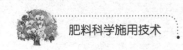

起溶于水中进行叶面喷施，肥料可以通过叶面气孔进入植株内部。叶面施肥对于一些幼嫩的植物或根系不太好的作物出现缺素症状时是一个最佳的选择，极大地提高了肥料吸收利用效率，简化了营养元素在作物内部的运输过程。叶面喷施应注意以下几点。

（1）喷施浓度　喷施浓度的确定以既不伤害作物叶面，又可节省肥料，提高功效为目标。一般可参考肥料包装上推荐的浓度。一般每亩喷施 $40 \sim 50$ 千克肥料溶液。

（2）喷施时期　喷施多数在苗期、花蕾期和生长盛期。肥料溶液湿润叶面的时间要求能维持 $0.5 \sim 1$ 小时，傍晚无风时进行喷施较适宜。

（3）喷施部位　应重点喷洒上部、中部叶片，尤其要多喷洒叶片反面。若对果树喷施，则应重点喷洒新梢和上部叶片。

（4）增添助剂　为提高肥料溶液在叶片上的黏附力，延长肥料溶液湿润叶片的时间，可在肥料溶液中加入助剂（如中性洗衣粉、肥皂粉等），提高肥料利用率。

（5）混合喷施　为提高喷施效果，可将多种水溶性肥料混合或将肥料与农药混合喷施，但应注意营养元素之间、肥料与农药之间是否有害。

3. 无土栽培

在沙漠地区或极度缺水的地方，人们往往用滴灌和无土栽培技术来节约灌溉水并提高劳动生产效率。这时作物所需的营养可以通过水溶性肥料来获得，即节约了用水，又节省了劳动力。

4. 浸种蘸根

常用于浸种蘸根的水溶性肥料主要是微量元素水溶肥料、含氨基酸水溶肥料、含腐殖酸水溶肥料。浸种用量：微量元素水溶肥料为 $0.01\% \sim 0.1\%$；含氨基酸水溶肥料、含腐殖酸水溶肥料为 $0.01\% \sim 0.05\%$。水稻、甘薯、蔬菜等移栽作物可用含腐殖酸水溶肥料进行浸根、蘸根等，浸根用量为 $0.05\% \sim 0.1\%$；蘸根用量为 $0.1\% \sim 0.2\%$。

> **温馨提示**
>
> #### 我国水溶性肥料市场迎来功能化大时代
>
> （1）功能化细分，引领水肥一体新发展　当前水溶性肥料市场已由原来的小品种肥料演变成为一个大市场需求，为此专家认为水溶性肥料的大市场需要杜绝产品的同质化。现代农业、智慧农业、设施农业强势袭来，水溶性肥料由增产增收、省工省力的一般特性步入功能

细分行列。功能化、差异化的竞争成为水溶性肥料企业不得不面对的一个课题。在 2017 年我国农业农村部农肥登记政策改革后，每年登记肥料数量均超过 5000 个，而其中水溶性肥料登记占比超过 90%，水溶性肥料产业发展迅速。根据 2020 年 10 月《农业农村部办公厅关于对部分肥料产品实施备案管理的通知》，大量元素水溶肥料、中量元素水溶肥料、微量元素水溶肥料、农用氯化钾镁、农用硫酸钾镁不再在农业农村部登记，改为备案，有助于我国水溶肥料产业迎来高速增长。而水溶性肥料的大市场要避免同质化，企业的产品要形成差异化竞争，特别是要瞄准作物的精准施肥，使水溶性肥料步入功能细分行列。青岛农业大学教授李俊良认为水溶性肥料的这种功能细分主要体现在 4 个方面：从单纯营养型向功能型发展；从常规营养释放形态向缓、控释形态发展；从无机肥料向有机生化替代型肥料发展；由普通营养型向免疫增强型发展。

（2）差异化竞争，撬动产品与市场对接　国内水溶性肥料行业目前存在缺少核心推广平台、产品档次低、服务不到位、缺乏标准规范等问题，通过提升和细化肥料功能来实现减肥增效的目标，是解决水肥发展矛盾的重要举措。为了更好地实现市场和终端需求的对接，我国发布了《中国水溶肥推广模式影响力白皮书》《中国水溶肥媒体行业报告》。中国农资传媒联合中国农业科学院历时一年倾心打造的《中国水溶肥推广模式影响力白皮书》，借助自 2010 年以来举办八届水溶性肥料会议的专家和企业资源，聚焦水溶性肥料产品的资源、原料、市场、产品、品牌等优势，针对套餐型、加肥站型、设施型、贸易分销型等营销方式，提炼企业融入战略规划、营销布局所打造的推广模式，撬动产品与市场"最后一公里"的对接，为企业和农户提供了一份翔实、客观、规范的权威参考。

（3）企业同台竞技，扬长避短相互借势　随着水溶性肥料市场发展的不断壮大，瞄准作物需求精准施肥的高端水溶性肥料的生产企业不再享受过去的蓝海战术。中国农资传媒认为，无论是拥有资金和技术优势的大量元素复混型肥料生产企业，还是品牌知名度较高的高端水溶性肥料生产企业，面对当前的市场竞争都应该发挥企业自身的资源优势、技术优势、国际化经验优势及生产规模优势，以便在未来给

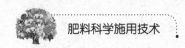

水溶性肥料市场带来更创新的产品和更优质的服务。水溶性肥料市场正朝着众多企业相互竞争、相互借势的方向发展，如此水溶性肥料市场的发展才能越来越壮大。诺贝丰（中国）化学有限公司市场总监表示，在水溶性肥料的大市场中，企业应站在同一起跑线上竞争，各自发挥特色的创新产品和营销模式，通过不同的技术产品带来相应的市场销量，这是未来市场有序发展的方向。

第八章
主要粮食作物科学施肥

粮食作物主要有禾谷类作物、豆类作物、薯类作物等，而禾谷类作物主要有水稻、小麦、玉米、高粱、谷子等。

第一节 水稻科学施肥

水稻是我国的主要粮食作物，播种面积占谷物播种面积的 1/4 以上，稻谷总产量占粮食总产量的 40% 以上。根据农业农村部每年发布的水稻科学施肥指导意见的推荐稻区及结合我国水稻种植情况，可将我国水稻种植区划分为东北寒地单季稻区、东北吉辽内单季稻区、华北单季稻区、西北干燥区单季稻区、长江上游单季稻区、长江中游单双季稻区、长江下游单季稻区、江南丘陵山地单双季稻区、华南平原丘陵双季早稻区、西南高原山地单季稻区等。

一、水稻的需肥特点

1. 单季稻的需肥特点

单季稻从播种、种子发育为幼苗、经过移栽后逐渐生长直到成熟，一般可分为生育前期、生育中期和生育后期，各时期营养供求关系和对养分的需求是不相同的。

单季稻播种至三叶期，可以依靠自身的养分发芽、生根、长叶，成为幼苗。从三叶期开始，必须利用根系从土壤中吸收养分，供给幼苗继续生长，直到 4～5 叶期。水稻秧苗期为 35～45 天，对肥料需求较少但很敏感，最适于施用硫酸铵，不宜施用尿素和氯化铵，而且要施足磷肥。

单季稻生育前期是指移栽后由返青期到分蘖结束的时期。在这个时期水稻主要是长叶、长蘖、长茎，以营养生长为中心。从移栽至分蘖末期，

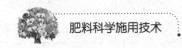

水稻生长迅速，是水稻一生中对氮营养要求最多、也是氮代谢最旺盛的时期，此时氮和钾的吸收量约占全生育期吸收总量的50%，磷的吸收量占40%。所以此期单季稻对肥料的需求是很多的，应该在施足基肥的基础上，适当施给分蘖所需的肥料。

单季稻生育中期是指分蘖停止到幼穗形成的时期，此时水稻由营养生长向生殖生长过渡，是水稻生育转换期，也是水稻生育全过程中承前启后的关键时期。在幼穗形成期，穗中的氮含量几乎比茎秆高1倍，磷的含量高4倍，钾、钙、镁、锰、硅等含量也比茎秆高得多。因此，此期施用氮肥可以增加叶片的叶绿素含量和蛋白质含量，施用磷肥可以增加水稻幼穗尤其是花器官中核酸的含量，使花粉母细胞形成和减数分裂正常。单季稻生育中期是决定单位面积有效穗数能否达到适宜标准的时期，施肥上应做到：不能采取大水大肥猛促，也不能施用肥料太少，要做到恰到好处。

单季稻生育后期以生殖生长为中心，也是水稻一生中最后一个生长阶段，是决定水稻穗粒数和粒重的关键时期。水稻孕穗期是养分敏感期或营养临界期，此时应注意：防止过量施肥引起穗颈稻瘟的发生；也不能缺肥引起空秕粒增加，颖花退化，穗粒数减少。施用水稻穗肥时应坚持：根据水稻长相长势，宁早勿晚，宁少勿多，可施可不施则不施，特别是稻瘟病重发区更应严格掌握施肥量。在水稻抽穗扬花期要确保养分供应，才能籽粒饱满，此期如果不明显脱肥就不施肥，如果明显脱肥则可以叶面喷施或少量施用粒肥。水稻扬花后至成熟为止，在栽培技术上应考虑如何延长冠层上部3片叶的寿命，以及提高其光合能力，增加同化产物以供应稻穗和充实谷粒灌浆。

2. 双季稻的需肥特点

双季常规稻与双季杂交稻相比，对氮、磷的吸收量相近，而钾（K_2O）按每500千克稻谷吸收的钾（K_2O）量计算，双季杂交早稻为21.6千克，比双季常规早稻多吸收3千克，增长16.1%；双季杂交晚稻为18.5千克，比双季常规晚稻多吸收2.1千克，增长12.8%（表8-1）。

(1) 双季常规稻的需肥特点

1）双季常规早稻的需肥特点。双季常规早稻移栽大田后至幼穗分化前的营养生长期十分短，并很快转入生殖生长阶段，基本上移栽后15天左右即大量分蘖并开始幼穗分化，分蘖吸肥高峰和幼穗分化吸肥高峰相重叠，整个生育期只有一个吸肥高峰。中山大学试验结果表明，双季常规早稻在移栽至分蘖期对氮、磷、钾的吸收量分别为35.5%、18.7%和

21.9%，幼穗分化至抽穗期对氮、磷、钾的吸收量分别为48.6%、57.0%和61.9%，结实成熟期对氮、磷、钾的吸收量分别为15.9%、24.3%和16.2%。

表8-1 双季常规稻与双季杂交稻对氮、磷、钾的吸收量

类型	产量/ （千克/亩）	吸收养分量/（千克/亩）			折合500千克稻谷吸收量/千克		
		氮（N）	磷 （P$_2$O$_5$）	钾 （K$_2$O）	氮（N）	磷 （P$_2$O$_5$）	钾（K$_2$O）
双季常规早稻	489.4	12.3	4.3	18.2	12.7	4.4	18.6
双季杂交早稻	541.3	12.2	4.8	23.4	11.3	4.4	21.6
双季常规晚稻	445.0	12.2	6.4	14.6	13.7	7.2	16.4
双季杂交晚稻	534.0	14.9	8.2	14.7	13.9	7.6	18.5

2）双季常规晚稻的需肥特点。双季常规晚稻一般在移栽后10天左右开始迅速吸收氮，移栽后20天时，每天每亩吸收氮0.2~0.3千克。中山大学试验结果表明，双季常规晚稻在移栽至分蘖期对氮、磷、钾的吸收量分别为22.3%、15.9%和20.5%，幼穗分化至抽穗期对氮、磷、钾的吸收量分别为58.7%、47.4%和51.8%，结实成熟期对氮、磷、钾的吸收量分别为19.0%、36.7%和27.72%。

（2）双季杂交稻的需肥特点

1）双季杂交早稻的需肥特点。湖南农业大学试验结果表明，双季杂交早稻植株中氮、磷、钾的含量均以分蘖期最高，茎鞘中氮、磷、钾的含量分别为25.02克/千克、4.45克/千克、36.43克/千克，叶片中氮、磷、钾的含量分别为46.19克/千克、3.59克/千克、24.01克/千克；其余时期，氮、磷、钾含量较高的依次为孕穗期和齐穗期，此时氮在叶片中的含量高于茎鞘，磷和钾的含量则是茎鞘高于叶片；成熟期氮的60%和磷的80%转移到籽粒，而钾则90%以上留在茎叶。成熟期地上部植株中氮、磷、钾的含量分别为10.27千克/亩、1.94千克/亩、10.87千克/亩，平均生产1000千克稻谷需氮（N）17.9~19.0千克、磷（P$_2$O$_5$）7.91~8.14千克、钾（K$_2$O）22.40~25.78千克。

2）双季杂交晚稻的需肥特点。双季杂交晚稻植株中氮和磷的含量均以分蘖期最高，茎鞘和叶片中的含氮量分别为18.78克/千克和39.10克/千克，含磷量分别为3.69克/千克和2.96克/千克，分蘖后期至成熟期逐

渐降低。钾的含量以分蘖期最高，茎鞘和叶片中的含钾量分别为37.66克/千克和23.32克/千克；齐穗期最低，茎鞘和叶片中的含钾量分别为17.16克/千克和15.94克/千克。磷和钾在抽穗前茎鞘中的含量高于叶片中的含量，抽穗后茎鞘和叶片中的含量大致相等，到成熟期氮和磷主要转移到籽粒中，而钾主要分布在茎鞘中。平均生产1000千克稻谷需氮（N）21千克、磷（P_2O_5）11.46千克、钾（K_2O）30.11千克。

二、水稻缺素症的诊断与补救

要做好水稻科学施肥，首先要了解水稻缺肥时的各种表现症状。水稻生产中常见的缺素症主要是缺氮、缺磷、缺钾、缺锌等，各种缺素症状与补救措施可以参考表8-2。

表8-2 水稻缺素症状与补救措施

营养元素	缺素症状	补救措施
氮	叶片的面积减小，植株叶片自下而上变黄，植株矮，分蘖少，叶片直立	及时追施速效性氮肥，配施适量磷钾肥，施后中耕耘田，使肥料融入泥土中
磷	植株高度基本正常，但叶片呈深绿色或紫绿色，株型直立，分蘖少	浅水追肥，每亩用过磷酸钙30千克混合碳酸氢铵25~30千克随拌随施，施后中耕耘田；浅灌勤灌，反复露田，以提高地温，增强水稻对磷的吸收代谢能力。待新根发出后，每亩追施尿素3~4千克，促使其恢复生长
钾	植株叶片由下而上在叶脉处出现红褐色斑点，下部叶片叶边变黄，植株分蘖较少，植株矮，叶片呈暗绿色，顶部有红褐色斑点	立即排水，每亩施草木灰150千克，施后立即中耕耘田，或每亩追施氯化钾7.5千克。施钾肥时配施适量氮肥，并进行间隙灌溉，可促进根系生长，提高水稻吸肥力
锌	最明显的症状是植株矮小，叶片中脉变白，分蘖受阻，出叶速度慢，严重时影响产量。因此，有人将锌列为仅次于氮、磷、钾的水稻"第四要素"	在秧田期，于插秧前2~3天每亩用1.5%硫酸锌溶液30千克进行叶面喷施。在始穗期、齐穗期分别进行叶面喷施，每亩用硫酸锌100克兑水50千克

三、水稻科学施肥技术

借鉴 2011—2021 年农业农村部水稻科学施肥指导意见和相关测土配方施肥技术研究资料、书籍，提出推荐施肥方法，供农民朋友参考。

1. 东北寒地单季稻区

东北寒地单季稻区包括黑龙江省的全部及内蒙古自治区呼伦贝尔市的部分县。

（1）施肥原则　根据测土配方施肥的结果适当减少氮、磷肥用量，优化钾肥用量；减少基蘖肥氮量和比例，增加穗肥比例，使拔节期穗肥中氮的比例达到 30% 左右；早施返青肥以促分蘖早发，插秧后 3 天内施用返青肥；根据土壤养分状况适当地补充中、微量元素，偏酸性地块应施用钙镁磷肥，偏碱性地块少用或不用尿素作为追肥，可用硫酸铵作为追肥；基肥施用后旱旋耕，实现全层施肥；采用节水灌溉技术，施肥前晒田 3 天左右，施肥时"以水带氮"；有条件的地区可采用侧身施肥插秧一体化技术。

（2）施肥建议　推荐 13-19-13（$N-P_2O_5-K_2O$）或相近配方；产量水平为 450～550 千克/亩时，配方肥推荐用量为 18～23 千克/亩，蘖肥和穗肥分别追施尿素 5～7 千克/亩、3 千克/亩；产量水平为 550 千克/亩以上时，配方肥推荐用量为 23～29 千克/亩，蘖肥和穗肥分别追施尿素 7～8 千克/亩、3～4 千克/亩，穗肥追施氯化钾 1～3 千克/亩；产量水平为 450 千克/亩以下时，配方肥推荐用量为 14～18 千克/亩，蘖肥和穗肥分别追施尿素 4~5 千克/亩、2～3 千克/亩。

2. 东北吉辽内单季稻区

东北吉辽内单季稻区包括吉林、辽宁两省的全部及内蒙古自治区的赤峰、通辽和兴安盟三市（盟）的部分县。

（1）施肥原则　根据测土配方施肥结果确定地块的合理肥料用量；控制氮肥总量，合理分配氮肥施用时期，适当增加穗肥比例；合理施用磷肥和钾肥，适当补充中、微量元素肥料；提高有机肥料的施用量。

（2）施肥建议　推荐 15-16-14（$N-P_2O_5-K_2O$）或相近配方；产量水平为 500～600 千克/亩时，配方肥推荐用量为 24～28 千克/亩，蘖肥和穗肥分别追施尿素 8～9 千克/亩、4～5 千克/亩；产量水平为 600 千克/亩以上时，配方肥推荐用量为 28～33 千克/亩，蘖肥和穗肥分别追施尿素 9～11 千克/亩、5 千克/亩，穗肥追施氯化钾 1～3 千克/亩；产量水平为 500

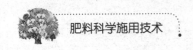

千克/亩以下时，配方肥推荐用量为 19~24 千克/亩，蘖肥和穗肥分别追施尿素 6~8 千克/亩、3~4 千克/亩。缺锌或冷浸田应基施硫酸锌 1~2 千克/亩、硅肥 15~20 千克/亩。

3. 长江上游单季稻区

长江上游单季稻区包括四川省东部、重庆市的全部、陕西省南部、贵州省北部的部分县及湖北省西部。

（1）施肥原则　增施有机肥料，提倡有机无机相结合；调整基肥与追肥比例，减少前期氮肥用量；基肥深施，追肥时"以水带氮"；在油稻轮作田，适当减少水稻磷肥用量；选择中低浓度的磷肥，如钙镁磷肥和普钙等，钾肥选择氯化钾；在土壤 pH 为 5.5 以下的田块，适当施用含硅的碱性肥料或基施生石灰。

（2）施肥建议　产量水平为 450 千克/亩以下时，氮肥（N）用量为 6~8 千克/亩；产量水平为 450~550 千克/亩时，氮肥（N）用量为 8~10 千克/亩；产量水平为 550~650 千克/亩时，氮肥（N）用量为 10~12 千克/亩；产量水平为 650 千克/亩以上时，氮肥（N）用量为 12~14 千克/亩。磷肥（P_2O_5）用量为 5~7 千克/亩，钾肥（K_2O）用量为 4~6 千克/亩。

氮肥在基肥中占 35%~55%，蘖肥占 20%~30%，穗肥占 25%~35%；有机肥料与磷肥全部基施；钾肥分基肥（占 60%~70%）和穗肥（占 30%~40%）2 次施用。在缺锌和缺硼地区，适量施用锌肥和硼肥；土壤酸性较强的田块，每亩基施含硅碱性肥料或生石灰 30~50 千克。

4. 长江中游单双季稻区

长江中游单双季稻区包括湖北省中东部、湖南省东北部、江西省北部及安徽省的全部。

（1）施肥原则　适当降低氮肥总用量，增加穗肥比例；基肥深施，追肥时"以水带氮"；磷肥优先选择普钙或钙镁磷肥；增施有机肥料，提倡秸秆还田。

（2）施肥建议　产量水平为 350 千克/亩以下时，氮肥（N）用量为 6~7 千克/亩；产量水平为 350~450 千克/亩时，氮肥（N）用量为 7~8 千克/亩；产量水平为 450~550 千克/亩时，氮肥（N）用量为 8~10 千克/亩；产量水平为 550 千克/亩以上时，氮肥（N）用量为 10~12 千克/亩。磷肥（P_2O_5）用量为 4~7 千克/亩，钾肥（K_2O）用量为 4~8 千克/亩。

氮肥 50%~60% 用作基肥，20%~25% 用作蘖肥，10%~15% 用作穗肥；磷肥全部用作基肥；钾肥 50%~60% 用作基肥，40%~50% 用作穗肥。在缺锌地区，适量施用锌肥，适当基施含硅肥料；施用有机肥料或种植绿肥翻压的田块，基肥用量可适当减少；常年秸秆还田的田块，钾肥用量可适当减少 30% 左右。

5. 长江下游单季稻区

长江下游单季稻区包括江苏省全部和浙江省北部。

（1）施肥原则 增施有机肥料，提倡有机无机相结合；控制氮肥总量，调整基肥及追肥比例，减少前期氮肥用量；基肥深施，追肥时"以水带氮"；油（麦）稻轮作的田块，适当减少水稻磷肥用量。

（2）施肥建议 产量水平为 500 千克/亩以下时，氮肥（N）用量为 8~10 千克/亩；产量水平为 500~600 千克/亩时，氮肥（N）用量为 10~12 千克/亩；产量水平为 600 千克/亩以上时，氮肥（N）用量为 12~15 千克/亩。磷肥（P_2O_5）用量为 5~6 千克/亩，钾肥（K_2O）用量为 6~8 千克/亩。

氮肥中基肥占 40%~50%、蘖肥占 20%~30%、穗肥占 20%~30%；有机肥料与磷肥全部基施；钾肥分基肥（占 60%~70%）和穗肥（占 30%~40%）2 次施用。在缺锌地区，每亩施用硫酸锌 1 千克，适当基施含硅肥料；施用有机肥料或种植绿肥翻压的田块，基肥用量可适当减少。

6. 江南丘陵山地单双季稻区

江南丘陵山地单双季稻区包括湖南省中南部、江西省东南部、浙江省南部、福建省中北部及广东省北部。

（1）施肥原则 根据土壤肥力确定目标产量，控制氮肥总量，氮、磷、钾平衡施用；提倡有机无机相结合；基肥深施，追肥时"以水带氮"；磷肥优先选择钙镁磷肥或普钙；对酸性土壤适当施用土壤改良剂或基施生石灰。

（2）施肥建议 产量水平为 500 千克/亩左右时，施氮肥（N）10~13 千克/亩、磷肥（P_2O_5）3~4 千克/亩、钾肥（K_2O）8~10 千克/亩。氮肥分次施用，基肥占 35%~50%、蘖肥占 25%~35%、穗肥占 20%~25%，蘖肥适当推迟施用；磷肥全部基施；钾肥 50% 用作基肥，50% 用作穗肥。推荐秸秆还田或增施有机肥料。常年秸秆还田的田块，钾肥用量可适当减少 30%；施用有机肥料的田块，基肥用量可适当减少；土壤酸性较强的田块，整地时每亩施含硅碱性肥料或生石灰 40~50 千克。

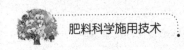

7. 华南平原丘陵双季早稻区

华南平原丘陵双季早稻区包括广西壮族自治区南部、广东省南部、海南省的全部及福建省东南部。

（1）**施肥原则**　控制氮肥总量，调整基肥与追肥比例，减少前期氮肥用量，实行氮肥后移；基肥深施，追肥时"以水带氮"；磷肥优先选择钙镁磷肥或普钙；土壤 pH 为 5.5 以下的田块，适当施用含硅碱性肥料或基施生石灰；对缺锌田块、潜育化稻田和低温寡照地区补充微量元素锌肥。

（2）**施肥建议**　推荐 18-12-16（N-P_2O_5-K_2O）或相近配方；产量水平为 350～450 千克/亩时，配方肥推荐用量为 26～33 千克/亩，基肥为 13～20 千克/亩，蘖肥和穗肥分别追施 5～8 千克/亩、3～5 千克/亩；产量水平为 450～550 千克/亩时，配方肥推荐用量为 33～41 千克/亩，基肥为 17～24 千克/亩，蘖肥和穗肥分别追施 7～10 千克/亩、4～7 千克/亩；产量水平为 550 千克/亩以上时，配方肥推荐用量为 41～48 千克/亩，基肥为 22～29 千克/亩，蘖肥和穗肥分别追施 8～11 千克/亩、5～8 千克/亩；产量水平为 350 千克/亩以下时，配方肥推荐用量为 20～25 千克/亩，基肥为 11～14 千克/亩，蘖肥和穗肥分别追施 4～6 千克/亩、3～5 千克/亩。

8. 西南高原山地单季稻区

西南高原山地单季稻区包括云南省全部、四川省西南部、贵州省大部、湖南省西部及广西壮族自治区北部。

（1）**施肥原则**　增施有机肥料，采用秸秆还田，提倡有机无机相结合；调整基肥与追肥比例，减少前期氮肥用量；对缺磷土壤，应适当增施磷肥，优先选择钙镁磷肥；供钾能力低的田块，注意在水稻生长后期补钾；土壤 pH 为 5.5 以下的田块，适当施用含硅钙的碱性土壤改良剂或基施生石灰；肥料施用与高产优质栽培技术相结合。

（2）**施肥建议**　推荐 17-13-15（N-P_2O_5-K_2O）或相近配方；产量水平为 400～500 千克/亩时，配方肥推荐用量为 26～33 千克/亩，蘖肥和穗肥分别追施尿素 6～7 千克/亩、4～5 千克/亩；产量水平为 500～600 千克/亩时，配方肥推荐用量为 33～39 千克/亩，蘖肥和穗肥分别追施尿素 7～8 千克/亩、5～6 千克/亩，穗肥追施氯化钾 1～2 千克/亩；产量水平为 600 千克/亩以上时，配方肥推荐用量为 39～46 千克/亩，蘖肥和穗肥分别追施尿素 8～10 千克/亩、6～7 千克/亩，穗肥追施氯化钾 2～4 千克/亩；产量水平为 400 千克/亩以下时，配方肥推荐用量为 20～26 千克/亩，蘖肥和穗肥分别追施尿素 4~6 千克/亩、3~4 千克/亩；在缺锌地区，每亩施用 1~2 千克硫酸锌；土壤 pH 较低的田块，每亩基施含硅碱性肥料或生石灰 30~50 千克。

> **身边案例**

湖北省双季稻测土配方施肥技术

1. 湖北省双季稻的测土施肥配方

（1）双季稻氮肥推荐用量 基于目标产量和地力产量，湖北省双季稻氮肥推荐施用总量见表 8-3，不同时期氮肥施用比例见表 8-4。

表 8-3 湖北省双季稻氮肥推荐施用总量

地力产量/ （千克/亩）	氮肥推荐施用总量/（千克/亩）		
	目标产量为 400 千克/亩	目标产量为 500 千克/亩	目标产量为 600 千克/亩
233	10	—	
300	6	10	—
366	2	8	15
433		5	12

表 8-4 湖北省双季稻不同时期氮肥施用比例

氮肥施用时期	早稻氮肥施用比例（%）	晚稻氮肥施用比例（%）
基肥	40	45
蘖肥	25±10	25±10
幼穗分化肥	35±10	30±10
全生育期	80~120	80~120

注：如果水稻叶色卡（LCC）或 SPAD 叶绿素测定仪的测定值大于最大临界值，在施肥基数上减去 10%；若低于最小临界值，则在施肥基数上增加 10%；介于最小临界值与最大临界值之间时，按表中列出的基数施肥。叶色卡（LCC）的最小临界值为 3.5，最大临界值为 4；SPAD 的最小临界值为 35，最大临界值为 39。

（2）双季稻磷、钾肥恒量监控技术 湖北省双季稻土壤磷分级及磷肥用量见表 8-5，土壤钾分级及钾肥用量见表 8-6。

表 8-5　湖北省双季稻土壤磷分级及磷肥用量

产量水平/(千克/亩)	肥力等级	土壤速效磷含量/(毫克/千克)	磷肥用量/(千克/亩)
300	低	<7	4
	较低	7~15	3
	较高	15~20	2
	高	≥20	—
400	低	<7	5
	较低	7~15	4
	较高	15~20	3
	高	≥20	2
500	低	<7	6
	较低	7~15	4
	较高	15~20	2
	高	≥20	—
600	低	<7	7
	较低	7~15	5.5
	较高	15~20	4
	高	≥20	—

表 8-6　湖北省双季稻土壤钾分级及钾肥用量

产量水平/(千克/亩)	肥力等级	土壤速效钾含量/(毫克/千克)	钾肥用量/(千克/亩)
300	低	<70	3
	中	70~100	2
	高	≥100	0
400	低	<70	4
	中	70~100	3
	高	≥100	2

（续）

产量水平/(千克/亩)	肥力等级	土壤速效钾含量/ (毫克/千克)	钾肥用量/ (千克/亩)
	低	<70	6
500	中	70～100	4
	高	≥100	3
	低	<70	7
600	中	70～100	6
	高	≥100	5

（3）双季稻微量元素推荐用量　在湖北省缺锌、缺硼地区，基肥每亩补施1千克硫酸锌和1千克硼砂。

2. 湖北省双季稻施肥模式

（1）施肥原则　湖北省双季稻施肥主要存在的问题包括：氮肥用量偏高、前期氮肥用量过大，钾肥用量偏少，有机肥料施用少等。基于以上问题，建议施肥原则为：控制氮肥施用总量，调整基肥与追肥比例，减少前期氮肥用量，强调氮肥分次施用；适当增施钾肥；增施有机肥料。

（2）施肥建议　在缺锌、缺硼的地区，基肥每亩增施锌肥和硼肥各1千克。基肥的施用比例为：有机肥料的100%，氮肥的40%～45%，磷肥的100%，钾肥的50%～60%。追肥的施用比例为：氮肥的15%～35%、钾肥的40%～50%用作蘖肥，氮肥的20%～45%用作穗肥。

第二节　小麦科学施肥

我国的主要小麦产区位于豫、鲁、冀、皖、甘、新、苏、陕、川、晋、内蒙古及鄂等省区，小麦种植面积占我国小麦种植总面积的4/5以上，总产量占我国小麦总产量的90%以上，以山东、河南种植面积最大。我国冬、春小麦兼种，但以冬小麦为主，冬小麦种植面积占我国小麦种植总面积的85%，总产量占我国小麦总产量的90%以上。

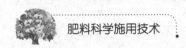

一、小麦的需肥特点

1. 冬小麦的营养需求特点

冬小麦一生要经历出苗、分蘖、越冬、起身、拔节、孕穗、抽穗、开花、灌浆和成熟等时期，生育期时间长，不同生育阶段对养分的吸收表现也不同。

（1）冬小麦不同时期对养分的吸收　总的规律是，小麦返青前因生长量小，故吸收养分量少，到拔节期吸收养分量急剧增加，直到开花后才趋于缓和。

小麦不同生育期对氮、磷、钾养分的吸收量不同。氮的吸收有 2 个高峰期：一个是从分蘖期到越冬期，此时吸氮量占总吸氮量的 13.5%，是群体发展较快的时期；另一个是从拔节期到孕穗期，此时吸氮量占总吸氮量的 37.3%，是吸氮量最多的时期。对磷、钾的吸收，一般随小麦生长的推移而逐渐增多，拔节期后吸收量急剧增长，40% 以上的磷、钾养分是在孕穗期以后吸收的。

小麦吸收锌、硼、锰、铜、钼等微量元素的绝对数量少，但微量元素对小麦的生长发育却起着十分重要的作用。小麦不同生育期对微量元素吸收的大致趋势是：越冬期前较多，返青期、拔节期吸收量缓慢上升，抽穗期到成熟期吸收量达到最高，占整个生育期吸收量的 43.2%。

（2）不同类型冬小麦对养分的吸收　不同类型的专用小麦对养分的吸收不同，总的情况是不同类型间对磷、钾吸收的差异不大，对氮吸收存在差异。

不同类型的冬小麦在不同生育阶段的吸氮量及吸收比例存在差异。如在出苗期到拔节期，弱筋小麦的吸氮量和吸收比例高于其他类型的小麦；在拔节期至开花期，中筋、强筋小麦的吸氮量和吸收比例上升；在开花期至成熟期，强筋小麦的吸氮量和吸收比例高于中筋、弱筋小麦品种。

2. 春小麦的营养需求特点

在春小麦的一生中，随着幼苗的生长，干物质积累增加，吸肥量不断增加，至孕穗期、开花期达到高峰，以后逐渐下降，在成熟期停止吸收。氮的单位面积日吸收量有拔节期至孕穗期、开花期至成熟期 2 个吸肥高峰。春小麦植株的磷的含量比较平稳，并从返青期以后至成熟期，吸收量稳步增长。植株内的钾的含量在拔节期达到最高，以后迅速降低，而钾的日吸收量以孕穗期、开花期最高，后期需钾量较少。

二、小麦缺素症的诊断与补救

要做好小麦科学施肥，首先要了解小麦缺肥时的各种表现症状。小麦生产中常见的缺素症主要是缺氮、缺磷、缺钾、缺硼、缺钼、缺锰、缺锌、缺铁等，各种缺素症状与补救措施可以参考表8-7。

表8-7　小麦缺素症状与补救措施

营养元素	缺素症状	补救措施
氮	植株矮小，叶片呈浅绿色，叶尖由下向上变黄，分蘖少，茎秆细弱	于返青期每亩追施尿素5~8千克，拔节期再追施尿素10~15千克
磷	植株瘦小，次生根少，分蘖少，新叶呈暗绿色，叶尖呈紫红色，茎呈紫色，穗小粒少，籽粒不饱满，千粒重下降	每亩追施过磷酸钙20~25千克，随水浇施。叶面喷施5%过磷酸钙浸出液或0.2%磷酸二氢钾溶液，每7~10天喷1次，连喷2~3次
钾	首先从下部老叶的叶尖、叶缘开始变黄，叶质柔弱并卷曲，然后逐渐变为褐色。叶脉呈绿色，茎秆细而柔弱，分蘖不规则，成穗少，造成籽粒不均匀，易倒伏	每亩施硫酸钾或氯化钾10千克，并撒施草木灰100千克，叶面喷施0.2%磷酸二氢钾溶液，每7~10天喷1次，连喷2~3次
硼	分蘖不正常，叶鞘呈紫褐色，有时不抽穗，或者只开花不结实	叶面喷施0.2%硼砂溶液，每7~10天喷1次，连喷2~3次
钼	首先表现在叶片前部，叶变为褐色，接着在心叶下部的全展叶上，沿叶脉平行出现细小的黄白色斑点，并逐渐连成线状、片状，最后使叶片前部干枯，严重的全叶干枯	叶面喷施0.5%钼酸铵溶液，每7~10天喷1次，连喷2~3次
锰	症状同缺钼时相似，但病斑发生于叶片的中后部，病叶干枯后便卷曲，叶前部逐渐干枯	叶面喷施0.2%硫酸锰溶液，每5~7天喷1次，连喷2~3次
锌	叶片失绿，心叶白化，节间变短，植株矮小，中部叶缘过早干裂皱缩，根系变黑，空秕粒多，千粒重降低	在拔节期叶面喷施0.3%硫酸锌溶液，每5~7天喷1次，连喷2~3次

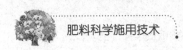

（续）

营养元素	缺素症状	补救措施
铁	主要在新叶发病，叶肉组织黄化，上部叶片可变为黄白色。叶尖和叶缘也会逐渐枯萎并向内扩展	叶面喷施 0.2% 硫酸亚铁溶液，每隔 7~10 天喷 1 次，连喷 2~3 次

三、小麦科学施肥技术

借鉴 2011—2021 年农业农村部小麦科学施肥指导意见和相关测土配方施肥技术研究资料、书籍，提出推荐施肥方法，供农民朋友参考。

1. 华北平原及关中平原灌溉冬小麦区

华北平原及关中平原灌溉冬小麦区包括山东省和天津市全部、河北省中南部、北京市中南部、河南省中北部、陕西省关中平原及山西省南部。

（1）施肥原则　针对华北平原冬小麦氮肥过量施用比较普遍，氮、磷、钾养分比例不平衡，基肥用量偏高，一次性施肥面积呈增加趋势，后期氮肥供应不足，硫、锌、硼等中、微量元素缺乏现象时有发生，土壤耕作层浅、保水保肥能力差等问题，提出以下施肥原则：依据测土配方施肥结果，适当调减氮磷肥用量，增加钾肥用量；氮肥要分次施用，根据土壤肥力适当增加在生育中后期的施用比例，保持整个生育期养分供应平衡；依据土壤肥力条件，高效施用磷钾肥；秸秆粉碎还田，增施有机肥，提倡有机无机相结合，提高土壤保水保肥能力；重视硫、锌、硼、锰等中、微量元素施用；对于出现酸化、盐渍化、板结等问题的土壤，要通过科学施肥和耕作措施进行改良。

（2）施肥建议

1）基追结合施肥方案推荐配方为 15-20-12（$N-P_2O_5-K_2O$）或相近配方。产量水平为 400~500 千克/亩时，配方肥推荐用量为 24~30 千克/亩，在起身期到拔节期结合灌水追施尿素 13~16 千克/亩；产量水平为 500~600 千克/亩时，配方肥推荐用量为 30~36 千克/亩，在起身期到拔节期结合灌水追施尿素 16~20 千克/亩；产量水平为 600 千克/亩以上时，配方肥推荐用量为 36~42 千克/亩，在起身期到拔节期结合灌水追施尿素 20~23 千克/亩；产量水平为 400 千克/亩以下时，配方肥推荐用量为 18~24 千克/亩，在起身期到拔节期结合灌水追施尿素 10~13 千克/亩。

2）一次性施肥方案推荐配方为 25-12-8（N-P$_2$O$_5$-K$_2$O）或相近配方。产量水平为 400～500 千克/亩时，配方肥推荐用量为 38～48 千克/亩，作为基肥一次性施用；产量水平为 500～600 千克/亩时，配方肥推荐用量为 48～58 千克/亩，作为基肥一次性施用；产量水平为 600 千克/亩以上时，配方肥推荐用量为 58～70 千克/亩，作为基肥一次性施用；产量水平为 400 千克/亩以下时，配方肥推荐用量为 30～38 千克/亩，作为基肥一次性施用。

在缺锌或缺锰地区可以基施硫酸锌或硫酸锰 1～2 千克/亩，缺硼地区可酌情基施硼砂 0.5～1 千克/亩。提倡结合"一喷三防"，在小麦灌浆期喷施微量元素水溶肥料，或每亩用磷酸二氢钾 150～200 克和 0.5～1 千克尿素兑水 50 千克进行叶面喷施。若基肥施用了有机肥料，可酌情减少化肥用量。

2. 华北雨养冬小麦区

华北雨养冬小麦区包括江苏和安徽两省的淮河以北地区及河南省东南部。

（1）施肥原则　针对华北雨养冬小麦区，土壤以砂姜黑土为主，土壤肥力不高，有效磷含量相对偏低，锌、硼等中、微量元素缺乏现象时有发生，土壤耕作层浅、保水保肥能力差等问题，提出以下施肥原则：依据测土配方施肥结果，适当降低氮肥用量，增加磷肥用量；秸秆粉碎还田，增施有机肥料，提倡有机无机相结合，提高土壤保水保肥能力；重视锌、硼、锰等微量元素的施用；对于出现酸化、盐渍化、板结等问题的土壤要通过科学施肥和耕作措施进行改良；肥料施用与绿色增产增效栽培技术相结合。

（2）施肥建议

1）基追结合施肥方案推荐配方为 18-15-12（N-P$_2$O$_5$-K$_2$O）或相近配方。产量水平为 350～450 千克/亩时，配方肥推荐用量为 28～36 千克/亩，在起身期到拔节期结合灌水追施尿素 9～12 千克/亩；产量水平为 450～600 千克/亩时，配方肥推荐用量为 36～47 千克/亩，在起身期到拔节期结合灌水追施尿素 12～16 千克/亩；产量水平为 600 千克/亩以上时，配方肥推荐用量为 47～55 千克/亩，在起身期到拔节期结合灌水追施尿素 16～19 千克/亩；产量水平为 350 千克/亩以下时，配方肥推荐用量为 20～28 千克/亩，在起身期到拔节期结合灌水追施尿素 7～9 千克/亩。

2）一次性施肥方案推荐配方为 25-12-8（N-P$_2$O$_5$-K$_2$O）或相近配方。

产量水平为 350~450 千克/亩时，配方肥推荐用量为 39~50 千克/亩，作为基肥一次性施用；产量水平为 450~600 千克/亩时，配方肥推荐用量为 50~67 千克/亩，作为基肥一次性施用；产量水平为 600 千克/亩以上时，配方肥推荐用量为 67~78 千克/亩，作为基肥一次性施用；产量水平为 350 千克/亩以下时，配方肥推荐用量为 28~39 千克/亩，作为基肥一次性施用。

在缺锌或缺锰地区可以基施硫酸锌或硫酸锰 1~2 千克/亩，在缺硼地区可酌情基施硼砂 0.5~1 千克/亩。提倡结合"一喷三防"，在小麦灌浆期喷施微量元素水溶肥料，或每亩用磷酸二氢钾 150~200 克和 0.5~1 千克尿素兑水 50 千克进行叶面喷施。若基肥施用了有机肥料，可酌情减少化肥用量。

3. 长江中下游冬小麦区

长江中下游冬小麦区包括湖北、湖南、江西、浙江和上海五省市，以及河南省南部、安徽和江苏两省的淮河以南地区。

（1）施肥原则 针对长江流域冬小麦有机肥料施用量少，氮肥偏多且前期施用比例大，硫、锌等中、微量元素缺乏时有发生等问题，提出以下施肥原则：增施有机肥料，实施秸秆还田，有机无机相结合；适当减少氮肥用量，调整基肥和追肥比例，减少前期氮肥用量；对缺磷土壤，应适当增施或稳施磷肥；对有效磷含量丰富的土壤，适当降低磷肥用量；肥料施用与绿色增产增效栽培技术相结合。要根据小麦品种、品质的不同，适当调整氮肥用量和基肥和追肥比例。对强筋、中筋小麦要适当增加氮肥用量和后期追施比例。

（2）施肥建议

1）中低浓度配方施肥方案推荐配方为 12-10-8（N-P_2O_5-K_2O）或相近配方。产量水平为 300~400 千克/亩时，配方肥推荐用量为 34~45 千克/亩，在起身期到拔节期结合灌水追施尿素 9~12 千克/亩；产量水平为 400~550 千克/亩时，配方肥推荐用量为 45~62 千克/亩，在起身期到拔节期结合灌水追施尿素 12~17 千克/亩；产量水平为 550 千克/亩以上时，配方肥推荐用量为 62~74 千克/亩，在起身期到拔节期结合灌水追施尿素 17~20 千克/亩；产量水平为 300 千克/亩以下时，配方肥推荐用量为 23~34 千克/亩，在起身期到拔节期结合灌水追施尿素 6~9 千克/亩。

2）高浓度配方施肥方案推荐配方为 18-15-12（N-P_2O_5-K_2O）或相近

配方。产量水平为 300~400 千克/亩时，配方肥推荐用量为 23~30 千克/亩，在起身期到拔节期结合灌水追施尿素 9~12 千克/亩；产量水平为 400~550 千克/亩时，配方肥推荐用量为 30~42 千克/亩，在起身期到拔节期结合灌水追施尿素 12~17 千克/亩；产量水平为 550 千克/亩以上时，配方肥推荐用量为 42~49 千克/亩，在起身期到拔节期结合灌水追施尿素 17~20 千克/亩；产量水平为 300 千克/亩以下时，配方肥推荐用量为 15~23 千克/亩，在起身期到拔节期结合灌水追施尿素 6~9 千克/亩。

在缺硫地区可基施硫黄 2 千克/亩左右，若使用其他含硫肥料，可酌减硫黄用量；在缺锌或缺锰的地区，根据情况基施硫酸锌或硫酸锰 1~2 千克/亩。提倡结合"一喷三防"，在小麦灌浆期喷施微量元素叶面肥，或每亩用磷酸二氢钾 150~200 克和 0.5~1 千克尿素兑水 50 千克进行叶面喷施。

4. 西北雨养旱作冬小麦区

西北雨养旱作冬小麦区包括山西省中部、陕西省北部、河南省西部、宁夏回族自治区北部及甘肃省东部。

（1）施肥原则 针对西北旱作雨养区土壤有机质含量低，保水保肥能力差，冬小麦生长季节降水少，春季追肥难，有机肥料施用不足等问题，提出以下施肥原则：依据土壤肥力和土壤储水状况确定基肥用量；坚持"培肥""适氮、稳磷、补微"的施肥方针；增施有机肥料，提倡有机无机相结合和秸秆适量还田；以配方肥一次性基施为主；注意锰和锌等微量元素肥料的配合施用；肥料施用应与节水高产栽培技术相结合。

（2）施肥建议 推荐配方为 23-14-8（$N-P_2O_5-K_2O$）或相近配方。产量水平为 250~350 千克/亩时，配方肥推荐用量为 24~33 千克/亩，作为基肥一次性施用；产量水平为 350~500 千克/亩时，配方肥推荐用量为 33~48 千克/亩，作为基肥一次性施用；产量水平为 500 千克/亩以上时，配方肥推荐用量为 48~57 千克/亩，作为基肥一次性施用；产量水平为 250 千克/亩以下时，配方肥推荐用量为 14~24 千克/亩，作为基肥一次性施用。

农家肥的施用量为 1000~1500 千克/亩。禁用高含氯肥料，防止含氯肥料对麦苗的毒害。在缺锌或缺锰的地区，根据情况基施硫酸锌或硫酸锰 1~2 千克/亩。提倡结合"一喷三防"，在小麦灌浆期喷施微量元素叶面肥，或每亩用磷酸二氢钾 150~200 克和 0.5~1 千克尿素兑水 50 千克进

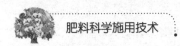

行叶面喷施。

5. 西北灌溉春小麦区

西北灌溉春小麦区主要以种植春小麦为主，包括内蒙古自治区中部、宁夏回族自治区北部、甘肃省的中西部、青海省东部和新疆维吾尔自治区。

（1）施肥原则　根据土壤肥力确定目标产量，减少氮磷肥投入，补充钾肥，适量补充微肥；增施有机肥料，全量秸秆还田培肥地力，提倡有机无机相结合；"氮磷钾配合、早施底肥、巧施追肥"。保证苗齐、苗全。适时追肥，防止小麦前期过旺倒伏，后期脱肥减产；施肥应与灌溉有效结合。强调早施基肥、机播种肥、灌水前追肥、孕穗期根外喷施锌和硼等微肥。

（2）施肥建议　推荐配方为17-18-10（N-P_2O_5-K_2O）或相近配方。产量水平为300~400千克/亩时，配方肥推荐用量为20~25千克/亩，在起身期到拔节期结合灌水追施尿素10~15千克/亩。产量水平为400~550千克/亩时，配方肥推荐用量为30~35千克/亩，在起身期到拔节期结合灌水追施尿素15~20千克/亩。产量水平为550千克/亩以上时，配方肥推荐用量为35~40千克/亩，在起身期到拔节期结合灌水追施尿素15~20千克/亩。产量水平为300千克/亩以下时，配方肥推荐用量为15~20千克/亩，在起身期到拔节期结合灌水追施尿素5~10千克/亩。

■ 身边案例

华北平原地区灌溉冬小麦测土配方施肥技术

1. 华北平原地区灌溉冬小麦测土施肥配方

（1）氮肥总量控制，分期调控　华北平原地区不同产量水平下灌溉冬小麦氮肥推荐用量可参考表8-8。

表8-8　不同产量水平下灌溉冬小麦氮肥推荐用量

产量水平/（千克/亩）	土壤肥力	氮肥用量/（千克/亩）	基肥/追肥比例（%）
<300	极低	11~13	70/30
	低	10~11	70/30
	中	8~10	60/40
	高	6~8	60/40

（续）

产量水平/（千克/亩）	土壤肥力	氮肥用量/（千克/亩）	基肥/追肥比例（%）
300～400	极低	13～15	70/30
	低	11～13	70/30
	中	10～11	60/40
	高	8～10	50/50
400～500	低	14～16	60/40
	中	12～14	50/50
	高	10～12	40/60
	极高	8～10	30/40/30
500～600	低	16～18	60/40
	中	14～16	50/50
	高	12～14	40/60
	极高	10～12	30/40/30
≥600	中	16～18	50/50
	高	14～16	40/60
	极高	12～14	30/40/30

（2）磷、钾恒量监控技术　该地区多以冬小麦/夏玉米轮作为主，因此，对磷、钾的管理要将整个轮作体系统筹考虑，将2/3的磷肥施在冬小麦季，1/3的磷肥施在玉米季；将1/3的钾肥施在冬小麦季，2/3的钾肥施在玉米季。土壤磷、钾分级及推荐用量参考表8-9、表8-10。

表8-9　土壤磷分级及冬小麦磷肥推荐用量

产量水平/（千克/亩）	肥力等级	土壤速效磷含量/（毫克/千克）	磷肥用量/（千克/亩）
<300	极低	<7	6～8
	低	7～14	4～6
	中	14～30	2～4
	高	30～40	0～2
	极高	>40	0

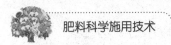

（续）

产量水平/（千克/亩）	肥力等级	土壤速效磷含量/（毫克/千克）	磷肥用量/（千克/亩）
300～400	极低	<7	7～9
	低	7～14	5～7
	中	14～30	3～5
	高	30～40	1～3
	极高	>40	0
400～500	极低	<7	8～10
	低	7～14	6～8
	中	14～30	4～6
	高	30～40	2～4
	极高	>40	0～2
500～600	低	<14	8～10
	中	14～30	7～9
	高	30～40	5～7
	极高	>40	2～5
≥600	低	<14	9～11
	中	14～30	8～10
	高	30～40	6～8
	极高	>40	3～6

表 8-10　土壤钾分级及冬小麦钾肥推荐用量

肥力等级	土壤速效钾含量/（毫克/千克）	钾肥用量/（千克/亩）	备注
低	50～90	5～8	连续 3 年以上实行秸秆还田的可酌减；没有实行秸秆还田的适当增加
中	90～120	4～6	
高	120～150	2～5	
极高	>150	0～3	

（3）微量元素因缺补缺　该地区微量元素丰缺指标及推荐用量见表8-11。

表8-11　微量元素丰缺指标及冬小麦微量元素肥推荐用量

元素	提取方法	临界指标/（毫克/千克）	基施品种及用量/（千克/亩）
锌	DTPA 浸提	0.5	硫酸锌 1~2
锰	DTPA 浸提	10	硫酸锰 1~2
硼	沸水	0.5	硼砂 0.5~0.75

2. 华北平原地区灌溉冬小麦施肥模式

（1）作物特性　该地区小麦一般在10月上、中旬播种，第二年5月下旬~6月上旬收获，全生育期为230~270天。通常将小麦生育期划分为出苗期、分蘖期、越冬期、起身期、拔节期、孕穗期、抽穗期、开花期、灌浆期和成熟期。生产中基本苗数一般为每亩10万~30万，多穗性品种每亩穗数为50万穗，大穗型品种为30万穗左右。

（2）施肥原则　针对该地区氮肥、磷化肥用量普遍偏高，肥料增产效率下降，而有机肥料施用不足，微量元素锌和硼缺乏时有发生等问题，提出以下施肥原则：依据土壤肥力条件，适当调减氮肥、磷肥用量；增施有机肥料，提倡有机无机相结合，实施秸秆还田；依据土壤中钾的状况，高效施用钾肥，并注意硼和锌的配合施用；氮肥分期施用，适当增加生育中、后期的氮肥比例；肥料施用应与高产、优质栽培技术相结合。

（3）施肥建议　若基肥施用了有机肥料，可酌情减少化肥用量。小麦单产水平在400千克/亩以下时，氮肥用作基肥、追肥可各占一半；单产超过500千克/亩时，氮肥总量的1/3作为基肥施用，2/3作为追肥在拔节期施用。磷肥、钾肥和微量元素肥料全部作为基肥施用。

第三节　玉米科学施肥

我国的玉米种植面积和产量在世界上居第二位，玉米产量占世界总产量的1/5左右。我国的玉米主产区在东北、华北和西北地区，以吉林、山东、河南等省种植面积最大。依据分布范围、自然条件和种植制度，可将

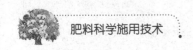

我国的玉米种植区域划分为6个产区：北方春玉米区、黄淮海夏玉米区、西南山地丘陵玉米区、南方丘陵玉米区、西北灌溉玉米区和青藏高原玉米区。

一、玉米的需肥特点

1. 夏玉米的需肥特点

夏玉米是需肥水较多的高产作物，一般随着产量提高，其所需营养元素也会增加。在玉米全生育期吸收的主要养分中，以氮为多，钾次之，磷较少。综合国内外研究资料，每生产100千克籽粒，夏玉米需吸收氮（N）、磷（P_2O_5）、钾（K_2O）的含量分别为2.59千克、1.09千克和2.62千克，$N:P_2O_5:K_2O$ 为 2.4:1:2.4。

玉米在不同生育期吸收氮、磷、钾的量不同。一般来说，玉米在苗期生长慢，植株小，吸收的养分少，拔节期至开花期生长快，吸收养分的速度快、量大，此时是玉米需要营养的关键时期，生育后期吸收养分速度缓慢，吸收量也小。

夏玉米由于生育期短，生长速度快，因此对氮、磷、钾的吸收量更集中，吸收高峰提前。从拔节期至抽雄期的21天中，夏玉米吸收的氮量占全生育期吸氮总量的76.19%，吸磷量占全生育期吸磷总量的62.95%，吸钾量占全生育期吸钾总量的63.38%。

夏玉米在苗期到拔节期吸收的氮很少，吸收速度慢，吸氮量占全生育期吸氮总量的1.18%~6.6%；拔节期以后对氮的吸收明显增多，吐丝期前后达到高峰，吸氮量占全生育期吸氮总量的50%~60%；吐丝期至籽粒形成期吸收氮仍然较快，吸氮量占全生育期吸氮总量的40%~50%。

夏玉米在苗期对磷的吸收量很小，一般吸磷量占全生育期吸磷总量的0.6%~1.1%，此时也是玉米对磷敏感的时期；拔节期以后磷的吸收速度显著加快，吸收高峰在抽雄期和吐丝期，吸磷量占全生育期吸磷总量的50%~60%；吐丝期至籽粒形成期吸收磷的速度减慢快，吸磷量占全生育期吸磷总量的40%~50%。

夏玉米对钾的吸收速度在生育前期比氮和磷快。夏玉米在苗期对钾的吸收量占全生育期吸钾总量的0.7%~4%；拔节期后迅速增加，到抽雄期和吐丝期的累计吸钾量占全生育期吸钾总量的60%~80%，吸收高峰出现在雄穗小花分化期至抽雄期；在灌浆期至成熟期，对钾的吸收量缓慢下降。

2. 春玉米的需肥特点

综合国内外研究资料，每生产 100 千克籽料，春玉米需吸收氮（N）、磷（P_2O_5）、钾（K_2O）的含量分别为 3.47 千克、1.14 千克和 3.02 千克，三者的比例约为 3:1:2.7；套种春玉米需吸收氮（N）、磷（P_2O_5）、钾（K_2O）的含量分别为 2.45 千克、1.41 千克和 1.92 千克，三者的比例约为 1.7:1:1.4。对养分的吸收常常受到播种季节、土壤肥力、肥料种类和品种特性的影响。

春玉米的需肥高峰比夏玉米来得晚，到拔节、孕穗时对养分吸收开始加快，直到抽雄、开花时达到高峰，在后期灌浆过程中吸收数量减少。春玉米需肥可分为 2 个关键阶段，一是拔节期至孕穗期，二是抽雄期至开花期。

春玉米在不同生育阶段对养分的吸收量和对不同养分的吸收比例变化很大。春玉米在苗期的吸氮量占全生育期吸氮总量的 2.1%，中期（拔节期至抽穗开花）吸氮量占吸氮总量的 51.2%，后期吸氮量占吸氮总量的 46.7%。春玉米对磷的吸收，苗期的吸磷量占全生育期吸磷总量的 1.1%，中期的吸磷量占全生育期吸磷总量的 63.9%，后期的吸磷量占全生育期吸磷总量的 35.0%。春玉米在生育前期吸收钾的速度超过干物质的积累速度，且以苗期最高，以后随植株生长逐渐下降，其吸钾速度和累计吸钾量，均在拔节后迅速上升，至开花期已达顶峰，以后吸收很少。

二、玉米缺素症的诊断与补救

要做好玉米科学施肥，首先要了解玉米缺肥时的各种表现症状。玉米生产中常见的缺素症主要是缺氮、缺磷、缺钾、缺硼、缺钼、缺锰、缺锌、缺铁等，各种缺素症状与补救措施可以参考表 8-12。

表 8-12　玉米缺素症状与补救措施

营养元素	缺素症状	补救措施
氮	株型细瘦，叶色黄绿。首先是下部老叶从叶尖开始变黄，然后沿中脉伸展呈楔形（V 形），叶边缘仍呈绿色，最后整个叶片变黄干枯。缺氮还会引起雌穗形成延迟，甚至不能发育，或穗小、粒少且产量降低	对于春玉米，应施足底肥，有机肥料的质量要高；对于来不及施底肥的夏玉米，要分次追施苗肥、拔节肥和攻穗肥；后期缺氮时，进行叶面喷施，用 2% 尿素溶液连喷 2 次

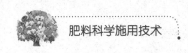

（续）

营养元素	缺素症状	补救措施
磷	幼苗根系减弱，生长缓慢，叶呈紫红色；开花期缺磷，抽丝延迟，雌穗受精不完全，发育不良，粒行不整齐；后期缺磷，果穗成熟推迟	对于春玉米，基施有机肥料和磷肥，混施效果更好；对于夏玉米，由于其生长时间短，一般应施在前茬作物上，若早期发现缺磷，还可开沟后每亩追施过磷酸钙20千克，后期叶面喷施0.2%~0.5%磷酸二氢钾溶液
钾	生长缓慢，叶片呈黄绿色或黄色，老叶边缘及叶尖干枯呈灼烧状是其突出的标志。玉米缺钾严重时，生长停滞，节间缩短，植株矮小，果穗发育不正常，常出现秃顶，籽粒淀粉含量降低，千粒重减少，植株容易倒伏	对于春玉米应施足有机肥料，在高产地块每亩配施氯化钾10千克；对于夏玉米，应在苗期和拔节期每亩追施10~15千克氯化钾，调节氮、钾比例；雨后应及时排水
硼	在早期生长和后期开花阶段植株矮小，生殖器官发育不良，易造成空秆或败育，造成减产。缺硼植株的新叶狭长，叶脉间出现透明条纹，稍后变白变干。缺硼严重时，生长点死亡	对于春玉米，每亩基施硼砂0.5千克，与有机肥料混施效果更好；如果夏玉米在生育前期缺硼，开沟追施或叶面喷施2次浓度为0.1%~0.2%硼酸溶液；还应灌水抗旱，防止土壤干燥
钼	幼嫩叶首先枯萎，随后沿叶边缘枯死；有些老叶顶端枯死，继而叶边和叶脉之间出现枯斑，甚至坏死	可用0.15%~0.2%钼酸铵溶液进行叶面喷施
锰	顺着叶片长出黄色斑点和条纹，最后黄色斑点穿孔，表示这部分组织因被破坏而死亡	每亩用硫酸锰1千克，以条施最为经济。叶面喷施0.1%锰肥溶液，在苗期、拔节期各喷1~2次。每10千克种子用5~8克硫酸锰加150克滑石粉拌匀
锌	苗期和生长中期缺锌时，新生叶片下半部呈浅黄色至白色，随后叶脉之间出现浅黄色斑点或缺绿条纹，有时叶中脉和叶边缘之间出现白色、黄色的组织条带或坏死斑块斑点，此时叶片都呈透明白色，风吹易折	对于春玉米，每亩基施1~2千克硫酸锌；对于来不及基施的夏玉米，可叶面喷施0.2%硫酸锌溶液，在苗期和拔节期各喷2~3次，也可在苗期条施于玉米苗两侧；对缺锌地块，可每10千克种子用40~60克硫酸锌加适量水溶解后浸种或拌种

（续）

营养元素	缺素症状	补救措施
铁	幼苗叶脉间失绿呈条纹状，中、下部叶片出现黄绿色条纹，老叶呈绿色；严重时整个心叶失绿发白，失绿部分色泽均一，一般不出现坏死斑点	每亩用混入 5 ~ 6 千克硫酸亚铁的有机肥料 1000 ~ 1500 千克作为基肥，以减少铁与土壤的接触，提高铁肥有效性；用 0.2% ~ 0.3% 尿素、0.2% ~ 0.3% 硫酸亚铁混合液连喷 2 ~ 3 次；选用耐缺铁品种

三、玉米科学施肥技术

借鉴 2011—2021 年农业农村部玉米科学施肥指导意见和相关测土配方施肥技术研究资料、书籍，提出推荐施肥方法，供农民朋友参考。

1. 黄淮海夏玉米区

我国的夏玉米种植区主要集中在黄淮海地区，包括河南省全部、山东省全部、河北省中南部、陕西省中部、山西省南部、江苏省北部、安徽省北部等。另外，夏玉米在我国西南地区、西北地区、南方丘陵区等地区也有广泛种植。

（1）施肥原则 采取氮肥总量控制、分期量调控的措施；根据土壤中钾的状况，合理施用钾肥。注意配合施用锌、硼等微量元素；实施秸秆还田，培肥地力；与高产优质栽培技术相结合，实施化肥深施。

（2）施肥建议 产量水平为 800 千克/亩以上时，推荐施用氮肥（N）16 ~ 18 千克/亩、磷肥（P_2O_5）6 ~ 8 千克/亩、钾肥（K_2O）5 ~ 8 千克/亩、硫酸锌 1 ~ 2 千克/亩，产量水平为 600 ~ 800 千克/亩时，推荐施用氮肥（N）14 ~ 16 千克/亩、磷肥（P_2O_5）4 ~ 6 千克/亩、钾肥（K_2O）4 ~ 7 千克/亩、硫酸锌 1 ~ 2 千克/亩；产量水平为 400 ~ 600 千克/亩时，推荐施用氮肥（N）12 ~ 14 千克/亩、磷肥（P_2O_5）3 ~ 5 千克/亩、钾肥（K_2O）0 ~ 5 千克/亩、硫酸锌 1 千克/亩；产量水平为 400 千克/亩以下时，推荐施用氮肥（N）10 ~ 12 千克/亩、磷肥（P_2O_5）2 ~ 3 千克/亩、钾肥（K_2O）0 ~ 3 千克/亩。

将氮肥总量的 30% ~ 50% 用作基肥或苗期追肥，50% ~ 70% 用作大喇叭口期和灌浆期追肥。一般在每亩总氮（N）用量超过 14 千克时，分 2 次追肥，但氮肥施用量较低时只在大喇叭口期追肥；磷肥、钾肥和锌肥全

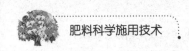

部作为基肥施用，锌肥与磷肥分开施用。在前茬作物施磷肥较多时或对土壤速效磷含量丰富的田块，适当减少磷肥用量。

在小麦秸秆还田后直接播种的地块，应注意避免秸秆覆盖播种行，防止影响玉米出苗和幼苗生长。如果是还田秸秆翻压后再播种，可采取旋耕播种机一次完成秸秆翻压还田和玉米播种。

2. 东北冷凉春玉米区

东北冷凉春玉米区主要包括黑龙江省大部和吉林省东部。

（1）**施肥原则**　依据测土配方施肥结果，确定氮、磷、钾肥的合理用量；氮肥分次施用，高产田适当增加钾肥的施用比例；依据气候和土壤肥力条件，农机和农艺相结合，种肥和基肥配合施用；增施有机肥料，提倡有机无机相结合，秸秆适量还田；重视硫、锌等中、微量元素的施用，对酸化严重的土壤增施碱性肥料；建议玉米和大豆间作或者套种，同时减少化肥施用量，增施有机肥料和生物肥料。

（2）**施肥建议**　推荐 14-18-13（$N-P_2O_5-K_2O$）或相近配方。产量水平为 500～600 千克/亩时，配方肥推荐用量为 23～28 千克/亩，七叶期再追施尿素 11～13 千克/亩；产量水平为 600～700 千克/亩时，配方肥推荐用量为 28～32 千克/亩，七叶期追施尿素 13～16 千克/亩；产量水平为 700 千克/亩以上时，配方肥推荐用量为 32～37 千克/亩，七叶期追施尿素 16～18 千克/亩；产量水平为 500 千克/亩以下时，配方肥推荐用量为 18～23 千克/亩，七叶期追施尿素 9～11 千克/亩。

3. 东北半湿润春玉米区

东北半湿润春玉米区包括黑龙江省西南部、吉林省中部和辽宁省北部。

（1）**施肥原则**　控制氮、磷、钾肥的施用量，氮肥分次施用，适当降低基肥用量，充分利用磷钾肥的后效；一次性施肥的地块，选择缓控释肥料，适当增施磷酸二铵作为种肥；有效钾含量高、产量水平低的地块在施用有机肥料的情况下可以少施或不施钾肥；土壤 pH 高、产量水平高和缺锌的地块注意施用锌肥；长期施用氯基复合肥的地块应改施硫基复合肥；增加有机肥料用量，加大秸秆还田力度；推广应用高产耐密品种，适当增加玉米种植密度，提高玉米产量，充分发挥肥料效果；深松打破犁底层，促进根系发育，提高水肥利用效率；地膜覆盖种植区，可考虑在施底（基）肥时，选用缓控释肥料，以减少追肥次数；中高肥力土壤采用施肥方案推荐量的下限。

（2）**基追结合施肥建议**　推荐 15-18-12（N-P_2O_5-K_2O）或相近配方。产量水平为 550~700 千克/亩时，配方肥推荐用量为 24~31 千克/亩，大喇叭口期再追施尿素 13~16 千克/亩；产量水平 700~800 千克/亩时，配方肥推荐用量为 31~35 千克/亩，大喇叭口期追施尿素 16~18 千克/亩；产量水平为 800 千克/亩以上时，配方肥推荐用量为 35~40 千克/亩，大喇叭口期追施尿素 18~21 千克/亩；产量水平为 550 千克/亩以下时，配方肥推荐用量为 20~24 千克/亩，大喇叭口期追施尿素 10~13 千克/亩。

（3）**一次性施肥建议**　推荐 29-13-10（N-P_2O_5-K_2O）或相近配方。产量水平为 550~700 千克/亩时，配方肥推荐用量为 33~41 千克/亩，作为基肥或苗期追肥一次性施用；产量水平为 700~800 千克/亩时，要求有 30% 释放期为 50~60 天的缓控释氮肥，配方肥推荐用量为 41~47 千克/亩，作为基肥或苗期追肥一次性施用；产量水平为 800 千克/亩以上时，要求有 30% 释放期为 50~60 天的缓控释氮肥，配方肥推荐用量为 47~53 千克/亩，作为基肥或苗期追肥一次性施用；产量水平为 550 千克/亩以下时，配方肥推荐用量为 27~33 千克/亩，作为基肥或苗期追肥一次性施用。

4. 东北半干旱春玉米区

东北半干旱春玉米区包括吉林省西部、内蒙古自治区东北部和黑龙江省西南部。

（1）**施肥原则**　采用有机肥料和无机肥料结合的施肥技术，风沙土可采用秸秆覆盖免耕施肥技术；氮肥深施，施肥深度应达 8~10 厘米；分次施肥，提倡大喇叭口期追施氮肥；充分发挥水肥耦合效应，利用玉米对水肥需求最大效率期同步的规律，结合灌水施用氮肥；掌握平衡施肥原则，氮、磷、钾肥供应比例协调，缺锌地块要注意锌肥的使用；根据该区域的土壤特点采用生理酸性肥料，种肥宜采用磷酸一铵；中高肥力土壤采用施肥方案推荐量的下限。

（2）**施肥建议**　推荐 13-20-12（N-P_2O_5-K_2O）或相近配方。产量水平为 450~600 千克/亩时，配方肥推荐用量为 25~33 千克/亩，大喇叭口期追施尿素 10~14 千克/亩；产量水平为 600 千克/亩以上时，配方肥推荐用量为 33~38 千克/亩，大喇叭口期追施尿素 14~16 千克/亩；产量水平 450 千克/亩以下时，配方肥推荐用量为 19~25 千克/亩，大喇叭口期追施尿素 8~10 千克/亩。

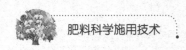

5. 东北温暖湿润春玉米区

东北温暖湿润春玉米区包括辽宁省的大部和河北省东北部。

（1）施肥原则 依据测土配方施肥结果，确定合理的氮、磷、钾肥用量；氮肥分次施用，尽量不采用一次性施肥，高产田适当增加钾肥施用比例和次数；加大秸秆还田力度，增施有机肥料，提高土壤有机质含量；重视硫、锌等中、微量元素的施用；肥料施用必须与深松、增密等高产栽培技术相结合；中高肥力土壤采用施肥方案推荐量的下限。

（2）施肥建议 推荐 17-17-12（N-P_2O_5-K_2O）或相近配方。产量水平为 500～600 千克/亩时，配方肥推荐用量为 24～29 千克/亩，大喇叭口期追施尿素 14～16 千克/亩；产量水平为 600～700 千克/亩时，配方肥推荐用量为 29～34 千克/亩，大喇叭口期追施尿素 16～19 千克/亩；产量水平为 700 千克/亩以上时，配方肥推荐用量为 34～39 千克/亩，大喇叭口期追施尿素 19～22 千克/亩；产量水平为 500 千克/亩以下时，配方肥推荐用量为 20～24 千克/亩，大喇叭口期追施尿素 11～14 千克/亩。

6. 西北雨养旱作春玉米区

西北雨养旱作春玉米区包括河北省北部、北京市北部、内蒙古自治区南部、山西省大部、陕西省北部、宁夏回族自治区北部、甘肃省东部。

（1）施肥原则 提倡有机无机相结合，以施用腐熟和含水量偏大的有机肥料为好；贯彻肥料深施原则，施肥深度达 10～20 厘米，播前表面撒施肥料要做到随撒随耕；掌握平衡施肥原则，缺锌地块要注意锌肥的使用；根据春玉米需肥特性施肥，提倡大喇叭期追施氮肥。

（2）基追结合施肥建议 推荐 15-20-10（N-P_2O_5-K_2O）或相近配方。产量水平为 450～600 千克/亩时，配方肥推荐用量为 30～35 千克/亩，大喇叭口期追施尿素 12～16 千克/亩；产量水平为 600～700 千克/亩时，配方肥推荐用量为 35～40 千克/亩，大喇叭口期追施尿素 16～19 千克/亩；产量水平为 700 千克/亩以上时，配方肥推荐用量为 40～45 千克/亩，大喇叭口期追施尿素 19～22 千克/亩；产量水平为 450 千克/亩以下时，配方肥推荐用量为 20～25 千克/亩，大喇叭口期追施尿素 10～12 千克/亩。

（3）一次性施肥建议 推荐 26-13-6（N-P_2O_5-K_2O）或相近配方。产量水平为 450～600 千克/亩时，配方肥推荐用量为 45～50 千克/亩，作为基肥或苗期追肥一次性施用；产量水平为 600～700 千克/亩时，可以施用 20%～40% 释放期为 50～60 天的缓控释氮肥，配方肥推荐用量为 50～55 千克/亩时，作为基肥或苗期追肥一次性施用；产量水平为 700 千克/亩以上时，可以施用20%~40%释放期为50~60天的缓控释氮，配方肥推荐用量为55~60千克/亩，作为基肥或苗期追肥一次性施用；产量水平为450千克/亩以下时，配方肥推荐用量为30~40千克/亩，作为基肥或苗期追肥一次性施用。

7. 北部灌溉春玉米区

北部灌溉春玉米区包括内蒙古自治区东部和中部、陕西省北部、宁夏回族自治区北部、甘肃省东部。

（1）施肥原则　提倡有机无机相结合；肥料深施，施肥深度应达10~20厘米，播前表面撒施肥料要做到随撒随耕；氮、磷、钾肥供应比例协调，缺锌地块要注意锌肥的使用；根据玉米需肥特性施肥，分次施肥，提倡大喇叭期追施氮肥；充分发挥水肥耦合效应，利用玉米对水肥需求最大效率期同步的规律，结合灌水施用氮肥。

（2）施肥建议　推荐13-22-10（N-P_2O_5-K_2O）或相近配方。产量水平为500~650千克/亩时，配方肥推荐用量为30~40千克/亩，大喇叭口期追施尿素15~17千克/亩；产量水平为650~800千克/亩时，配方肥推荐用量为40~45千克/亩，大喇叭口期追施尿素17~20千克/亩；产量水平800千克/亩以上时，配方肥推荐用量为45~50千克/亩，大喇叭口期追施尿素20~25千克/亩；产量水平为500千克/亩以下时，配方肥推荐用量为25~30千克/亩，大喇叭口期追施尿素13~15千克/亩。

8. 西北绿洲灌溉春玉米区

西北绿洲灌溉春玉米区包括甘肃省中西部、新疆维吾尔自治区全部。

（1）施肥原则　基肥为主，追肥为辅；农家肥为主，化肥为辅；氮肥为主，磷肥为辅；穗肥为主，粒肥为辅；实行测土配方施肥，适当减少氮肥用量；依据土壤中钾的状况，高效施用钾肥；注意锌等微量元素配合；提倡秸秆还田，培肥地力；施肥后墒情较差时，及时灌水；提倡膜下滴灌水肥一体化施肥技术；倡导氮肥分次施用，适当增加氮肥的追肥比例；适当增加种植密度，构建合理群体，提高肥料效应。

（2）施肥建议　推荐17-23-6（N-P_2O_5-K_2O）或相近配方。产量水平为550~700千克/亩时，配方肥推荐用量为25~35千克/亩，大喇叭口期追施尿素10~15千克/亩；产量水平为700~800千克/亩时，配方肥推荐用量为35~40千克/亩，大喇叭口期追施尿素15~20千克/亩；产量水平为800千克/亩以上时，配方肥推荐用量为40~45千克/亩，大喇叭口期追施尿素20~25千克/亩。产量水平为550千克/亩以下时，配方肥推荐

用量为 20~25 千克/亩，大喇叭口期追施尿素 10~15 千克/亩。

第四节　大豆科学施肥

根据耕作栽培制度、自然条件，我国大豆主要生长在北方地区，以东北地区和黄淮地区为大豆的主要产区。

一、大豆的需肥特点

1. 东北春播大豆的需肥特点

东北大豆的生长发育过程分为苗期、分枝期、开花期、结荚期、鼓粒期和成熟期。大豆是需肥较多的作物，一般认为，每生产 100 千克东北大豆，需吸收氮（N）5.3~7.2 千克、磷（P_2O_5）1~1.8 千克、钾（K_2O）1.3~4.0 千克。大豆生长所需的氮并不完全需要由根系从土壤中吸收，而仅需从土壤中吸收 1/3 的氮，其余 2/3 的氮则由根瘤菌来满足大豆生长发育的需要。

大豆在苗期和分枝期的吸氮量占全生育期吸氮总量的 15%，分枝期至开花期的吸氮量占 16.4%，开花期至结荚期的吸氮量占 28.3%，鼓豆期的吸氮量占 24%，开花期至鼓粒期是大豆吸氮的高峰期。苗期至初花期的吸磷量占全生育期吸磷总量的 17%，初花期至鼓豆期的吸磷量占 70%，鼓粒期至成熟期的吸磷量占 13%，大豆生长中期对磷的需要量最多。大豆在开花前累计吸钾量占全生育期吸钾量的 43%，开花期至鼓粒期的吸钾量占 39.5%，鼓粒期至成熟期仍需吸收超过 17% 的钾。由上可见，开花期至鼓粒期既是大豆干物质累积的高峰期，又是吸收氮、磷、钾养分的高峰期。

2. 黄淮夏播大豆的营养需求特点

黄淮大豆的生长发育过程分为苗期、分枝期、开花期、结荚期、鼓粒期和成熟期。每生产 100 千克黄淮大豆，需吸收氮（N）6.5~8.52 千克、磷（P_2O_5）1.8~2.8 千克、钾（K_2O）2.7~3.7 千克、钙（CaO）3.5~4.8 千克、镁（Mg）1.8~2.9 千克、锌（Zn）4.5~9.5 克。其对主要营养元素的吸收积累高峰在开花期至结荚期，氮、磷、钾的 60%~70% 在此期吸收；其吸收的总氮量的 40%~60% 来源于共生固氮，而共生固氮又受土壤氮、磷、钾、钙、镁、锌等及土壤 pH 影响；大豆成熟阶段营养器官的养分向籽粒转移率高，氮、磷、钾的转移率分别达 58%~77%、60%~75%、45%~75%。

在苗期，大豆根瘤菌着生的数量少而小，植株尚不能或很少利用根瘤共生固氮供给的氮，大豆主要从土壤中吸收氮，因此苗期对氮肥特别敏感，适量的氮肥有利于促进根瘤菌的发育。大豆是需磷较多的作物，大豆的吸磷量几乎与大豆产量成比例增加。大豆在苗期至初花期的吸磷量仅为全生育期吸磷总量的15%，开花期至结荚期的吸磷量占60%，结荚期至鼓粒期的吸磷量占20%，在鼓粒期后则很少吸收磷。在大豆的生育期中，对钾的吸收主要在苗期至开花结荚期，约在出苗后第8～9周对钾的吸收达到高峰，结荚期和成熟期对钾的吸收速度降低，主要是茎叶中的钾向荚粒中转移。

二、大豆缺素症的诊断与补救

要做好大豆科学施肥，首先要了解大豆缺肥时的各种表现症状。大豆生产中常见的缺素症主要是缺氮、缺磷、缺钾、缺锌等，各种缺素症状与补救措施可以参考表8-13。

表8-13　大豆缺素症状与补救措施

营养元素	缺素症状	补救措施
氮	叶片变成浅绿色，植株生长缓慢，叶片逐渐变黄	应及时追施氮肥，每亩追施尿素5～7.5千克，或用1%～2%尿素溶液进行叶面喷施，每隔7天左右喷施1次，共喷2～3次
磷	根瘤少，茎细长，植株下部的叶呈深绿色，叶厚、凹凸不平、狭长；缺磷严重时，叶脉呈黄褐色，随后全叶呈黄色	及时追施磷肥，每亩可追施过磷酸钙12.5～17.5千克或用2%～4%过磷酸钙浸出液进行叶面喷施，每隔7天左右喷施1次，共喷2～3次
钾	老叶从叶片边缘开始出现不规则的黄色斑点并逐渐扩大，叶片中部叶脉附近及其他部分仍为绿色，籽粒常皱缩、变形	每亩可追施氯化钾4～6千克或用0.1%～0.2%磷酸二氢钾溶液进行叶面喷施，每隔7天左右喷施1次，共喷2～3次
硼	生长变慢，幼叶变为浅绿色，叶畸形，节间缩短，茎尖分生组织死亡，不能开花	可用0.1%～0.2%硼砂溶液进行叶面喷施

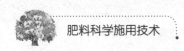

营养元素	缺素症状	补救措施
钼	叶色浅黄，生长不良，表现出类似缺氮的症状，严重时中脉坏死，叶片变形	可用 0.05%~0.1% 钼酸铵溶液进行叶面喷施
锰	症状从上部叶开始显现，脉间组织失绿，呈浅绿色至黄白色，并伴有褐色坏死斑点或灰色等杂色斑，叶脉仍保持绿色，叶片变薄易呈下披状；生育期后期缺锰时，籽粒不饱满，甚至出现坏死	发现缺锰时，及时用 0.5%~1.0% 硫酸锰溶液进行叶面喷施
锌	幼叶逐渐发生失绿症，失绿症开始时发生于叶脉间，逐步蔓延到整个叶片，看不到明显的绿色叶脉	可用 0.1%~0.2% 硫酸锌溶液进行叶面喷施
铁	早期表现为上部叶片发黄并有点卷曲，叶脉仍保持绿色，严重缺铁时，新长出的叶片包括叶脉在内几乎变成白色，而且很快在靠近叶缘的地方出现棕色斑点，老叶变黄、枯萎而脱落	可用 0.4%~0.6% 硫酸亚铁溶液进行叶面喷施

三、大豆科学施肥技术

借鉴 2011—2021 年农业农村部大豆科学施肥指导意见和相关测土配方施肥技术研究资料、书籍，提出推荐施肥方法，供农民朋友参考。

1. 东北春播大豆区

东北春播大豆区包括黑龙江省、吉林省、辽宁省、内蒙古自治区东部、河北省北部、北京市、天津市等。

（1）施肥原则　根据测土配方施肥结果，控制氮肥用量，适当减少磷肥施用比例，对于高产大豆可适当增加钾肥施用量，并提倡施用根瘤菌；在偏酸性土壤上，建议选择生理碱性肥料或生理中性肥料，磷肥选择钙镁磷肥，钙肥选择石灰；提倡侧深施肥，施肥位置在种子侧面 5~7 厘米处，种子下面 5~8 厘米处；如做不到侧深施肥可采用分层施肥，施肥深度在种子下面 3~4 厘米处的施肥量占 1/3，6~8 厘米处的施肥量占

2/3；难以做到分层施肥时，在北部高寒、有机质含量高的地块采取侧施肥，其他地区采取深施法，尤其磷肥要集中施到种下10厘米处。补施硼肥和钼肥，在缺素症状较轻的地区，钼肥可采取拌种的方式施用，最好和根瘤菌剂混合拌种，提高接瘤效率。在"镰刀弯"种植区域和玉米改种大豆区域，要大幅减少氮肥用量、控制磷肥用量，增施有机肥料、根瘤菌肥及中、微量元素肥料。

（2）施肥建议 依据大豆养分需求，氮、磷、钾（N-P_2O_5-K_2O）的施用比例在高肥力土壤中为1∶1.2∶（0.3～0.5）；在低肥力土壤中可适当增加氮肥和钾肥用量，氮、磷、钾肥的施用比例为1∶1∶（0.3～0.7）。产量水平为130～150千克/亩时，推荐施用氮肥（N）2～3千克/亩、磷肥（P_2O_5）2～3千克/亩、钾肥（K_2O）1～2千克/亩；产量水平为150～175千克/亩时，推荐施用氮肥（N）3～4千克/亩、磷肥（P_2O_5）3～4千克/亩、钾肥（K_2O）2～3千克/亩；产量水平为175千克/亩以上时，推荐施用氮肥（N）3～4千克/亩、磷肥（P_2O_5）4～5千克/亩、钾肥（K_2O）2～3千克/亩。在低肥力土壤中可适当增加氮肥和钾肥用量，氮、磷、钾肥的施用量为：氮肥（N）为4～5千克/亩、磷肥（P_2O_5）为5～6千克/亩、钾肥（K_2O）为2～3千克/亩。在高产区或土壤钼、硼缺乏区域，应补施硼肥和钼肥；在缺素症状较轻的地区，可采取微肥拌种的方式。提倡施用大豆根瘤菌剂。

2. 黄淮海夏播大豆区

黄淮海夏播大豆区包括河北省南部、山西省南部、陕西省东南部、河南省、山东省、安徽省及江苏省东北部等地区。

（1）施肥原则 根据测土配方施肥结果，对土壤中磷、钾相对较丰富的大豆种植区，适当减少磷钾肥施用比例；对大豆高产种植区，可适当增加施肥量，改氮肥一次施用为开花结荚期分次追施。提倡分层施肥，施肥深度在种子下面3～4厘米处的施肥量占1/3，6～8厘米处的施肥量占2/3；无法做到分层施肥时，可在有机质含量高的地块采取浅施，其他地区采取深施，尤其磷肥要集中深施到种下10厘米处。补施硼肥和钼肥，在缺素症状较轻的地区，可采取微肥拌种的方式，最好和根瘤菌剂混合拌种，提高结瘤效率。

（2）施肥建议 产量水平为130～150千克/亩时，对高、低肥力田块的氮磷钾纯养分总用量分别为3～4千克/亩和4～6千克/亩。产量水平为150～175千克/亩时，对高、低肥力田块的纯养分总用量分别为5～7千克/亩

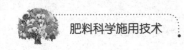

和6~8千克/亩；依据大豆养分需求，氮、磷、钾（N-P$_2$O$_5$-K$_2$O）的施用比例在高肥力土壤中为1:1.2:（0.3~0.5），在低肥力土壤中的施用比例为1:1:（0.3~0.5）。产量水平为175~200千克/亩时，土壤纯养分总用量为9~11千克/亩；氮、磷、钾（N-P$_2$O$_5$-K$_2$O）的施用比例在高肥力土壤中为1:1.2:（0.4~0.6），在低肥力土壤中为1:1:（0.4~0.6）。在开花期撒施或喷施尿素，施用量为施用总氮量的30%~50%。

磷肥和钾肥及硼肥和锌肥基施；氮肥的60%~70%基施，30%~40%追施；钼肥用于拌种。对于土壤缺乏微量元素的情况，适当喷施0.2%硫酸锌溶液（或0.2%硼砂溶液或0.05%钼酸铵溶液），如果已用钼酸铵拌种，后期就不必再喷施钼肥了。提倡大豆行间秸秆覆盖还田，每亩还田量为200~300千克。

 # 第五节 马铃薯科学施肥

马铃薯属于茄科，为多年生草本植物，块茎可供食用。马铃薯在东北和鄂西北称土豆，在华北称山药蛋，在西北和两湖地区称洋芋，在江浙一带称洋番芋或洋山芋，在广东称薯仔，在粤东一带称荷兰薯，在闽东地区则称番仔薯。2015年我国启动了马铃薯主粮化战略，推进把马铃薯加工成馒头、面条、米粉等主食，马铃薯将成稻米、小麦、玉米、大豆外的第五大主粮。

一、马铃薯的需肥特点

马铃薯的需肥特点是以钾的吸收量最大，氮次之，磷最少，马铃薯是一种喜钾作物。试验结果表明，每生产1000千克块茎，需吸收氮（N）4.5~5.5千克、磷（P$_2$O$_5$）1.8~2.2千克、钾（K$_2$O）8.1~10.2千克，氮、磷、钾的吸收比例为1:0.4:2。

马铃薯在苗期吸肥量很少，到发棵期吸肥量迅速增加，到结薯初期达到最高峰，而后吸肥量急剧下降。苗期是马铃薯的营养生长期，此期植株吸收的氮、磷、钾的量分别为各自全生育期养分吸收总量的18%、14%、14%；在养分来源上，前期主要是靠种薯供应，在种薯萌发新根后，靠从土壤和肥料中吸收养分。块茎形成期所吸收的氮、磷、钾的量分别占吸收总量的35%、30%、29%，而且吸收速度快，此期供肥的好坏将影响结薯的多少。在块茎肥大期，马铃薯主要以块茎生长为主，植株吸收的氮、磷、钾的量分别占吸收总量的35%、35%、43%，此期养分需求量最大，吸收速率仅次于块茎形成期。在淀粉积累期，叶中的养分向块茎转移，茎叶逐渐枯萎，养分吸收减少，植株吸收的氮、磷、钾的量分别占吸收总量的12%、21%、14%，此期供应一定的养分对块茎的形成与淀粉积累具有重要意义。马铃薯除需要吸收大量的大量元素之外，还需要吸收钙、镁、硫、锰、锌、硼、铁等中、微量元素。马铃薯对氮肥、磷肥、钾肥的需要量随茎叶和块茎的不断生长而增加，块茎形成盛期的需肥量约占总需肥量的60%，生长初期与末期的需肥量约各占总需肥量的20%。

二、马铃薯缺素症的诊断与补救

要做好马铃薯科学施肥，首先要了解马铃薯缺肥时的各种表现症状。马铃薯生产中常见的缺素症主要是缺氮、缺磷、缺钾、缺钙、缺镁、缺硼、缺铁、缺铜等，各种缺素症状与补救措施可以参考表8-14。

表8-14　马铃薯缺素症状与补救措施

营养元素	缺素症状	补救措施
氮	植株生长缓慢，植株矮小，叶片变为黄绿色并卷曲，严重的会造成叶片提前脱落、块茎小，造成减产	采用腐熟农家肥做底肥，氮肥用作追肥，植株发生缺氮情况时，可每亩施尿素7~10千克，也可用2%尿素溶液进行叶面喷施以快速补充氮
磷	植株矮小，分枝少，叶片上卷、呈暗绿色，根系减少，块茎上有褐色斑痕	可在基肥中加入20千克过磷酸钙，在开花期施15千克过磷酸钙或叶面喷施0.2%磷酸二氢钾溶液
钾	植株叶片发黄、向下卷缩、叶尖萎缩，块茎内部有蓝色晕圈。马铃薯缺钾一般出现在块茎发育期，若不注意钾的补充会严重降低产量	可在基肥中混入草木灰，在收获前叶面喷施2%硫酸钾溶液或3%草木灰浸出液，每隔10天喷施1次，持续3次
钙	幼叶边缘会出现浅绿色的纹路，之后皱缩坏死，成熟叶片会上卷并出现褐色斑点。侧芽会向外生长，严重的会导致植株顶芽或腋芽死亡，根部易坏死、块茎小、易畸形	检测土壤酸度，施用适量的石灰；增施有机肥料或叶面喷施0.4%硝酸钙或氯化钙溶液，每3天喷施1次，持续3~4次。适量施用氮肥，注意控制土壤含水量

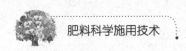

(续)

营养元素	缺素症状	补救措施
镁	影响植株叶绿素的合成，使老叶加快失绿并向中心扩展，严重时叶片失绿坏死，块茎生长受到抑制	调理土壤酸碱度，中和土壤酸度；施用充分腐熟的有机肥料，施肥配比要合理，也可叶面喷施 0.2%硫酸镁溶液，每隔 3 天喷施 1 次
硼	根、茎停止生长，侧根生长；叶片粗糙、向下卷曲、提早脱落；叶柄增粗变短或有环节凸起，块茎少而畸形，表皮有裂痕	可在基肥中加入硼酸，苗期至花期可穴施 0.7 千克硼砂，也可在开花期叶面喷施 0.1 硼砂溶液
铁	易导致失绿症，叶片容易变黄、白化，但叶片上没有斑点，缺铁严重时叶片全部变黄甚至变白	注意增施有机肥料，改良土壤酸碱性、通透性；可叶面喷施 0.4%硫酸亚铁溶液，每隔 7 天喷施 1 次，持续 2 ~ 3 次
铜	植株衰弱，新叶失绿、向上卷曲，叶片出现坏死斑点，老叶加速黄化枯死	可叶面喷施 0.03%硫酸铜溶液以缓解症状

三、马铃薯科学施肥技术

借鉴 2011—2021 年农业农村部马铃薯科学施肥指导意见和相关测土配方施肥技术研究资料、书籍，提出推荐施肥方法，供农民朋友参考。

1. 北方马铃薯作区

北方马铃薯作区包括内蒙古自治区、甘肃省、宁夏回族自治区、河北省、山西省、陕西省、青海省及新疆维吾尔自治区。

（1）施肥原则　依据测土配方施肥结果和目标产量，确定氮、磷、钾肥的合理用量；降低氮肥的基施比例，适当增加氮肥的追施次数，加强块茎形成期与块茎膨大期的氮肥供应；依据土壤中、微量元素养分含量状况，在马铃薯旺盛生长期叶面喷施适量的中、微量元素肥料；增施有机肥料，提倡有机肥料和无机肥料配合施用；肥料施用应与病虫草害防治技术相结合，尤其需要注意病害防治；尽量实施水肥一体化技术。

（2）施肥建议　推荐 11-18-16（N-P_2O_5-K_2O）或相近配方作为种肥，尿素与硫酸钾（或氮钾复合肥）作为追肥。产量水平为 3000 千克/亩以上时，配方肥（种肥）推荐用量为60千克/亩，苗期到块茎膨大期分次追施尿素18～20千克/亩、硫酸钾12～15千克/亩；产量水平为2000～3000千克/亩时，配方肥（种肥）推荐用量为50千克/亩，苗期到块茎膨大期分次追施尿素15～18千克/亩、硫酸钾8～12千克/亩；产量水平为1000～2000千克/亩时，配方肥（种肥）推荐用量为40千克/亩，苗期到块茎膨大期追施尿素10～15千克/亩、硫酸钾5～8千克/亩；产量水平为1000千克/亩以下时，建议施用19-10-16或相近配方的配方肥35～40千克/亩。

2. 南方春作马铃薯区

南方春作马铃薯区包括云南省、贵州省、广西壮族自治区、广东省、湖南省、四川省、重庆市等丘陵山地。

（1）施肥原则　依据测土配方施肥结果和目标产量，确定氮、磷、钾肥的合理用量；依据土壤肥力条件，优化氮、磷、钾肥的用量；增施有机肥料，提倡有机无机相结合；忌用没有充分腐熟的有机肥料；依据土壤中钾的养分含量状况，适当增施钾肥；肥料分配上以基肥和追肥结合为主，追肥以氮钾肥为主；依据土壤中中量元素和微量元素的养分含量状况，在马铃薯旺盛生长期叶面喷施适量的中、微量元素肥料；肥料施用应与高产优质栽培技术相结合，尤其需要注意病害防治。

（2）施肥建议　推荐13-15-17（$N-P_2O_5-K_2O$）或相近配方作为基肥，尿素与硫酸钾（或氮钾复合肥）作为追肥；也可选择15-10-20或相近配方作为追肥。产量水平为3000千克/亩以上时，配方肥（基肥）推荐用量为60千克/亩，苗期到块茎膨大期分次追施尿素10～15千克/亩、硫酸钾10～15千克/亩，或追施配方肥20～25千克/亩；产量水平为2000～3000千克/亩时，配方肥（基肥）推荐用量为50千克/亩，苗期到块茎膨大期分次追施尿素5～10千克/亩、硫酸钾8～12千克/亩，或追施配方肥15～20千克/亩；产量水平为1500～2000千克/亩时，配方肥（基肥）推荐用量40千克/亩，苗期到块茎膨大期分次追施尿素5～10千克/亩、硫酸钾5～10千克/亩，或追施配方肥10～15千克/亩；产量水平为1500千克/亩以下时，建议施用配方肥（基肥）推荐用量为40千克/亩，苗期到块茎膨大期分次追施尿素3～5千克/亩、硫酸钾4～5千克/亩，或追施配方肥10千克/亩。

每亩施用1500～2500千克有机肥料作为基肥；若基肥施用了有机肥料，可酌情减少化肥用量。对于缺乏硼或锌的土壤，可基施硼砂1千克/

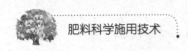

亩或硫酸锌1~2千克/亩。

3. 南方秋作马铃薯区

南方秋作马铃薯区包括长江以南各省。

（1）施肥原则　针对南方秋冬季马铃薯生产时的有机肥料和钾肥施用不足等问题，提出以下施肥原则：依据土壤肥力条件优化氮、磷、钾肥的用量；增施有机肥料，提倡有机无机相结合和秸秆覆盖；忌用没有充分腐熟的有机肥料；依据土壤中钾的状况，适当增施钾肥；肥料分配上以基肥和追肥结合为主，追肥以氮钾肥为主；肥料施用应与高产优质栽培技术相结合。

（2）施肥建议　产量水平为3000千克/亩以上时，推荐施用氮肥（N）11~13千克/亩、磷肥（P_2O_5）5~6千克/亩、钾肥（K_2O）14~18千克/亩；产量水平为2000~3000千克/亩时，推荐施用氮肥（N）9~11千克/亩、磷肥（P_2O_5）4~5千克/亩、钾肥（K_2O）12~14千克/亩；产量水平为1500~2000千克/亩时，推荐施用氮肥（N）7~9千克/亩、磷肥（P_2O_5）3~4千克/亩、钾肥（K_2O）9~12千克/亩；产量水平为1500千克/亩以下时，推荐施用氮肥（N）6~7千克/亩、磷肥（P_2O_5）3~4千克/亩、钾肥（K_2O）7~8千克/亩。

每亩施用1500~2500千克有机肥料作为基肥；若基肥施用了有机肥料，可酌情减少化肥用量。对于缺乏硼或锌的土壤，可基施硼砂1千克/亩或硫酸锌1~2千克/亩。对于缺乏硫的土壤，选用含硫肥料，或基施硫黄2千克/亩。氮肥和钾肥的40%~50%用作基肥，50%~60%用作追肥，磷肥全部用作基肥；对于在马铃薯生长季降雨量大的地区和土壤质地偏砂的田块应分次施用钾肥。

第九章

主要经济作物科学施肥

我国地域广阔，种植的经济作物种类繁多，主要有纤维作物（棉花、黄麻、红麻、苎麻、亚麻等）、油料作物（油菜、花生、芝麻、向日葵等）、糖料作物（甘蔗、甜菜）、嗜好类作物（烟草、茶叶等）及一些其他经济林木。

第一节 棉花科学施肥

我国棉花种植主要集中在黄河流域、长江流域和西北内陆3个棉区。新疆维吾尔自治区、山东省、河南省、江苏省、河北省、湖北省、安徽省7个省区是我国的主要产棉区，植棉面积和产量占全国的85%左右。

一、棉花的需肥特点

1. 华北棉区棉花的需肥特点

在华北棉区，高、中、低3种产量水平的棉花吸收养分的动态基本一致，即苗期吸收养分较少，现蕾后明显增多，花铃期达到高峰，吐絮期后显著降低。氮、磷、钾养分的吸收高峰期分别出现在开花前4、5、6天。

华北棉区棉花从出苗至现蕾需40～45天，这段时期称为苗期。此期以长根、茎、叶等营养器官为主，并开始花芽分化。由于华北棉区棉花苗期气温较低，棉株生长较慢，对养分需求不大。出苗10～20天是棉花吸磷的临界期，需要注意磷肥的供应。根据综合资料统计，华北棉区棉花在苗期吸收氮、磷、钾的量分别占其全生育期总吸收量的4.5%～6.5%、3.0%～3.8%、3.7%～9.0%。

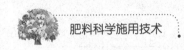

蕾期即从现蕾至开花的一段时期（24～30 天）。蕾期棉花生长加快，根系吸收能力很强，需肥量增加。根据综合资料统计，华北棉区棉花在蕾期吸收氮、磷、钾的量分别占其全生育期总吸收量的 25.8%～30.4%、18.5%～28.7%、28.0%～31.6%。蕾期是棉花生长发育的转折时期，也是增蕾增铃的关键时期。

花铃期是指从开花到棉铃吐絮的时期（50～60 天）。棉花开花后，特别是结铃后营养生长减弱，但在盛花结铃前的 10 天左右是高产棉花生长最旺盛的时期。根据综合资料统计，华北棉区棉花在花铃期吸收氮、磷、钾的量分别占其全生育期总吸收量的 54.8%～62.4%、64.4%～67.2%、61.6%～63.2%。

成熟期是指从棉铃吐絮至收花结束的时期，也称吐絮期。此期棉花营养生长基本停止，进入生殖生长期。根据综合资料统计，华北棉区棉花在成熟期吸收氮、磷、钾的量分别占其全生育期总吸收量的 2.7%～12.2%、1.1%～10.9%、1.3%～6.3%。

2. 长江流域棉区棉花的需肥特点

在长江流域棉区，棉花对氮的吸收规律为：苗期较低，蕾期明显增加，花铃期最高，吐絮期逐渐减少。磷的吸收量在苗期、蕾期低于氮、钾的吸收量，在开花期后高于氮、钾的吸收量。钾的吸收量在苗期、蕾期显著高于氮、磷的吸收量，花铃期较高，而吐絮期明显下降，显著低于氮、磷的吸收量。在现蕾期前吸磷量占全生育期吸磷总量的 3%～5%，吸钾量占全生育期吸钾总量的 2%～3%；在现蕾期至开花期吸收的氮、磷的量占全生育期吸收氮、磷总量的 25%～30%，钾占全生育期吸钾总量的 12%～15%；在开花期至吐絮期吸收的氮、磷的量占全生育期吸收氮、磷总量的 65%～70%，钾占全生育期吸钾总量的 75%～80%。

3. 内陆棉区棉花的需肥特点

内陆棉区棉花从出苗期至现蕾期主要以长根、茎、叶等营养器官为主。根据综合资料统计，该区棉花苗期吸收氮、磷、钾的量分别占其全生育期总吸收量的 3.0%～4.5%、3.0%～4.0%、3.0%～4.2%，氮、磷、钾的吸收比例为 1：（0.27～0.33）：（0.78～0.93）。该期吸收的氮量超过吸收的磷、钾量。

蕾期是棉花营养生长与生殖生长并进时期，但仍以营养生长为主，主要是增根、长茎、增枝和增叶，同时形成大量的蕾、花和铃。根据综合资料统计，内陆棉区棉花在蕾期吸收氮、磷、钾的量分别占其全生育期总吸收量的20%~25%、17%~18%、33%~40%，氮、磷、钾的吸收比例为1:(0.28~0.34):(1.47~1.54)。钾的吸收量明显高于氮、磷。

棉花进入盛花期以后，棉株的营养生长高峰已过，开始转入以生殖生长为主的阶段，此期棉株开始大量开花、结铃，生长中心是增铃、保铃和增铃重。根据综合资料统计，内陆棉区棉花在花铃期吸收氮、磷、钾的量分别占其全生育期总吸收量的60%~63%、55%~64%、56%~62%，氮、磷、钾的吸收比例为1:(0.37~0.40):(0.86~1.05)。磷的吸收比例较前期明显增加，钾的吸收比例开始下降。

在成熟期，棉花仍以生殖生长为主。根据综合资料统计，内陆棉区棉花在成熟期吸收氮、磷、钾的量分别占其全生育期总吸收量的15%~18%、3%~6%、1.8%~3.0%，氮、磷、钾的吸收比例为1:(0.45~0.60):(0.19~0.31)。磷的吸收比例进一步提高，钾的吸收比例继续下降。

二、棉花缺素症的诊断与补救

要做好棉花科学施肥，首先要了解棉花缺肥时的各种表现症状。棉花生产中常见的缺素症主要是缺氮、缺磷、缺钾、缺硼、缺锰、缺锌、缺钼等，各种缺素症状与补救措施可以参考表9-1。

表9-1 棉花缺素症状与补救措施

营养元素	缺素症状	补救措施
氮	生长缓慢，植株矮小，叶片黄化，果枝数和果节数少、脱落多。严重缺氮时，下部老叶发黄、变为褐色，最后干枯脱落以致成桃数少，单铃重低，产量低	苗期缺氮时，每亩开沟追施尿素2.5~4.0千克；蕾期缺氮时，每亩开沟追施尿素4.0~5.0千克；花铃期缺氮时，开沟追施尿素10~15千克；花铃期后缺氮时，用1%~2%尿素溶液进行叶面喷施
磷	棉花地上部分和地下部分均受到严重抑制，表现为植株矮小，根系不发达，叶片小并呈暗绿色，茎秆细而硬，茎和叶柄呈紫色，结铃和成熟都推迟，成铃减少，产量降低	苗期或蕾期缺磷时，开沟追施过磷酸钙10~15千克；后期缺氮时，用2%~3%过磷酸钙浸出液进行叶面喷施

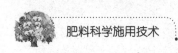

（续）

营养元素	缺素症状	补救措施
钾	在苗期或蕾期，主茎中部叶片首先出现叶肉失绿，进而转为浅黄色，但叶脉仍正常。随后在叶间出现棕色斑点，斑点中心部位死亡，叶尖和叶边缘似烧焦状、向下卷曲，最后整个叶片变成棕红色。叶片过早干燥脱落，棉桃瘦小，吐絮不畅，产量低，纤维品质差，一般称为"红叶茎枯病"，在湖北称"凋枯病"	前期缺钾时，开沟追施氯化钾 5～10 千克或草木灰 40～50 千克；后期缺钾时，用 0.2%～0.3% 磷酸二氢钾溶液进行叶面喷施
硼	出现"蕾而不花"的典型症状，出苗后子叶小，植株矮。在真叶出现之前，子叶肥大加厚，顶芽颇似受蓟马危害状；真叶出现后，叶片特别小	在棉花蕾期、初花期、花铃期或植株出现缺硼症状时，用 0.2% 硼砂溶液进行叶面喷施
锰	节间变短，植株矮化，顶芽可能最后死亡	植株出现缺锰症状时，用 0.1% 硫酸锰溶液进行叶面喷施
锌	叶片小，叶脉间失绿，叶片呈杯形，叶片组织坏死，失绿部分变为青铜色	在棉花蕾期、初花期或植株出现缺锌症状时，用 0.5%～1% 硫酸锌溶液进行叶面喷施
钼	开始时叶脉间失绿，随后发展到脉间组织加厚，叶片表面油滑，叶片呈杯状，最后叶边缘发生灰白色或灰色的坏死斑点，棉铃不正常，类似于田间的"硬铃"	植株出现缺钼症状时，用 0.02%～0.05% 钼酸铵溶液进行叶面喷施

三、棉花科学施肥技术

借鉴 2011—2021 年农业农村部棉花科学施肥指导意见和相关测土配方施肥技术研究资料、书籍，提出推荐施肥方法，供农民朋友参考。

1. 黄淮海棉区

（1）施肥原则　增施有机肥料，提倡有机无机相结合；依据土壤肥力条件，适当调减氮肥和磷肥的用量，合理施用钾肥，注意硼和锌的配合施用；氮肥分期施用，增加生育中期的氮肥施用比例，降低其基肥比例；

肥料施用应与灌溉防涝技术和其他高产优质栽培技术相结合。

（2）施肥建议　每亩产皮棉85~100千克的条件下，每亩施用优质有机肥料1~2吨、氮肥（N）12~15千克、磷肥（P_2O_5）7~9千克、钾肥（K_2O）6~8千克。对于缺乏硼、锌的棉田，注意补施硼肥和锌肥，硼肥（硼砂）和锌肥（硫酸锌）的用量均为每亩1~2千克，叶片喷施水溶性硼肥，每亩用量为100~150克，在蕾期进行。

氮肥25%~30%用作基肥，25%~30%用在初花期，25%~30%用在盛花期，10%~25%用作盖顶肥；15%磷肥用作种肥，85%磷肥用作基肥；钾肥全部用作基肥或基肥和追肥（初花期）各半。从盛花期开始，对长势弱的棉田，结合施药混喷0.5%~1.0%尿素溶液和0.3%~0.5%磷酸二氢钾溶液50~75千克/亩，每隔7~10天喷1次，连续喷施2~3次。

2. 长江中下游棉区

（1）施肥原则　增施有机肥料，提倡有机无机相结合；依据土壤肥力状况和肥效反应，适当调减氮肥和磷肥的用量，稳定钾肥用量；对于土壤中明显缺乏硼、锌的棉田应基施硼肥和锌肥；潜在缺乏的应注重根外追施硼肥和锌肥；对于育苗移栽棉田，磷钾肥采用穴施或条施等集中施用；肥料施用应与灌溉防涝技术和其他高产优质栽培技术相结合。

（2）施肥建议　皮棉产量在90~110千克/亩的条件下，每亩施用优质有机肥料1~2吨、氮肥（N）13~16千克、磷肥（P_2O_5）6~7千克、钾肥（K_2O）10~12千克。对于缺乏硼、锌的棉田，注意补施硼砂1.0~2.0千克/亩和硫酸锌1.5~2.0千克/亩。对于低产田适当调低施肥量20%左右。

氮肥25%~30%基施，25%~30%用作初花期追肥，25%~30%在盛花期追肥，15%~20%在花铃期追肥；磷肥全部基施；钾肥60%基施，40%在初花期追肥。从盛花期开始对长势较弱的棉田喷施0.5%~1.0%尿素溶液和0.3%~0.5%磷酸二氢钾溶液50~75千克/亩，每隔7~10天喷1次，连续喷施2~3次。

3. 西北棉区

（1）施肥原则　依据土壤肥力状况和肥效反应，适当调整氮肥用量，增加生育中期氮肥施用比例，合理施用磷肥、钾肥；充分利用有机肥料资源，增施有机肥料，重视棉秆还田；施肥与高产优质栽培技术相结合，尤其要重视水肥一体化调控。

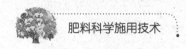

（2）施肥建议

1）膜下滴灌棉田：皮棉产量在120～150千克/亩的条件下，每亩施用棉籽饼50～75千克、氮肥（N）20～22千克、磷肥（P₂O₅）8～10千克、钾肥（K₂O）5～6千克；皮棉产量在150～180千克/亩的条件下，每亩施用棉籽饼75～100千克、氮肥（N）22～24千克、磷肥（P₂O₅）10～12千克、钾肥（K₂O）6～8千克。对于缺乏硼、锌的棉田，补施水溶性硼肥1.0～2.0千克/亩、硫酸锌1.5～2.0千克/亩。硼肥适宜采用叶面喷施，每亩用量为100～150克。锌肥可以作为基肥施用，每亩用量为1～2千克。

氮肥用作基肥的占总量的25%左右，用作追肥的占75%左右（现蕾期用15%、开花期用20%、花铃期用30%、棉铃膨大期用10%），磷肥、钾肥用作基肥的占50%左右，其他的作为追肥。全生育期追肥次数在8次左右，从现蕾期开始追肥，一水一肥。前期氮多磷少，中后期磷多氮少，结合滴灌系统实行灌溉施肥。提倡选用滴灌专用肥作为追肥，用普通市售肥料作为追肥时要求氮磷比（纯养分）为2:1或更高。

2）常规灌溉（淹灌或沟灌）棉田：皮棉产量在90～110千克/亩的条件下，每亩施用棉籽饼50千克或优质有机肥料1～1.5吨、氮肥（N）18～20千克、磷肥（P₂O₅）7～8千克、钾肥（K₂O）2～3千克；皮棉产量在110～130千克/亩的条件下，每亩施用棉籽饼75～100千克或优质有机肥料1.5～2.0吨、氮肥（N）20～23千克、磷肥（P₂O₅）8～10千克、钾肥（K₂O）3～6千克。对于缺乏硼、锌的棉田，注意补施硼肥和锌肥。

对于地面灌棉田，45%～50%的氮肥用作基肥，50%～55%用作追肥；30%的氮肥用在初花期，20%～25%的氮肥用在盛花期。50%～60%的磷钾肥用作基肥，40%～50%用作追肥。硼肥要叶面喷施，每亩用量为100～150克。锌肥作为基肥施用，每亩用量为1～2千克。

身边案例

新疆棉花水肥一体化技术

在新疆，棉花采用膜下滴灌技术后，棉花所施化肥全部随水滴施，实施水肥同步，"少吃多餐"，按棉花生长发育各阶段对养分的需要，合理供应，使化肥通过滴灌系统直接进入棉花根区，达到高效利用的目的。在滴水进行1小时以后开始施肥，滴水进行到离结束半小时前完成。

（1）苗期管理阶段 在此期间给水1~2次，总定额为20~30米^3/亩（注意：一膜二管区的给水原则为少量多次，一膜一管区较之则多量少次）。随水施肥的定额：氮（N）为0.6~0.8千克/亩，磷（P$_2$O$_5$）为0.2~0.3千克/亩，钾（K$_2$O）为0.3~0.6千克/亩（可折施尿素、磷酸二氢钾，或喷滴灌专用肥，要保证可溶）。

（2）蕾期管理阶段 在蕾期，棉花营养体生长较快，干物质积累多，叶面蒸腾加快，因此要加强水肥的供给。此期滴水2~3次，总定额为50~60米^3/亩。随水施肥的定额：氮（N）为1.5~2.5千克/亩，磷（P$_2$O$_5$）为0.6~0.7千克/亩，钾（K$_2$O）为0.8~1.2千克/亩。

（3）花铃期管理阶段 此时棉株正处于营养生殖生长旺盛的时期，植株蒸腾作用加快，应缩短灌水周期，每隔7~8天滴1次，共滴水4~6次，总定额为100~120米^3/亩。随水施肥的定额：氮（N）为9~11千克/亩，磷（P$_2$O$_5$）为3~3.5千克/亩，钾（K$_2$O）为6~8千克/亩。

（4）吐絮期管理阶段 此时棉株吸收养分较少，但为防止早衰，应适时补水补肥，灌水1~2次，总定额为15~30米^3/亩。随水施肥的定额：氮（N）为0.2~0.3千克/亩，磷（P$_2$O$_5$）为0.4~0.6千克/亩，钾（K$_2$O）为0.6~0.7千克/亩。

第二节 花生科学施肥

花生，又名长生果、落花生，是属于蔷薇目豆科的一年生草本植物。我国花生播种面积稳定在487万公顷左右，占全球花生播种面积的近20%；花生年产量为1400多万吨，占世界花生总产量的40%以上，居世界第一位，是我国第一大油料作物。我国的黄淮、东南沿海、长江流域是三片相对集中的花生主产区，尤其以河南、山东、河北、广东、安徽、四川、广西花生种植面积较大。

一、花生的需肥特点

据研究，每生产100千克花生荚果，需要吸收氮（N）5.0~6.8千克、磷（P$_2$O$_5$）1.0~1.3千克、钾（K$_2$O）2.0~3.8千克，其吸收比例为1:0.19:0.49。此外还需吸收钙2.52千克、镁2.53千克，比磷的吸收量还多。

花生各发育阶段需肥量不同，花生在苗期需要的养分量较少，氮、磷、钾的吸收量仅占全生育期养分吸收总量的5%左右；开花期吸收养分的量急剧增加，氮的吸收量占全生育期吸氮总量的17%、磷的吸收量占全生育期吸磷总量的22.6%、钾的吸收量占全生育期吸钾总量的22.3%；结荚期是花生营养生长和生殖生长最旺盛的时期，有大批荚果形成，也是吸收养分最多的时期，氮的吸收量占全生育期吸氮总量的42%、磷的吸收量占全生育期吸磷总量的46%、钾的吸收量占全生育期吸钾总量的60%；花生在饱果成熟期吸收养分的能力渐渐减弱，氮的吸收量占全生育期吸氮总量的28%、磷的吸收量占全生育期吸磷总量的22%、钾的吸收量占全生育期吸钾总量的7%。花生对微量元素硼、钼、铁较为敏感，在含碳酸钙较多且pH较高的土壤上较易出现缺铁黄化现象。

花生是喜钙作物。花生根系吸收的钙，除根系自身生长需要外，主要输送到茎叶，运转到荚果的很少；花生叶片也可以直接吸收钙，并主要运转到茎枝，很少运到荚果；荚果发育需要的钙主要依靠荚果本身吸收。花生对钙的吸收量以结荚期最多，开花下针期（花针期）次之，幼苗期和饱果期较少。花生吸收的钙在植株体内运转较慢，在幼苗期，运转中心在根和茎部；在花针期，果针和幼果直接从土壤吸收钙；在结荚期，果针和幼果对钙的吸收量明显增加；在饱果期，花生吸收钙则明显减少。

二、花生缺素症的诊断与补救

要做好花生科学施肥，首先要了解花生缺肥时的各种表现症状。花生生产中常见的缺素症主要是缺氮、缺磷、缺钾、缺硼、缺锌、缺钼、缺铁等，各种缺素症状与补救措施可以参考表9-2。

表9-2　花生缺素症状与补救措施

营养元素	缺素症状	补救措施
氮	生长瘦弱，叶色发黄，叶面积小，分枝数和开花量减少，荚果发育不良，产量品质降低	施足有机肥料，始花前10天每亩施用硫酸铵5~10千克，最好与有机肥料沤制15~20天后施用
磷	根须不发达，根瘤少，叶色暗绿，固氮能力下降，贪青迟熟	每亩用过磷酸钙15~25千克与有机肥料混合沤制15~20天，作为基肥或种肥集中沟施

（续）

营养元素	缺素症状	补救措施
钾	叶片呈绿色，老叶边缘先发黄，逐渐由边向内干枯，开花下针少，秕果率增加	增施草木灰或氯化钾、硫酸钾等钾肥。必要时叶面喷施 0.3% 磷酸二氢钾溶液
硼	叶片出现棕色斑且易枯萎脱落，幼茎粗短；根量增加，根瘤菌形成和发育受阻，种仁不饱满、子叶空心、缺陷或产生变态凸起	硼酸单独施用或同其他杀菌剂或肥料一起施用均可；每亩施硼酸 300 克，施用量大时易造成花生中毒
锌	叶片发生条带状失绿，条带通常出现在最接近叶柄的叶片上，严重时整个小叶失绿	在花针期，用 1%～2% 硫酸锌溶液进行叶面喷施
钼	根瘤菌发育不良，固氮能力弱或无固氮能力	在苗期和花期，用 0.1%～0.2% 钼酸铵溶液进行叶面喷施
铁	花生对铁元素比较敏感。表现为上部嫩叶失绿，而下部老叶及叶脉仍保持绿色；严重缺铁时，叶脉失绿进而黄化，新叶全部变白，久而久之则叶片出现褐斑和坏死，甚至干枯脱落	一是用 0.1% 硫酸亚铁溶液浸种 12 小时；二是在花针期或结荚期叶面喷施 0.2% 硫酸亚铁溶液，每 5～6 天喷 1 次，连续喷 2～3 次

三、花生科学施肥技术

借鉴全国各地的花生科学施肥指导意见和相关测土配方施肥技术研究资料、书籍，提出推荐施肥方法，供农民朋友参考。

1. 施肥原则

花生施肥应掌握以有机肥料为主，化学肥料为辅；基肥为主，追肥为辅；追肥以苗肥为主，花肥、壮果肥为辅；氮、磷、钾、钙配合施用的基本原则。

2. 施肥建议

（1）花生常规栽培科学施肥

1）基肥。花生应着重施足基肥。一般每亩施用农家肥 1000～1200 千克、硫酸铵 5～10 千克、钙镁磷肥 15～25 千克、氯化钾 5～10 千克。宜

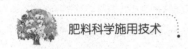

将化肥和农家肥混合堆闷 20 天左右后分层施肥，2/3 深施于 30 厘米深的土层，1/3 施于 10 ~ 15 厘米深的土层。

2）种肥。选用腐熟好的优质有机肥料 1000 千克左右与磷酸二铵 5 ~ 10 千克或钙镁磷肥 15 ~ 20 千克混匀沟施或穴施。另外，在花生播种前，每亩用 0.2 千克的花生根瘤菌剂结合 10 ~ 25 克钼酸铵拌种，可取得较好的经济效益。

3）追肥。追肥一般用于基肥和种肥不足的麦套花生或夏花生上。每亩施腐熟有机肥料 500 ~ 1000 千克、尿素 4 ~ 5 千克、过磷酸钙 10 千克，在花生始花前施用。也可用 0.3% 磷酸二氢钾溶液和 2% 尿素溶液，在中后期结合防治叶斑病和锈病，与杀菌剂一起混合叶面喷施 2 ~ 3 次。

4）微肥的施用。在石灰性较强的偏碱性土壤上要考虑施用铁、硼、锰等微肥；在多雨地区的酸性土壤上应注意施钼、硼等微肥。微肥可用作基肥、种肥，用于浸种、拌种和根外喷施，一般以拌种加花期喷施增产效果最好，喷施时浓度以 0.1% ~ 0.25% 为好。

（2）地膜覆盖栽培花生科学施肥

1）平衡施肥。一是有机肥料与无机肥料相配合，每亩施充分腐熟的厩肥或土杂肥 1500 千克作为基肥；二是氮、磷、钾肥配比合理，一般要求氮、磷、钾之比为 1∶(0.8 ~ 1.2)∶(1.5 ~ 2)；三是大量元素与中、微量元素配合施用，增施钙肥可以促进果针下扎，提高饱果率、出仁率；增施硫肥有利于提高含油量；增施硼肥、锌肥、钼肥都有利于促进花生高产。

2）适量施肥。一般每亩产量达到 250 ~ 300 千克时，需在施有机肥料的基础上，每亩再施花生配方肥 50 千克或尿素 15 千克、钙镁磷肥 50 ~ 75 千克、氯化钾 15 千克、硼砂 0.5 千克、硫酸锌 1 千克，有条件的再施硅肥 100 千克。不施有机肥料或施用不足的地区，应增施化肥，保证每亩施氮（N）10 ~ 12 千克、磷（P_2O_5）8 ~ 12 千克、钾（K_2O）15 ~ 20 千克。

3）基肥为主，追肥配合。有机肥料与钙镁磷肥混匀后先堆沤 15 ~ 20 天，60% 结合耙地施下，剩余的 40% 与氮钾肥及其他中、微量元素肥拌匀，于播种前 5 ~ 7 天集中施于沟内，覆盖 3 ~ 4 厘米厚的细土；所有肥料全部作为基肥施下，施后播种盖膜。

如果花生长势较弱，可采用根际打孔深追肥方法，在靠近根系 5 厘米的地方扎深 5 厘米的孔施入肥料，一般每亩均匀施入尿素 7.5 千克，施后用土封严。

4）配合施用免耕肥。一般每亩施用 5 ~ 6 千克免耕肥代替部分化肥，可以作为基肥与其他肥料拌匀后撒施或集中施于沟中，但施于沟中时要盖土或与沟土拌匀后播种，避免种子直接接触肥料。

5）结合叶面追肥。在花生的初花期和盛花期分别用 0.1% ~ 0.25% 硼砂或硼酸溶液喷雾；在苗期至始花期喷施 0.1% ~ 0.2% 硫酸锌溶液；在花生结荚生长的后期，叶面喷施 0.3% 磷酸二氢钾溶液 2 ~ 3 次，每次间隔 7 ~ 10 天。

（3）麦田套种覆膜栽培花生科学施肥

1）重施前茬肥。种麦前，每亩施用优质有机肥料 2000 千克、尿素 15 ~ 20 千克、过磷酸钙 40 ~ 50 千克，拌匀铺施用作底肥，花生利用其后效。

2）补施种肥。套种前，每亩用优质有机肥料 1000 千克、尿素 10 ~ 15 千克、过磷酸钙 30 ~ 40 千克、硫酸钾或氯化钾 10 千克，开沟破垄，包施在垄内，然后恢复原垄形。

3）叶面喷施。可喷施稀土微肥，喷施浓度为苗期 0.01%、花针期 0.03%；苗期和花期也可喷施钛微肥，每亩用 100 毫升兑水 50 千克喷施。在花生结荚生长的后期，叶面喷施 0.3% 磷酸二氢钾溶液 2 ~ 3 次，每次间隔 7 ~ 10 天。

第三节 油菜科学施肥

油菜，又叫油白菜、苦菜，是十字花科芸薹属的植物。油菜种植区广泛分布于全国各地，是长江流域、西北地区的主要农作物。油菜按农艺性状可分为白菜型油菜、芥菜型油菜和甘蓝型油菜，目前我国种植的油菜多为甘蓝型油菜。我国长江流域多种植冬油菜，于秋季播种，第二年夏季收获；东北、西北、青藏高原地区多种植春油菜，于春季、夏季播种，夏季、秋季收获。

一、油菜的需肥特点

1. 冬油菜的需肥特点

目前冬油菜多种植的是"双低"甘蓝型油菜，其不同生育阶段的养分吸收规律为：氮积累量最大的时期为苗期，磷、钾积累量最大的时期为花期，氮、磷、钾积累速率最大的时期均为花期（表9-3）。

表9-3　油菜不同生育阶段养分积累量占最大积累量的百分数（%）

养分种类	苗期	蕾薹期	开花期	角果成熟期
氮（N）	33.3~47.8	11.9~14.7	15.5~28.1	17.7~28.8
磷（P_2O_5）	23.4~37.9	22.5~29.4	32.7~54.1	−17.2~−2.6
钾（K_2O）	24.7~33.9	16.2~35.9	31.0~53.3	−43.0~−23.5

油菜籽粒是氮、磷的分配中心，氮、磷的积累量分别占氮、磷积累总量的75.3%~83.2%和67.03%~78.3%；而茎秆和角壳则是钾的累积中心，二者累积的钾的含量占钾积累总量的85.9%~87.6%。

2. 春油菜的需肥特点

春油菜需肥多、耐肥力强，而且对磷、硼敏感。研究表明，甘蓝型油菜的生长可分为苗期、蕾薹期、开花期、角果成熟期，在整个生育期中，各器官的生长发育速度由低到高、再由高向低，呈M形进行。

春油菜从苗期至现蕾期，主要是营养生长，苗后期也有生殖生长。这一阶段累积的干物质约占全期干重的10%左右，吸收氮、磷、钾的量分别占各养分总吸收量的43.5%、23.5%、29.8%，因此苗期阶段是需肥的重要时期。

春油菜在蕾薹期营养生长和生殖生长都很旺盛，以营养生长为主，累积的干物质约占全期干重的35%，吸收氮、磷、钾的量分别占各养分总吸收量的44.4%、30.7%、47.6%。此期是需肥最多的时期。

从开花期到成熟期约占全生育期1/4的时间，此时生殖生长最旺盛，累积干物质最多，约占全期干重的55%。此阶段氮、钾的吸收积累较少，氮、钾吸收量占总量的12.0%~22.6%；磷的吸收量占全生育期磷素总吸收量的45.7%，是油菜生育期中吸磷量最高的阶段。

二、油菜缺素症的诊断与补救

要做好油菜科学施肥，首先要了解油菜缺肥时的各种表现症状。油菜生产中常见的缺素症主要是缺氮、缺磷、缺钾、缺硼、缺锰、缺锌、缺钼等，各种缺素症状与补救措施可以参考表9-4。

表9-4　油菜缺素症状与补救措施

营养元素	缺素症状	补救措施
氮	植株生长瘦弱，叶片少而小，呈黄绿色至黄色，茎下部的叶片有的边缘发红，并逐渐扩大到叶脉；有效分枝数、角果数都大为减少，千粒重也相应减轻，产量显著降低	苗期缺氮时，每亩用15～25千克碳酸氢铵开沟追施，或者用750～1000千克人粪尿兑水浇施；后期缺氮时，用1%～2%尿素溶液进行叶面喷施
磷	植株矮小，生长缓慢，出叶延迟，叶面积小；叶色暗绿，缺乏光泽，边缘出现紫红色斑点或斑块，叶柄和叶背面的叶脉变为紫红色；根系发育差，角果数和千粒重显著减少，出油率降低	苗期缺磷时，每亩用25～30千克过磷酸钙开沟追施或兑水浇施，越早施用效果越好；后期用1%过磷酸钙浸出液进行叶面喷施
钾	植株趋向萎蔫，幼苗呈匍匐状，叶脉间部分向上凸，使叶片弯曲呈弓状；叶色变深，通常呈深蓝绿色，叶缘或脉间组织失绿，最初往往出现针头大小的斑点，最后发生斑块坏死，严重缺钾时叶片完全枯死，但不脱落	前期缺钾时，每亩用7～10千克氯化钾或75～100千克草木灰开沟追施；后期用0.1%～0.2%磷酸二氢钾溶液进行叶面喷施
硼	典型症状是"花而不实"，即进入花期后因花粉败育而不能受精结实，导致不断抽发次生分枝，不断开花，使花期大大延长；氮肥充足时，次生分枝更多，常形成特殊的帚状株型；叶片多数出现紫红色斑块，即所谓的"紫血癍"，结荚稀少，有的甚至绝荚，成荚的所含籽粒数少，畸形	对于缺硼严重的土壤，整地时每亩施0.5～1千克硼砂作为基肥；对于育苗移栽的油菜，在移栽前每亩施15～25千克硼镁肥，效果良好。在油菜苗期、抽薹前、初花期或发现植株缺硼时，用0.1%～0.2%硼砂溶液进行叶面喷施
锰	植株矮小，出现失绿症状，幼叶呈黄白色，叶脉呈绿色；茎长势减弱，呈黄绿色，多木质；开花及结果数减少	及时用0.1%～0.2%硫酸锰溶液进行叶面喷施

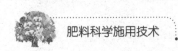
（续）

营养元素	缺素症状	补救措施
锌	先从叶缘开始褪色，变为灰白色，随后向中间发展，叶肉出现黄色斑块。病叶叶缘不皱缩，中下部白化较重的叶片向外翻卷，叶尖披垂	在苗期，每亩用 0.5~0.75 千克硫酸锌开沟追施；植株出现缺锌症状时，用 0.2% 硫酸锌溶液进行叶面喷施
钼	叶片凋萎或焦枯，通常呈螺旋状扭曲，老叶变厚，植株丛生	及时用 0.01%~0.1% 钼酸铵溶液进行叶面喷施

三、油菜科学施肥技术

借鉴 2011—2021 年农业农村部油菜科学施肥指导意见和相关测土配方施肥技术研究资料、书籍，提出推荐施肥方法，供农民朋友参考。

1. 长江上游冬油菜区

长江上游冬油菜区包括四川省、重庆市、贵州省、云南省和湖北省西部。

（1）施肥原则　依据测土配方施肥结果，确定氮、磷、钾肥的合理用量；氮肥分次施用，适当降低氮肥作为基肥的用量，高产田块抓好薹肥施用，中、低产田块简化施肥环节；依据土壤有效硼含量状况，适量补充硼肥；增施有机肥料，提倡有机无机相结合，加大秸秆还田力度；酸化严重土壤增施碱性肥料；肥料施用应与其他高产优质栽培技术相结合，尤其需要注意提高种植密度、开沟降渍。

（2）施肥建议　推荐 20-11-10（$N-P_2O_5-K_2O$，含硼）或相近配方的专用肥。有条件的产区可推荐 25-7-8（$N-P_2O_5-K_2O$，含硼）或相近配方的油菜专用缓控释配方肥。产量水平为 200 千克/亩以上时，配方肥推荐用量为 50 千克/亩，越冬苗追施尿素 5~8 千克/亩，薹肥追施尿素 5~8 千克/亩，或一次性施用油菜专用缓控释配方肥 60 千克/亩；产量水平为 150~200 千克/亩时，配方肥推荐用量为 40~50 千克/亩，越冬苗肥追施尿素 5~8 千克/亩，薹肥追施尿素 3~5 千克/亩，或一次性施用油菜专用缓控释配方肥 50 千克/亩；产量水平为 100~150 千克/亩时，配方肥推荐用量为 35~40 千克/亩，越冬苗肥追施尿素 5~8 千克/亩，或一次性施用油菜专用缓控释配方肥 40 千克/亩；产量水平为 100 千克/亩以下时，配方肥推荐用量为 30~40 千克/亩，或一次性施用油菜专用缓控释配方肥 30

千克/亩。

2. 长江中下游冬油菜区

长江中下游冬油菜区包括安徽省、江苏省、浙江省和湖北省大部。

（1）**施肥原则**　依据测土配方施肥结果，确定氮、磷、钾肥的合理用量和配比，适当减少氮肥和磷肥的用量；移栽油菜基肥深施，直播油菜种肥同播，做到肥料集中施用，提高养分利用效率；依据土壤有效硼含量状况，适量补充硼肥；加大秸秆还田力度，提倡有机无机相结合；酸化严重土壤增施碱性肥料；肥料施用应与其他高产优质栽培技术相结合，尤其需要注意提高种植密度，直播油菜适当提早播期。

（2）**施肥建议**　推荐 18-10-12（$N-P_2O_5-K_2O$，含硼）或相近配方的专用肥；有条件的产区可推荐 25-7-8（$N-P_2O_5-K_2O$，含硼）或相近配方的油菜专用缓控释配方肥。产量水平为 200 千克/亩以上时，配方肥推荐用量为 50 千克/亩，越冬苗追施尿素 5~8 千克/亩，薹肥追施尿素 5~8 千克/亩，或一次性施用油菜专用缓控释配方肥 60 千克/亩；产量水平为 150~200 千克/亩时，配方肥推荐用量为 40~50 千克/亩，越冬苗肥追施尿素 5~8 千克/亩，薹肥追施尿素 3~5 千克/亩，或一次性施用油菜专用缓控释配方肥 50 千克/亩；产量水平为 100~150 千克/亩时，配方肥推荐用量为 35~40 千克/亩，薹肥追施尿素 5~8 千克/亩，或一次性施用油菜专用缓控释配方肥 40 千克/亩；产量水平为 100 千克/亩以下时，配方肥推荐用量为 25~30 千克/亩，薹肥追施尿素 3~5 千克/亩，或一次性施用油菜专用缓控释配方肥 30 千克/亩。

3. 三熟制冬油菜区

三熟制冬油菜区包括湖南省、江西省和广西壮族自治区北部。

（1）**施肥原则**　依据测土配方施肥结果，确定氮、磷、钾肥的合理用量和配比，重视施用薹肥；依据土壤有效硼含量状况，适量补充硼肥；提倡施用含镁肥料；在缺硫地区可基施硫黄 2~3 千克/亩，若使用其他含硫肥料，可酌减硫黄用量；加大秸秆还田力度，提倡有机无机相结合；酸化严重土壤增施碱性肥料；提高油菜种植密度，注意开好厢沟，防止田块渍水。

（2）**施肥建议**　推荐 18-8-14（$N-P_2O_5-K_2O$，含硼）或相近配方专用肥；有条件的产区可推荐 25-7-8（$N-P_2O_5-K_2O$，含硼）或相近配方的油菜专用缓控释配方肥。产量水平为 180 千克/亩以上时，配方肥推荐用量为 50 千克/亩，薹肥追施尿素 5~8 千克/亩，或一次性施用油菜专用缓控释配方肥 50 千克/亩；产量水平为 150~180 千克/亩时，配方肥推荐用量为 40~45 千克/亩，薹肥追施尿素 5~8 千克/亩，或一次性施用油菜专用缓控释配方肥 40~50 千克/亩；产量水平为 100~150 千克/亩时，配方肥推荐用量为 35~40 千克/亩，薹肥追施尿素 3~5 千克/亩，或一次性施用油菜专用缓控释配方肥 40 千克/亩；产量水平为 100 千克/亩以下时，配方肥推荐用量为 25~30 千克/亩，薹肥追施尿素 3~5 千克/亩，或一次性施用油菜专用缓控释配方肥 30 千克/亩。

4. 黄淮冬油菜区

黄淮冬油菜区主要包括陕西省和河南省的冬油菜区。

（1）施肥原则　依据测土配方施肥结果，确定氮、磷、钾肥的合理用量和配比，适当减少氮肥和钾肥的用量；移栽油菜基肥深施，直播油菜种肥同播，做到肥料集中施用，提高养分利用效率；依据土壤有效硼含量状况，适量补充硼肥；加大秸秆还田力度，提倡有机无机相结合；肥料施用应与其他高产优质栽培技术相结合，尤其需要注意提高种植密度，提倡应用节水抗旱技术。

（2）施肥建议　推荐 20-12-8（N-P_2O_5-K_2O，含硼）或相近配方。产量水平为 200 千克/亩以上时，配方肥推荐用量为 50 千克/亩，越冬苗肥追施尿素 3~5 千克/亩，薹肥追施尿素 5~8 千克/亩；产量水平为 150~200 千克/亩时，配方肥推荐用量为 40~50 千克/亩，越冬苗肥追施尿素 3~5 千克/亩，薹肥追施尿素 3~5 千克/亩；产量水平为 100~150 千克/亩时，配方肥推荐用量为 35~40 千克/亩，薹肥追施尿素 5~8 千克/亩；产量水平为 100 千克/亩以下时，配方肥推荐用量为 25~30 千克/亩，薹肥追施尿素 5~8 千克/亩。

5. 北方春油菜区

（1）施肥原则　根据区域性土壤养分状况，充分利用测土配方施肥结果，科学施肥。有条件的区域提倡施用春油菜专用配方肥；氮肥分次施用，防止生长后期脱肥；基肥施于土下 6~8 厘米处，补施硼肥、锌肥和硫肥；增施有机肥料，利用油菜收获后的水热资源种植绿肥；提高播种质量，适当提高种植密度；做好土壤集墒、保墒工作，利用水肥协同作用，提高养分利用效率，促进油菜生长。

（2）施肥建议　产量水平为 100 千克/亩以下时，推荐施用氮肥（N）6 千克/亩、磷肥（P_2O_5）3 千克/亩、钾肥（K_2O）2 千克/亩、硫酸锌 0.5 千克/亩、硼砂 0.5 千克/亩；产量水平为 100~150 千克/亩时，推荐施用氮肥（N）6～8 千克/亩、磷肥（P$_2$O$_5$）4 千克/亩、钾肥（K$_2$O）2.5 千克/亩、硫酸锌 1 千克/亩、硼砂 0.5 千克/亩；产量水平为 150～200 千克/亩以上时，推荐施用氮肥（N）8～9 千克/亩、磷肥（P$_2$O$_5$）5 千克/亩、钾肥（K$_2$O）2.5 千克/亩、硫酸锌 1.5 千克/亩、硼砂 0.75 千克/亩；产量水平为 200 千克/亩以上时，推荐施用氮肥（N）9～11 千克/亩、磷肥（P$_2$O$_5$）5～6 千克/亩、钾肥（K$_2$O）3.0 千克/亩、硫酸锌 1.5 千克/亩、硼砂 1.0 千克/亩。

 # 第四节　烟草科学施肥

烟草是属于管状花目茄科的一年生或有限多年生草本植物，基部稍木质化。烟草是我国重要的作物之一，我国烟叶和卷烟产量均占世界总产量的 1/3。我国共有 26 个省（自治区、直辖市）的 1700 多个县（市）有烟草种植，其中，广泛种植烟草的有 23 个省（自治区、直辖市）的 900 多个县（市），主产区是云南省、贵州省、四川省、河南省、山东省、福建省、湖南省等。

一、烟草的需肥特点

据测定，生产 100 千克烟叶需要氮（N）3 千克、磷（P$_2$O$_5$）1.5～2.0千克、钾（K$_2$O）5～6 千克。烟草对氮、磷、钾的吸收比例在大田前期为5∶1∶（6～8），现蕾期为（2～3）∶1∶（5～6），成熟期为（2～3）∶1∶5。也就是说烟草对氮和钾的吸收量较大，而对磷的吸收量稍低。

在苗床阶段，烟草在十字期以前需肥较小；十字期以后需肥量逐渐增加，以移栽前 15 天内需肥量最多。这一时期烟草吸收的氮量占苗床阶段吸氮总量的 68.4%，吸磷（P$_2$O$_5$）量占苗床阶段吸磷总量的 72.7%，吸钾（K$_2$O）量占苗床阶段吸钾总量的 76.7%。

在大田阶段，春烟在移栽后 30 天内吸收养分较少，此时吸收的氮、磷、钾的量分别占全生育期吸收总量的 6.6%、5.0%、5.6%；大量吸肥的时期在移栽后的 45～75 天，吸收高峰在团棵、现蕾期，这一时期吸氮量为烟草吸氮总量的 44.1%、吸磷（P$_2$O$_5$）量为吸磷总量的 50.7%、吸钾（K$_2$O）量为吸钾总量的 59.2%。此后各种养分吸收量逐渐下降，打顶以后由于长出次生根，对养分的吸收又有回升，为吸收总量的 14.5%。但此时土壤含氮过多，容易造成徒长，形成黑暴烟，不易烘烤。

　　夏烟的需肥规律与春烟基本相同。夏烟对养分的最大吸收期也在现蕾前后，吸收高峰在移栽后的 26~70 天，以后逐渐下降，采收前 15 天对磷的吸收量又趋于上升。

　　据研究，用硝态氮做氮肥，烟草能充分吸收而正常发育；以铵态氮做氮肥，烟草吸收受阻，生长不良。这是因为硝态氮肥能促进烟草对钾离子的吸收，抑制对氯离子的吸收。因此，硝态氮肥对烟草有促进生长、提高品质的作用。

　　虽然氯离子对烟草的品质有影响，但少量的氯离子能促进烟草的生长，提高抗旱能力。氯离子在烟草植株内积累多了会干扰烟草碳水化合物的代谢，烟叶厚而脆，淀粉积累过多，叶缘卷起，并使其燃烧性变差，烘烤后色味不佳，在储藏期间易吸收水分，引起霉烂。因此，烟草被列为"忌氯作物"，氯化铵、氯化钾等含氯肥料不宜施在烟田上。

　　烟草生长除了需要大量元素外，还需要钙、镁等中量元素及硼、锰、铜等微量元素。这些元素在烟草体内含量虽少，但与多种酶、维生素、生长素及其他有机化合物的形成和代谢过程有密切关系。

二、烟草缺素症的诊断与补救

　　要做好烟草科学施肥，首先要了解烟草缺肥时的各种表现症状。烟草生产中常见的缺素症主要是缺氮、缺磷、缺钾、缺钙、缺镁、缺硼、缺锰、缺锌、缺钼、缺铜、缺铁等，各种缺素症状与补救措施可以参考表9-5。

表 9-5　烟草缺素症状与补救措施

营养元素	缺素症状	补救措施
氮	烟株下位叶逐渐变黄、干枯，叶小、色发白、无光泽，组织缺乏弹性、质脆	提倡施用酵素菌沤制的堆肥或充分腐熟的有机肥料，必要时混入饼肥，并配合浇水，以减轻受害程度，也可以每亩施硝酸铵 10~13 千克；后期缺氮时，用 1%~2% 尿素溶液进行叶面喷施
磷	烟株生长缓慢，地上部分呈玫瑰花状，叶小，叶形狭长，叶片带铁锈色，下位叶出现褐色斑点，严重的扩展到上位叶。缺磷时叶一般不成熟，颜色也不新鲜	移栽前发现缺磷时，将磷肥作为基肥掺和在行间或采用撒施法一次性施入；中后期缺磷时，叶面喷施 1%~2% 过磷酸钙浸出液

（续）

营养元素	缺素症状	补救措施
钾	下位叶的叶尖先变黄，后扩展到叶缘及叶脉间，从叶缘开始枯死，叶周边组织虽停止生长，但内部还在生长，致使叶片向下卷曲	根据实际需要每亩施入草木灰 200 千克或硫酸钾 10 千克，必要时用 2%磷酸二氢钾溶液或 2.5%硫酸钾溶液进行叶面喷施
钙	初期植株呈暗绿色，后期生长点停止生长，顶芽枯死，从旁侧生出的畸形幼芽，展开的叶片变脆，叶缘失绿，根变黑，须根生长停滞	可用 0.2%～0.5%烟草专用复合肥或 1%～2%过磷酸钙浸出液进行叶面喷施
镁	下位叶尖端和四周的叶脉间开始失绿，黄化，进而变白，接近叶脉的部分几乎全变白，但其余部分仍保持绿色	可用 0.2%～0.5%硫酸镁溶液进行叶面喷施
硼	早期顶端芽叶、生长点异常，幼叶呈浅绿色，基部变为灰白色，后期顶生芽叶枯死，即使不枯死，长出的叶也多畸形	及时用 0.1%硼砂溶液进行叶面喷施
锰	初期幼叶失绿，叶脉间由浅绿色变成白色，有的叶片出现坏死斑点	及时用 0.05%～0.1%硫酸锰溶液进行叶面喷施
锌	初期下位叶的叶脉间产生浅黄色条纹，然后逐渐白化坏死，上位新生叶展开后色浅至白色，烟株节间缩短，变矮，枯死部分呈水浸状	对于缺锌地块，可每亩基施硫酸锌 1.2 千克；生长期缺锌时，可用 0.5%乙二胺四醋酸锌溶液进行叶面喷施，如选用硫酸锌喷施，最好加入少量 20%熟石灰来调节 pH，以避免产生药害
钼	整株叶片凋萎或卷曲，具波状皱纹，叶片失绿、呈灰白色，下位叶出现不规则形的坏死斑点，病斑先为灰白色，后变为棕红色	及时用 0.02%～0.1%钼酸铵溶液进行叶面喷施
铜	上位叶片呈暗绿色，卷曲或成永久性凋萎且不能恢复	及时用 0.1%～0.2%硫酸铜溶液进行叶面喷施
铁	嫩叶首先失绿，顶部嫩叶的叶脉间变为浅绿色至近白色，缺铁严重时叶脉失绿，整片叶变为白色	及时用 0.1%～0.2%硫酸亚铁溶液进行叶面喷施

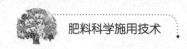

三、烟草科学施肥技术

烟草以收获优质烟叶为目的，施肥较其他作物复杂，必须根据烟草不同类型、不同品种、栽培环境等因素施肥。

1. 施肥原则

肥料养分的配比合理；基肥与追肥、有机肥料与化肥合理配合；硝态氮肥与铵态氮肥相结合；烟草是忌氯作物，尽量不施用含氯肥料。

2. 烟草苗床施肥技术

烟草苗床施肥主要是培育壮苗，保证适时移栽，为烟草优质高产奠定基础。因此，苗床要施足基肥，适时追肥。

（1）**苗床基肥** 应尽量施用腐熟有机肥料，以猪粪最好。每平方米施腐熟的猪粪 60 千克、饼肥或干鸡粪 20 千克、过磷酸钙 0.25～0.5 千克、硫酸钾 0.25 千克。

（2）**苗床追肥** 出苗后，视幼苗长势，一般从十字期开始由少到多追肥 2～3 次。第一次追肥每平方米用氮（N）2 克、磷（P_2O_5）1.5 克、钾（K_2O）2.5 克，兑水喷施，每隔 7～10 天喷 1 次。移栽前 3～5 天要控制肥水，增强烟草抗逆力。

3. 烟草大田施肥技术

根据烟草"少时富，老来贫，烟株长成肥退劲"的需肥规律，要做到重施基肥，早施追肥，把握时机根外追肥。

（1）**基肥** 每亩施饼肥 50 千克，农家肥 2000～2500 千克，每亩开沟条施硫酸钾型复合肥（15-15-15）18～20 千克、过磷酸钙 35～40 千克、硫酸钾 12～15 千克，在移栽穴内每亩施复合肥 5～7.5 千克、硫酸锌 1～2 千克，结合整地沟施或穴施。

（2）**定根肥，也称口肥** 移栽时，每亩用硝酸铵 5～10 千克、过磷酸钙 2.5～5 千克，兑水淋施，以促使烟草提早还苗成活。也可每亩用腐熟有机肥料 300～500 千克、硫酸钾型复合肥（15-15-15）15～20 千克，或饼肥 20～30 千克、过磷酸钙 10～15 千克、硝酸铵 5～10 千克，在移栽时作为定根肥施入。

（3）**追肥** 烟草追肥分 3 次施用，在移栽后 7 天每亩淋施硝酸钾 3～5 千克，15 天后每亩淋施硝酸钾 5～7.5 千克，在烟株"团棵后、旺长前"每亩施硫酸钾型复合肥（15-15-15）5～7.5 千克、硫酸钾 8～10 千克，同时进行大培土。

（4）**根外追肥** 在烟草生长后期，可用0.2%磷酸二氢钾溶液进行叶面喷施，对提高产量和品质都有良好效果。

身边案例

云南省烟草测土施肥配方

在目前的生产技术水平下，一般在确定适宜施肥量时应以保证获得最佳品质和适宜产量为标准，根据实现确定的适宜产量指标所需要吸收的养分数量，再结合烟田肥力等情况，来确定施肥量与养分配比。云南省烟区施肥配方推荐如下。

（1）**氮肥推荐量** 氮肥推荐量主要以土壤有机质含量、速效氮含量测定为依据，结合不同烟草品种的需氮量，确定氮肥施用量（表9-6）。

表9-6 土壤供氮能力指标与推荐施氮量

肥力等级	有机质含量/（%）	速效氮含量/（毫克/千克）	不同烟草品种推荐施氮量/（千克/亩）			
			K326	云烟85	云烟87	红大
高	>4.5	>180	2~4	2~4	2~4	1~3
较高	3~4.5	120~180	4~6	4~5	4~5	3~4
中等	1.5~3	60~120	6~8	5~7	5~7	4~5
低	≤1.5	≤60	8~9	7~8	7~8	5~6

（2）**磷肥推荐量** 经研究，云南烟草施肥的氮磷比（$N:P_2O_5$）普遍地由过去的1:2变为1:（0.5~1.0）。在一般情况下，如施用了12-12-24、10-10-25、15-15-15的烟草复合肥后，就不必再施用普钙或钙镁磷肥；如施用的烟草复合肥是硝酸钾，每亩施用过磷酸钙或钙镁磷20~30千克，就可满足烟株生长的需要。磷肥可根据土壤速效磷分析结果和所用复合肥进行有针对性的施用（表9-7）。

表9-7 土壤供磷能力指标与推荐氮磷配比

肥力等级	速效磷含量/（毫克/千克）	不同烟草品种推荐氮磷配比			
		K326	云烟85	云烟87	红大
高	>40	1:（0.2~0.5）	1:（0.2~0.5）	1:（0.2~0.5）	1:（0.2~0.5）
较高	10~40	1:（0.5~1）	1:（0.5~1）	1:（0.5~1）	1:（0.5~1）
低	≤10	1:（1~1.5）	1:（1~1.5）	1:（1~1.5）	1:2

（3）钾肥推荐量　烟草对钾的吸收量是氮、磷、钾三要素中最多的，当钾供应充足时，氮、钾的吸收比为1:（1.5~2）。对于速效钾含量较丰富的土壤（250毫克/千克以上），肥料中氮钾比采用1:1即可；对于速效钾含量比较低的土壤，肥料中氮钾比则以1:（2~3）为宜。具体可根据土壤速效钾分析结果和所用复合肥进行有针对性的施用（表9-8）。

表9-8　土壤供钾能力指标与推荐氮钾配比

肥力等级	速效钾含量/（毫克/千克）	烟草品种			
		K326	云烟85	云烟87	红大
高	>250	1:（1.5~2）	1:（1.5~2）	1:（1.5~2）	1:（2.5~3）
较高	100~250	1:（2~2.5）	1:（2~2.5）	1:（2~2.5）	1:（3~4）
低	≤100	1:（2.5~3）	1:（2.5~3）	1:（2.5~3）	1:（4~5）

第五节　茶树科学施肥

我国有四大茶产区，即西南茶区、华南茶区、江南茶区和江北茶区。西南茶区（云南省、贵州省、四川省及西藏自治区东南部）是我国最古老的茶区；华南茶区（广东省、广西壮族自治区、福建省、台湾省、海南省）是我国最适宜茶树生长的地区，其中福建省是我国著名的乌龙茶产区；江南茶区（浙江省、湖南省、江西省、江苏省、安徽省等）是我国主要茶产区，以生产绿茶为主；江北茶区（河南省、陕西省、甘肃省、山东省等）也以生产绿茶为主。2019年我国18个主要产茶省（自治区、直辖市）茶园面积为306.52万公顷，全国干毛茶产量为279.34万吨，均居世界第一位。

一、茶树的需肥特点

茶树对氮的需求量较多，其次是对钾、磷的需求量，需求量大致与茶叶产量呈正比。一般每采收鲜叶100千克，需吸收氮（N）1.2~1.4千克、磷（P_2O_5）0.20~0.28千克、钾（K_2O）0.43~0.75千克，N:P_2O_5:K_2O平均为1.3:0.24:0.59。如果每亩产鲜茶450千克，需吸收N、P_2O_5、K_2O的量平均为6千克、1千克、3千克。

茶树在年生长周期内的不同生育阶段，对于肥料三要素在数量上的需求各有不同。以采叶茶园为例，在每年的生育期中，都是根系和营养芽最先活动，以营养生长领先，继而进行生殖生长，并且各个时期对营养物质在量上各有不同的要求，因而对各种营养元素的吸收也有所侧重。一般4~9月茶树的地上部分处于生长旺期，对氮的吸收占全年总吸收量的70%~75%，10月以后开始逐渐转入休眠期，吸收的氮仅占全年总吸收量的25%~30%；茶树新梢对磷的吸收，4~5月春茶期间占全年总吸收量的1.44%，6~7月占全年总吸收量的33.3%，8月、9月和10月占全年总吸收量的57.92%，之后就显著降低；茶树对钾的吸收量，以夏季最多，秋季次之，春季明显减少。这说明茶树吸收利用营养元素的量，不仅因元素不同而有所差异，也因季节不同而有所差异，茶树吸肥的这种阶段性特点，对于确定施肥的种类、时期，充分发挥肥效很有参考价值。

二、茶树缺素症的诊断与补救

要做好茶树科学施肥，首先要了解茶树缺肥时的各种表现症状。茶树生产中常见的缺素症主要是缺氮、缺磷、缺钾、缺钙、缺镁、缺硼、缺锰、缺锌、缺钼、缺铜、缺铁等，各种缺素症状与补救措施可以参考表9-9。

表9-9 茶树缺素症状与补救措施

营养元素	缺素症状	补救措施
氮	生长减缓，新梢萌发轮次减少，新叶变小，对夹叶增多；严重时，叶绿素含量显著减少，叶色黄且无光泽，叶脉和叶柄慢慢显现棕色，叶质粗硬，叶片提早脱落，开花结实增多，新梢停止生长，最后全株枯萎	用0.5%~1.0%尿素溶液进行叶面喷施
磷	初期，生长减缓，嫩叶呈暗红色，叶柄和主脉呈红色，老叶呈暗绿色。随着缺磷的严重程度加深，老叶失去光泽，出现紫红色块状的凸起，花果少或没有花果，生育处于停滞状态	叶面喷施1%~2%过磷酸钙浸出液
钾	初期，生长减缓，嫩叶失绿，变成浅黄色，叶变薄、叶片小，对夹叶增多，节间缩短，叶脉及叶柄呈粉红色。接着老叶的叶尖变黄，并慢慢向基部扩大，叶缘呈焦灼、干枯状，并向上或向下卷曲，下表皮有明显的焦斑。严重时，老叶提早脱落，枝条变为灰色，枯枝增多	用0.5~1.0%磷酸二氢钾溶液进行叶面喷施

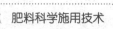

（续）

营养元素	缺素症状	补救措施
钙	先表现在幼嫩芽叶上，嫩叶向下卷曲，叶尖呈钩状或匙状，色焦黄，并逐渐向叶基发展。中期顶芽开始枯死，叶上出现紫红色斑块，斑块中央为灰褐色，质脆、易破裂	可用 1% ~ 2% 过磷酸钙浸出液叶进行面喷施
镁	上部新叶呈绿色，下部老叶干燥粗糙，上表皮呈灰褐色，无光泽，有黑褐色或铁锈色凸起斑块。严重时幼叶失绿，老叶全部变为灰白色，出现严重的缺绿症，但主脉附近有一个 V 形小区保持暗绿色，围绕以黄边	可用 0.2% ~ 0.5% 硫酸镁溶液进行叶面喷施
硼	嫩叶革质增厚，表皮粗糙，叶尖叶缘出现花白色病斑，逐渐向主脉和叶基发展，后期叶柄主脉破裂，有环状凸起，叶小节短	及时用 0.05% ~ 0.1% 硼砂溶液进行叶面喷施
锰	叶脉间形成杂色或黄色的斑块，成熟新叶轻微失绿，叶尖、叶缘和锯齿间出现棕褐色斑点，斑中央有红色的坏死点，周围有黄色晕轮，斑块逐渐向主脉和叶基延伸扩大，叶尖、叶缘开始向下卷曲，易破裂	及时用 0.05% ~ 0.1% 硫酸锰溶液进行叶面喷施
锌	嫩叶出现黄色斑块，叶狭小或萎黄，叶片两边发生不对称卷曲或是镰刀形。新梢发育不良，出现莲座叶丛，植株矮小，茎节短	可用 0.5% 乙二胺四醋酸锌溶液进行叶面喷施
钼	顶芽和新叶上出现浅而规则的黄棕色花斑，病斑中央有小而密集的锈色圆点，并且圆点由小变大、由浅变深	及时用 0.02% ~ 0.1% 钼酸铵溶液进行叶面喷施
铜	成熟新叶上出现形状规则、大小不等、中央白色的玫瑰色小圆点。后期病叶严重失绿，病斑扩大	及时用 0.1% ~ 0.2% 硫酸铜溶液进行叶面喷施
铁	初期表现为顶芽呈浅黄色，嫩叶花白而叶脉仍为绿色，形成网眼黄化。然后叶脉失绿，顶端芽叶全变黄，甚至呈白色，下部老叶仍呈绿色	及时用 0.1% ~ 0.2% 硫酸亚铁溶液进行叶面喷施

三、茶树科学施肥技术

借鉴 2011—2021 年农业农村部茶树科学施肥指导意见和相关测土配方施肥技术研究资料、书籍，提出推荐施肥方法，供农民朋友参考。

1. 茶树建园科学施肥

建园时，底肥一般以有机肥料和磷肥为主，每亩施厩肥或堆肥等有机肥料 10 吨及磷肥 25～40 千克。底肥数量较少时要集中施在播种沟里；底肥数量较多时要全面分层施用，即先将熟土移开（生土不动），开沟约 50 厘米；沟底再松土 15～20 厘米，分层将肥料与土混合，先施底层，再施第二层，最后放回熟土。

2. 生产茶园科学施肥

（1）施肥原则　针对茶园有机肥料投入量不足，土壤贫瘠及保水保肥能力差，部分茶园氮肥用量偏高、磷肥和钾肥施用比例不足，中、微量元素镁、硫、硼等缺乏时有发生，华南及其他茶区部分茶园过量施氮肥导致土壤酸化现象比较普遍等问题，提出以下施肥原则：增施有机肥料，提倡有机无机相结合，制定合理的施肥时间和施肥量，适量深施（15 厘米或以下）；依据土壤肥力条件和产量水平，适当调减氮肥用量，加强磷肥、钾肥、镁肥的配合施用，注意硫、硼等养分的补充；对出现严重土壤酸化的茶园（土壤 pH 小于 4）可通过施用白云石粉、生石灰等进行改良；与绿色增产增效栽培技术相结合。

（2）施肥建议　推荐 18-8-12-2（N-P_2O_5-K_2O-MgO）或相近配方。在每年基肥施用时期施用，配方肥推荐用量为 50 千克/亩，根据不同生产茶类和采摘量补充适量的氮肥，分次追施。其中，绿茶茶园每亩补充氮肥（N）6～9 千克/亩，乌龙茶茶园每亩补充氮肥（N）9～10 千克/亩，红茶茶园每亩补充氮肥（N）5～6 千克/亩。对于缺镁、锌、硼茶园，施用镁肥（MgO）2～3 千克/亩、硫酸锌（$ZnSO_4 \cdot 7H_2O$）0.7～1 千克/亩、硼砂（$Na_2B_4O_7 \cdot 10H_2O$）1 千克/亩；对于缺硫茶园，选择含硫肥料如硫酸铵、硫酸钾、过磷酸钙等。

（3）全年肥料运筹　原则上有机肥料、磷肥、钾肥和镁肥等以秋冬季基施为主，氮肥分次施用。其中，基肥施入全部的有机肥料、磷肥、钾肥、镁肥、微量元素肥料和占全年用量 30%～40% 的氮肥，施肥适宜时期在茶季结束后的 9 月底～10 月底，基肥结合深耕施用，施用深度在 20

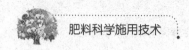

厘米左右。追肥一般以氮肥为主，追肥时期依据茶树生长和采茶状况来确定，催芽肥在采春茶前 30 天左右施入，用量为全年氮肥用量的 30% ~ 40%；夏茶追肥在春茶结束夏茶开始生长之前进行，一般在 5 月中下旬，用量为全年氮肥用量的 20% 左右；秋茶追肥在夏茶结束之后进行，一般在 7 月中下旬施用，用量为全年氮肥用量的 20% 左右。

对于只采春茶、不采夏秋茶的茶园，酌量减少氮肥用量，可按上述施肥用量的下限确定；同时适当调整全年肥料运筹，在春茶采摘结束、深（重）修剪之前追施全年用量 20% 的氮肥，当年 7 月下旬再追施 1 次氮肥，用量为全年氮肥用量的 20% 左右。

第十章

主要蔬菜科学施肥

我国地域广阔，种植的蔬菜种类繁多，主要有白菜类蔬菜、绿叶类蔬菜、茄果类蔬菜、瓜类蔬菜、豆类蔬菜、根菜类蔬菜、薯芋类蔬菜、葱蒜类蔬菜、多年生蔬菜、水生蔬菜等，而且南北方差异较大。采用科学施肥技术，是我国蔬菜生产的重要措施之一。随着现代农业的发展，人们对无公害、绿色、有机农产品的需求越来越多，蔬菜施肥时也应开始注重施肥的安全性。

 第一节　大白菜科学施肥

大白菜的种类很多，主要有山东胶州大白菜、北京青白、天津绿、东北大矮白菜、山西阳城的大毛边等，在我国南北各地均有适合的品种栽培。

一、大白菜的需肥特点

大白菜生长迅速，产量很高，对养分需求较多（表 10-1）。每生产1000 千克大白菜需吸收氮（N）2.2～2.5 千克、磷（P_2O_5）0.3～0.4 千克、钾（K_2O）1.2～1.7 千克，大致比例为 5.5:1:4。

表 10-1　不同产量水平下大白菜氮、磷、钾的吸收量

产量水平/（千克/亩）	养分吸收量/（千克/亩）		
	氮	磷	钾
5000	12.0	1.5	8.5
6000	14.4	2.2	9.2
8000	19.2	2.8	10.3
10000	22.4	3.3	13.8

大白菜的养分需要量在各生育期有明显差别。一般苗期（自播种起约31天）养分吸收较少，氮吸收量占氮吸收总量的5.1%~7.8%，磷吸收量占磷吸收总量的3.2%~5.3%，钾吸收量占钾吸收总量的3.6%~7.0%。进入莲座期（自播种起31~50天），大白菜生长加快，养分吸收量增长较快，氮吸收量占氮吸收总量的27.5%~40.1%，磷吸收量占磷吸收总量的29.1%~45.0%，钾吸收量占钾吸收总量的34.6%~54.0%。结球初、中期（自播种起50~69天）是生长最快、养分吸收量最多的时期，氮吸收量占氮吸收总量的30%~52%，磷吸收量占磷吸收总量的32%~51%，钾吸收量占钾吸收总量的44%~51%。结球后期至收获期（自播种起69~88天），养分吸收量明显减少，氮吸收量占氮吸收总量的16%~24%，磷吸收量占磷吸收总量的15%~20%，而钾吸收量占钾吸收总量的比例已不足10%。可见，大白菜需肥最多的时期是莲座期及结球初期，此时也是大白菜产量形成和优质管理的关键时期，要特别注意施肥。

二、大白菜缺素症的诊断与补救

要做好大白菜科学施肥，首先要了解大白菜缺肥时的各种表现症状。大白菜生产中常见的缺素症主要是缺氮、缺磷、缺钾、缺钙、缺镁、缺硼、缺锌、缺铁等，各种缺素症状与补救措施可以参考表10-2。

表10-2　大白菜缺素症状与补救措施

营养元素	缺素症状	补救措施
氮	早期植株矮小，叶片小而薄，叶色发黄，茎部细长，生长缓慢；中后期叶球不充实，包心期延迟，叶片纤维增加，品质下降	叶面喷施0.5%~1%尿素溶液2~3次
磷	植株矮小，生长不旺盛，叶小，呈暗绿色；茎细，根部发育细弱	叶面喷施0.2%磷酸二氢钾溶液3次
钾	初期下部叶缘出现黄白色斑点，迅速扩大成枯斑，叶缘呈干枯卷缩状；结球期出现结球困难或疏松	叶面喷施0.2%磷酸二氢钾溶液3次

（续）

营养元素	缺素症状	补救措施
钙	植株发生缘腐病，内叶边缘呈水浸状，甚至褐色坏死，干燥时似豆腐皮状，内部顶烧死，俗称"干烧心"，又称心腐病	从莲座期到结球期，每隔7~10天叶面喷施0.4%~0.7%硝酸钙溶液，共喷3次
镁	外叶的叶脉由浅绿色变成黄色	叶面喷施0.3%~0.5%硫酸镁溶液2~3次
铁	心叶先出现症状，脉间组织失绿呈浅绿色至黄白色，缺铁严重时，叶脉也会黄化	叶面喷施0.2%~0.5%硫酸亚铁溶液3~4次
锌	叶呈丛生状，到收获期不包心	叶面喷施0.2%~0.3%硫酸锌或螯合锌溶液2~3次
硼	开始结球时，心叶多皱褶，外部第5~7片幼叶的叶柄内侧生出横向裂伤，维管束呈褐色，随后外叶及球叶叶柄内侧也生裂痕，并在外叶叶柄的中肋内、外侧发生群聚性的褐色污斑，球叶中肋内侧表皮下出现黑点，呈木栓化，株矮，叶严重萎缩、粗糙，结球小、坚硬	在大白菜生长期间发生缺硼症，可用0.1%~0.2%硼砂溶液进行根际浇施，或用0.2%~0.3%硼砂溶液进行叶面喷施2~3次
锰	新叶的叶脉间变成浅绿色至白色	叶面喷施0.05%~0.1%硫酸锰溶液2~3次
铜	新叶的叶尖边缘变成浅绿色至黄色，生长不良	叶面喷施0.02%~0.04%硫酸铜溶液2~3次

三、大白菜科学施肥技术

借鉴2011—2021年农业农村部大白菜科学施肥指导意见和相关测土配方施肥技术研究资料、书籍，提出推荐施肥方法，供农民朋友参考。

1. 施肥原则

针对大白菜生产中盲目偏施氮肥，一次施肥量过大，氮、磷、钾配比不合理，盲目施用高磷复合肥料，部分地区有机肥料施用量不足，菜田土壤酸化严重等问题，提出以下施肥原则：依据土壤肥力条件和目标产量，

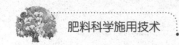

优化氮、磷、钾肥的用量；以基肥为主，基肥和追肥相结合。追肥以氮、钾肥为主，适当补充微量元素。莲座期之后加强追肥管理，包心前期需要增加1次追肥，采收前2周不宜追施氮肥；北方石灰性土壤有效硼、南方酸度大的土壤有效钼等微量元素含量较低，应注意微量元素的补充；土壤酸化严重时应适量施用石灰等酸性土壤调理剂；忌用没有充分腐熟的有机肥料，提倡施用商品有机肥料及腐熟的农家肥，以培肥地力。

2. 施肥建议

产量水平为4500～6000千克/亩时，施用有机肥料3000千克/亩、氮肥（N）10～13千克/亩、磷肥（P_2O_5）4～6千克/亩、钾肥（K_2O）13～17千克/亩；产量水平为3500～4500千克/亩时，施用有机肥料2000～3000千克/亩、氮肥（N）8～10千克/亩、磷肥（P_2O_5）3～4千克/亩、钾肥（K_2O）10～13千克/亩。

对于容易出现微量元素硼缺乏或往年已表现有缺硼症状的地块，可于播种前每亩基施硼砂1千克，或于生长中后期用0.1%～0.5%硼砂或硼酸溶液进行叶面喷施，每隔5～6天喷1次，连喷2～3次。大白菜为喜钙作物，除了基施含钙肥料（过磷酸钙）以外，也可采取叶面补充的方法，如喷施0.3%～0.5%氯化钙或硝酸钙溶液。南方菜田土壤pH小于5时，每亩需要施用生石灰100～150千克，可降低土壤酸度和补充钙。

全部有机肥料和磷肥以条施或穴施的方式作为底肥施用；氮肥的30%用作基肥，70%分2次分别于莲座期和结球前期结合灌溉作为追肥施用；注意在包心前期追施钾肥，追施量占总施钾量的50%左右。

 # 第二节　结球甘蓝科学施肥

结球甘蓝，别名卷心菜、洋白菜、高丽菜、椰菜、包包菜、圆菜等，为十字花科芸薹属的一年生或两年生草本植物，是我国重要的蔬菜作物。

一、结球甘蓝的需肥特点

结球甘蓝整个生长期吸收氮、磷、钾的大致比例为3∶1∶4，吸收的钾最多，其次是氮，磷较少。结球甘蓝喜硝态氮，吸收的养分中硝态氮占90%、铵态氮占10%时生长最好。每生产1000千克结球甘蓝需吸收氮（N）3.5～5.0千克、磷（P_2O_5）0.7～1.4千克、钾（K_2O）3.8～5.6千克。

结球甘蓝从播种到开始结球，生长量逐渐增大，氮、磷、钾的吸收量也逐渐增加，前期氮、磷的吸收量为氮、磷总吸收量的 15% ~ 20%，而钾的吸收量较少（只有 6% ~ 10%）；开始结球后，养分吸收量迅速增加，在结球的 30 ~ 40 天内，氮、磷的吸收量占氮、磷总吸收量的 80% ~ 85%，而钾的吸收量最多，占钾总吸收量的 90%。

结球甘蓝是喜肥作物，幼苗期氮、磷不足时植株生长发育会受到抑制。春季结球甘蓝育苗时容易出现先期抽薹现象。营养条件过差易造成抽薹；施肥过多时，幼苗生长快，受低温影响而更容易抽薹。所以对幼苗既要补充营养，又要适当控制施肥。一般情况下，苗期施少量速效性氮肥，有利于根系恢复生长，促进缓苗。

二、结球甘蓝缺素症的诊断与补救

要做好结球甘蓝科学施肥，首先要了解结球甘蓝缺肥时的各种表现症状。结球甘蓝生产中常见的缺素症主要是缺氮、缺磷、缺钾、缺钙、缺镁、缺硼、缺锌、缺铁、缺锰、缺铜、缺钼等，各种缺素症状与补救措施可以参考表 10-3。

表 10-3 结球甘蓝缺素症状与补救措施

营养元素	缺素症状	补救措施
氮	植株生长缓慢，叶片失绿，呈灰绿色、无光泽，叶型狭小挺直，结球不紧或难以包心	叶面喷施 0.5% ~ 1.0% 尿素蔗糖溶液直至症状消失为止
磷	叶背、叶脉呈紫红色，叶面呈暗绿色，叶缘枯死，结球小而易裂或不能结球	叶面喷施 0.2% 磷酸二氢钾溶液 3 次
钾	叶球内叶减少，包心不紧，球小而松，严重时不能包心，叶片边缘发黄或出现黄白色斑点，植株生长明显变差	叶面喷施 0.2% 磷酸二氢钾溶液 3 次
钙	内叶边缘连同新叶一起变枯，严重时结球初期未结球的叶片叶缘皱缩褐腐，结球期缺钙会发生心腐	从莲座期到结球期，每隔 7 ~ 10 天叶面喷施 1 次 0.4% ~ 0.7% 硝酸钙溶液，共喷 3 次

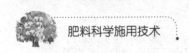
（续）

营养元素	缺素症状	补救措施
镁	外叶叶片的叶脉间呈浅绿色或红紫色	叶面喷施 0.3%～0.5% 硫酸镁溶液 2～3 次
铁	幼叶的叶脉间失绿，呈浅黄色至黄白色；细小的网状叶脉仍保持绿色。缺铁严重时叶脉会黄化	叶面喷施 0.2%～0.5% 硫酸亚铁溶液 3 次
锌	植株生长变差，叶柄及叶片呈紫色	叶面喷施 0.2%～0.3% 硫酸锌或螯合锌溶液 2～3 次
硼	中心叶畸形，外叶向外卷，叶脉间变黄；茎叶发硬，叶柄外侧发生横向裂纹	叶面喷施 0.2%～0.3% 硼砂溶液或稀释 1500 倍的 20% 进口速乐硼 2～3 次
锰	新叶叶片变成浅绿色全黄色	叶面喷施 0.05%～0.1% 硫酸锰溶液 2～3 次
铜	叶色浅绿，植株生长差，叶易萎蔫	叶面喷施 0.02%～0.04% 硫酸铜溶液 2～3 次
钼	植株矮小、生长不良，叶片畸变，叶肉严重退化缺失	叶面均匀喷施 0.05%～0.1% 钼酸铵溶液 1～3 次

三、结球甘蓝科学施肥技术

借鉴 2011—2021 年农业农村部结球甘蓝科学施肥指导意见和相关测土配方施肥技术研究资料、书籍，提出推荐施肥方法，供农民朋友参考。

1. 施肥原则

针对露地结球甘蓝生产中不同田块有机肥料的施用量差异较大，盲目偏施氮肥现象严重，钾肥施用量不足，"重大量元素，轻中量元素"现象普遍，施肥时期和方式不合理，过量灌溉造成水肥浪费普遍等问题，提出以下施肥原则：合理施用有机肥料，有机肥料与化学肥料配合施用，氮、磷、钾肥的施用应遵循控氮、稳磷、增钾的原则；肥料施用时宜基肥和追肥相结合；追肥以氮、钾肥为主；注意在莲座期至结球后期适当喷施钙、硼等中、微量元素，防止"干烧心"等生理性病害的发生；土壤酸化严重时应适量施用石灰等酸性土壤调理剂；与高产栽培技术，特别是节水灌溉技术结合，以充分发挥水肥耦合效应，提高肥料利用率。

2. 施肥建议

一次性施用优质农家肥 2000 千克/亩作为基肥；产量水平为 5500 千克/亩以上时，推荐施用氮肥（N）12～14 千克/亩、磷肥（P_2O_5）5～8 千克/亩、钾肥（K_2O）12～14 千克/亩；产量水平为 4500～5500 千克/亩时，推荐施用氮肥（N）10～12 千克/亩、磷肥（P_2O_5）4～5 千克/亩、钾肥（K_2O）10～12 千克/亩；产量水平低于 4500 千克/亩时，推荐施用氮肥（N）8～10 千克/亩、磷肥（P_2O_5）3～4 千克/亩、钾肥（K_2O）8～10千克/亩。

往年"干烧心"发生较严重的田块，注意控氮补钙，可于莲座期至结球后期叶面喷施 0.3%～0.5% 氯化钙溶液或硝酸钙溶液 2～3 次。南方地区的田块土壤 pH 小于 5 时，宜在整地前每亩施用生石灰 100～150 千克；土壤 pH 小于 4.5 时，宜在整地前每亩需施用生石灰 150～200 千克。缺硼的田块，可基施硼砂 0.5～1 千克/亩，或叶面喷施 0.2%～0.3% 硼砂溶液 2～3 次。同时，可结合喷药喷施 0.5% 磷酸二氢钾溶液 2～3 次，以提高结球甘蓝的净菜率和商品率。

氮、钾肥的 30%～40% 用于基施，60%～70% 在莲座期和结球初期分 2 次追施。注意在结球初期增施钾肥，磷肥全部作为基肥条施或穴施。

第三节 萝卜科学施肥

萝卜为十字花科萝卜属的二年生草本植物，起源于我国，被广泛栽培于世界各地。目前我国栽培的萝卜有两大类：一类是最常见的大型萝卜，分类上称为中国萝卜；另一类是小型萝卜，分类上称为四季萝卜。

一、萝卜的需肥特点

萝卜对氮、磷、钾的需要量因栽培地区、产量水平及品种等因素而有差别。每生产 1000 千克萝卜，需从土壤中吸收氮（N）2.1～3.1 千克、磷（P_2O_5）0.8～1.9 千克、钾（K_2O）3.8～5.6 千克、钙（CaO）0.8～1.1 千克、镁（MgO）0.3～0.3 千克，氮、磷、钾的比例为 1:0.2:1.8。可见萝卜是喜钾蔬菜，而且不应过多施用氮肥。另外，萝卜对硼比较敏感，在肉质根膨大前期和盛期叶面喷施硼肥，可有效提高萝卜的品质。

萝卜不同生育期对氮、磷、钾的吸收量差别很大，一般幼苗期吸氮量

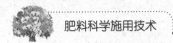

较多，对磷、钾的吸收量较少；进入肉质根膨大前期，植株对钾的吸收量显著增加，其次为氮、磷；肉质根膨大盛期是养分吸收的高峰期，此期吸氮量占全生育期总吸氮量的 77.3%、吸磷量占总吸磷量的 82.9%、吸钾量占总吸钾量的 76.6%，因此，保证这一时期的营养供应充足是萝卜丰产的关键。

二、萝卜缺素症的诊断与补救

要做好萝卜科学施肥，首先要了解萝卜缺肥时的各种表现症状。萝卜生产中常见的缺素症主要是缺氮、缺磷、缺钾、缺钙、缺镁、缺硫、缺硼、缺锌、缺铁、缺锰、缺铜、缺钼等，各种缺素症状与补救措施可以参考表 10-4。

表 10-4　萝卜缺素症状与补救措施

营养元素	缺素症状	补救措施
氮	自老叶至新叶逐渐老化，叶片瘦小，基部变黄；植株生长缓慢，肉质根短细瘦弱、不膨大	每亩追施尿素 7.5~10 千克，或用人粪尿加水稀释浇灌
磷	植株矮小，叶片小、呈暗绿色，下部叶片变为紫色或红褐色；侧根发育不良，肉质根不膨大	叶面喷施 0.2%~0.3% 磷酸二氢钾溶液或 0.5% 过磷酸钙浸出液 2~3 次
钾	老叶尖端和叶边发黄，变为褐色，沿叶脉出现组织坏死性斑点，肉质根膨大时出现症状	叶面喷施 1% 氯化钾溶液或 2%~3% 硝酸钾溶液或 3%~5% 草木灰浸出液 2~3 次
钙	新叶的生长发育受阻，同时叶缘变为褐色、枯死	叶面喷施 0.3% 氯化钙溶液 2~3 次
镁	叶片主脉间明显失绿，有多种色彩的斑点，但不易出现组织坏死症	叶面喷施 0.1% 硫酸镁溶液 2~3 次
硫	幼芽先变成黄色，心叶先失绿黄化，茎细弱，根细长、呈暗褐色，白根少	叶面喷施 0.5%~2% 硫酸盐溶液，或结合镁、锌、铁、铜、锰等缺素症一并防治

（续）

营养元素	缺素症状	补救措施
钼	症状从下部叶片开始出现，顺序扩展到嫩叶，老叶的叶脉较快黄化，新叶慢慢黄化，黄化部分逐渐扩大，叶缘向内翻卷成杯状，叶片瘦长、呈螺旋状扭曲	叶面喷施 0.02% ~ 0.05% 钼酸铵溶液 2~3 次
硼	茎尖死亡，叶和叶柄脆弱易断，肉质根变色坏死，折断可见其中心变黑	叶面喷施 0.1% ~ 0.2% 硼砂或硼酸溶液 2~3 次
锌	新叶出现黄斑，小叶丛生，黄斑扩展至全叶，顶芽不枯死	叶面喷施 0.1% ~ 0.2% 硫酸锌溶液 2~3 次
铁	植株易发生失绿症，顶芽和新叶黄化、白化，最初叶片间部分失绿，仅在叶脉残留网状绿色，最后全部变黄，但不产生坏死的褐斑	叶面喷施 0.2% ~ 0.5% 硫酸亚铁溶液 2~3 次
锰	植株发生失绿症，叶脉变成浅绿色，部分黄化枯死，一般在施用石灰的土壤易缺锰	叶面喷施 0.05% ~ 0.1% 硫酸锰溶液 2~3 次
铜	植株衰弱，叶柄软弱，柄细叶小，从老叶开始黄化枯死，叶片出现水渍状病斑	叶面喷施 0.02% ~ 0.04% 硫酸铜溶液 2~3 次

三、萝卜科学施肥技术

借鉴 2011—2021 年农业农村部萝卜科学施肥指导意见和相关测土配方施肥技术研究资料、书籍，提出推荐施肥方法，供农民朋友参考。

1. 施肥原则

针对萝卜生产中存在的重氮、磷肥轻钾肥，氮、磷、钾肥施用比例失调，磷、钾肥施用时期不合理，有机肥料施用明显不足，对微量元素肥料施用的重视程度不够等问题，提出以下施肥原则：依据土壤肥力条件和目标产量，优化氮、磷、钾肥的用量，特别注意适度降低氮、磷肥的用量，增施钾肥；北方田块石灰性土壤中有效锰、锌、硼、钼等微量元素含量较

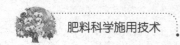

低，应注意微量元素的补充；南方田块酸化严重时应适量施用石灰等酸性土壤调理剂；合理施用有机肥料，以提高萝卜产量和改善品质，忌用没有充分腐熟的有机肥料，提倡施用商品有机肥料及腐熟的农家肥。

2. 施肥建议

产量水平为 1000～1500 千克/亩的小型萝卜（四季萝卜），可施用有机肥料 250～500 千克/亩；产量水平为 4500～5000 千克/亩的高产品种，可施用有机肥料 1500～2000 千克/亩或商品有机肥料 100～150 千克/亩；产量水平为 4000 千克/亩以上时，推荐施用氮肥（N）10～12 千克/亩、磷肥（P_2O_5）4～6 千克/亩、钾肥（K_2O）10～13 千克/亩；产量水平为 2500～4000 千克/亩时，推荐施用氮肥（N）6～10 千克/亩、磷肥（P_2O_5）3～5 千克/亩、钾肥（K_2O）8～10 千克/亩；产量水平为 1000～2500 千克/亩时，推荐施用氮肥（N）4～6 千克/亩、磷肥（P_2O_5）2～4 千克/亩、钾肥（K_2O）5～8 千克/亩。

对容易出现硼缺乏的田块，或往年已有缺硼表现的田块，可于播种前每亩基施硼砂 1 千克，或于萝卜生长中后期用 0.1%～0.5% 硼砂或硼酸溶液进行叶面喷施，每隔 5～6 天喷 1 次，连喷 2～3 次。

基肥施用全部的有机肥料和磷肥，以及氮肥和钾肥总量的 40%；追肥施用氮肥总量的 60%，于莲座期和肉质根生长前期分 2 次施用，钾肥总量的 60% 主要在肉质根生长前期和膨大期追施。

第四节　番茄科学施肥

番茄，又名西红柿、洋柿子，为一年生草本植物，是喜温、喜光性蔬菜，对土壤条件要求不太严格。番茄原产于南美洲，在我国南北方广泛栽培。

一、番茄的需肥特点

番茄是需肥较多且耐肥的茄果类蔬菜，不仅需要氮、磷、钾，而且对钙、镁等的需要量也较大。一般认为，每 1000 千克番茄需氮（N）2.6～4.6 千克、磷（P_2O_5）0.5～1.3 千克、钾（K_2O）3.3～5.1 千克、钙（CaO）2.5～4.2 千克、镁（MgO）0.4～0.9 千克。

番茄不同生育期对养分的吸收量，一般随生育期的推进而增加。在幼苗期以氮营养为主，在第一穗果开始结果时，对氮、磷、钾的吸收量迅速增加，氮的吸收量占三要素吸收总量的50%，而钾的吸收量只占32%；到结果盛期和开始收获期，氮的吸收量只占36%，而钾的吸收量已占50%，在结果期磷的吸收量约占15%。番茄对钾的吸收规律为：从坐果开始吸钾量一直直线上升，果实膨大期的吸钾量约占全生育期吸钾总量的70%以上，直到收获后期对钾的吸收量才稍有减少。番茄对氮和钙的吸收规律基本相同，从定植至收获末期，氮和钙的累计吸收量直线上升，从第一穗果膨大期开始，吸收速率迅速增大，吸氮量急剧增加。番茄对磷和镁的吸收规律基本相似，随着生育期的进展对磷、镁的吸收量也逐渐增多，但是与氮相比，磷、镁的累积吸收量都比较低。虽然苗期对磷的吸收量较小，但磷对苗期以后的生长发育影响很大，供磷不足不利于花芽分化和植株发育。

二、番茄缺素症的诊断与补救

要做好番茄科学施肥，首先要了解番茄缺肥时的各种表现症状。番茄生产中常见的缺素症主要是缺氮、缺磷、缺钾、缺钙、缺镁、缺硼、缺锌、缺铁、缺锰、缺铜、缺钼等，各种缺素症状与补救措施可以参考表10-5。

表10-5　番茄缺素症状与补救措施

营养元素	缺素症状	补救措施
氮	植株生长缓慢，初期老叶呈黄绿色，后期全株呈浅绿色，叶片细小、直立，叶脉由黄绿色变为深紫色；茎秆变硬，果实变小	可将碳酸氢铵或尿素等混入10~15倍的腐熟有机肥料中，施于植株两侧后覆土浇水；也可叶面喷施0.2%尿素溶液2~3次
磷	早期叶背呈紫红色，叶片上出现褐色斑点，叶片僵硬，叶尖呈黑褐色枯死；叶脉逐渐变为紫红色；茎细长且富含纤维；结果延迟	叶面喷施0.2%~0.3%磷酸二氢钾溶液2~3次
钾	初期叶缘出现针尖大小的黑褐色斑点，之后茎部也出现黑褐色斑点，叶缘卷曲；根系发育不良；幼果易脱落，或畸形果多	叶面喷施0.2%~0.3%磷酸二氢钾溶液或1%草木灰浸出液2~3次
钙	植株瘦弱、萎蔫，心叶边缘发黄皱缩，严重时心叶枯死，植株中部叶片出现黑褐色斑点，之后全株叶片上卷；根系不发达；果实易发生脐腐病及出现空洞果	叶面喷施0.3%~0.5%氯化钙溶液，每隔3~4天喷1次，连喷2~3次

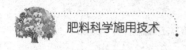

（续）

营养元素	缺素症状	补救措施
镁	植株下部老叶失绿，后向上部叶扩展，形成黄花斑叶；严重时叶缘上卷，叶脉间出现坏死斑，叶片干枯，最后全株变黄	叶面喷施1%～3%硫酸镁溶液2～3次
硫	叶色浅绿，叶片向上卷曲；植株呈浅绿色或黄绿色；心叶枯死或结果少	结合镁、锌、铜等缺素症防治喷施含硫肥料
锌	植株从中部叶开始失绿，与健康叶相比，叶脉清晰可见，叶脉间逐渐失绿，叶缘黄化，变成褐色，叶片呈螺旋状卷曲并变小，甚至丛生；新叶不黄化	叶面喷施0.1%～0.2%硫酸锌溶液1～2次
硼	缺硼最显著的症状是叶片失绿或变为橘红色，生长点颜色发暗，严重时生长点凋萎死亡；茎及叶柄脆弱，叶片易脱落，根系发育不良变为褐色；易产生畸形果，果皮上有褐色斑点	叶面喷施0.1%～0.2%硼砂溶液，每隔5～7天喷1次，共喷2～3次
锰	叶片的脉间组织失绿，距主脉较远的地方先发黄，叶脉保持绿色，以后叶片上出现花斑，最后叶片变黄。很多情况下，在黄斑出现前先出现褐色小斑点。严重时，植株生长受到抑制，不开花，不结果	叶面喷施1%硫酸锰溶液2～3次
铁	新叶除叶脉外均呈黄色，腋芽上长出脉间组织黄化的叶片	叶面喷施0.1%～0.5%硫酸亚铁溶液或100毫克/千克柠檬铁溶液，每隔3～4天喷1次，共喷3～5次
铜	植株节间变短，全株呈丛生枝，初期幼叶变小，老叶的脉间组织失绿；严重时，叶片呈褐色、枯萎，幼叶失绿	叶面喷施0.02%～0.03%硫酸铜溶液2～3次
钼	植株长势差，幼叶失绿，叶缘和叶脉间的叶肉呈黄色斑状，叶缘向内部卷曲，叶尖萎缩，常造成植株开花不结果	分别在苗期与开花期每亩喷施0.05%～0.1%钼酸铵溶液50千克，共喷1～2次

三、番茄科学施肥技术

借鉴 2011—2021 年农业农村部番茄科学施肥指导意见和相关测土配方施肥技术研究资料、书籍，提出推荐施肥方法，供农民朋友参考。

1. 设施栽培番茄科学施肥

番茄的主要设施栽培方式有 4 种：一是春早熟栽培，主要采用塑料大棚、日光温室等设施；二是秋延迟栽培，主要采用塑料大棚、塑料小拱棚等设施；三是越冬长季栽培，主要采用日光温室等设施；四是越夏避雨栽培，主要采用冬暖大棚在夏季休闲期进行避雨栽培。

（1）施肥原则　华北等北方地区多用日光温室，华中、西南地区多用中小拱棚，针对生产中存在的氮、磷、钾肥用量偏高，养分投入比例不合理，土壤中氮、磷、钾养分积累明显，过量灌溉导致养分损失严重，土壤酸化现象普遍，钙、镁、硼等养分供应出现障碍，连作障碍等导致土壤质量退化严重和蔬菜品质下降等问题，提出以下施肥原则：合理施用有机肥料（建议用植物源有机堆肥），调整氮、磷、钾肥的用量，非石灰性土壤及酸性土壤需补充钙、镁、硼等中、微量元素；根据作物产量、茬口及土壤肥力条件合理分配化学肥料，大部分磷肥用于基施，氮、钾肥用于追施；生长前期不宜频繁追肥，重视花后和中后期追肥；施肥与滴灌施肥技术结合，采用"少量多次"的原则；土壤退化的老棚需进行秸秆还田或施用高碳氮比的有机肥料，少施禽粪肥，增加轮作次数，达到消除土壤盐渍化和减轻连作障碍的目的；土壤酸化严重时应适量施用石灰等酸性土壤调理剂。

（2）施肥建议　育苗肥应增施腐熟的有机肥料，补施磷肥。每 10 米^2 苗床施腐熟的禽粪 60~100 千克、钙镁磷肥 0.5~1 千克、硫酸钾 0.5 千克，根据苗情喷施 0.05%~0.1% 尿素溶液 1~2 次；基肥施用优质有机肥料 2000 千克/亩。

产量水平为 8000~10000 千克/亩时，推荐施用氮肥（N）25~30 千克/亩、磷肥（P_2O_5）8~18 千克/亩、钾肥（K_2O）20~35 千克/亩；产量水平为 6000~8000 千克/亩时，推荐施用氮肥（N）20~25 千克/亩、磷肥（P_2O_5）6~8 千克/亩、钾肥（K_2O）18~25 千克/亩；产量水平为 4000~6000 千克/亩时，推荐施用氮肥（N）15~20 千克/亩、磷肥（P_2O_5）5~7 千克/亩、钾肥（K_2O）15~20 千克/亩。

菜田土壤 pH 小于 6 时易出现钙、镁、硼缺乏，可基施石灰（钙肥）50~75 千克/亩、硫酸镁（镁肥）4~6 千克/亩，根外补施 2~3 次 0.1%

硼肥溶液。70%以上的磷肥作为基肥条（穴）施，其余随复合肥追施，20%～30%氮钾肥基施，70%～80%在花后至果穗膨大期间分4～8次随水追施，每次追施氮肥（N）不超过5千克/亩。若采用滴灌施肥技术，在开花坐果期、结果期和盛果期每间隔7～10天追肥1次，每次施氮（N）量可降至3千克/亩。

2. 露地栽培番茄科学施肥

（1）育苗肥　培育壮苗不仅需要肥沃疏松的床土，而且还需要土壤中有丰富的速效氮、速效磷、速效钾和其他养分，pH为6～7。

配制番茄育苗床土可以根据具体情况选择使用不同的肥料。例如，没有种过番茄的菜园土1/3＋腐熟马粪2/3（按体积计算），在每100千克营养土中加过磷酸钙3千克、硫酸钾0.2千克；或没有种过番茄的菜园土40%＋河泥20%＋腐熟厩肥30%＋草木灰10%（按体积计算），在每100千克营养土中加过磷酸钙2千克。

苗期追肥　一般结合浇水进行，常用充分腐熟的稀粪。追肥后，随即喷洒清水，淋去叶面上的粪肥，并开棚通气，除去叶面上的水分。另外，也可以用0.1%～0.2%尿素溶液进行叶面喷施。

（2）大田底肥　要想每亩获得5000千克的产量，应施用优质的腐熟有机肥料4000～6000千克、过磷酸钙35～50千克、硫酸钾10千克，或施用番茄专用配方肥80～120千克。磷肥要事先掺入有机肥料中堆沤，然后再在翻地时均匀地施入耕作层。

（3）生育期追肥　在番茄定植后10～15天冲施番茄专用冲施肥5～10千克或尿素10千克。在第一穗果开始膨大到乒乓球大小时，每亩施尿素9～12千克或硫酸铵20～26千克、硫酸钾12～15千克；或冲施番茄专用冲施肥15～20千克。当第一穗果即将采收，第二穗果膨大至乒乓球大小时，每亩施尿素9～12千克或硫酸铵20～26千克、硫酸钾12～15千克；或冲施番茄专用冲施肥15～20千克。在第二穗果即将采收，第三穗果膨大到乒乓球大小时，每亩施8～10千克尿素或18～24千克硫酸铵；或冲施番茄专用冲施肥10～15千克。

（4）叶面追肥　在番茄盛果后期，可结合打药，于晴天傍晚进行叶面施肥。用0.3%～0.5%尿素或0.5%～1.0%磷酸二氢钾溶液，喷洒2～3次。从番茄第一次开花后15天开始，每隔10天左右用0.5%氯化钙溶液于下午5：00～6：00喷施于番茄叶的反面；4～5天后，再喷施0.1%～0.25%硼砂溶液、0.05%～0.1%硫酸锌溶液。

身边案例

越冬长季设施栽培番茄水肥一体化施肥技术方案

番茄的越冬长季设施栽培一般利用日光温室进行，番茄多在 11 月上旬定植，第二年 2~7 月收获。越冬长季设施栽培番茄，可以利用滴灌等设备结合灌水进行追肥。如果采取灌溉施肥，生产上常用氮、磷、钾含量总和为 50% 以上的水溶性肥料进行灌溉施肥，选择适合设施番茄的配方主要有：16-20-14 + TE、22-4-24 + TE、20-5-25 + TE 等水溶性肥料配方。不同生育期灌溉施肥次数及用量可参考表 10-6。

表 10-6　越冬长季设施栽培番茄灌溉施肥的水肥推荐方案

生育期	养分配方	每次施肥量/（千克/亩）		施肥次数（次）	生育期肥料总用量/（千克/亩）		每次灌溉水量/米³	
		滴灌	沟灌		滴灌	沟灌	滴灌	沟灌
缓苗后	16-20-14 + TE	6~7	7~8	1	6~7	7~8	12~15	15~20
开花坐果期	16-20-14 + TE	13~14	14~15	1	13~14	14~15	12~15	15~20
果实膨大期	22-4-24 + TE	11~12	12~13	4	44~48	48~52	12~15	15~20
采收初期	22-4-24 + TE	6~7	7~8	4	24~28	28~32	12~15	15~20
采收盛期	20-5-25 + TE	10~11	11~12	8	80~88	88~96	12~15	15~20
采收末期	20-5-25 + TE	6~7	7~8	2	12~14	14~16	12~15	15~20

注：1. 本方案适用于越冬长季日光温室越冬番茄栽培，轻壤或中壤土质，土壤 pH 为 5.5~7.6，要求土层深厚，排水条件较好，土壤中磷和钾的含量处于中等水平。目标产量为 10000 千克/亩。

2. 定植前施基肥，定植前 3~7 天结合整地，撒施或沟施基肥。每亩施生物有机肥 500~600 千克或无害化处理过的有机肥料 5000~6000 千克、番茄有机型专用肥 60~80 千克；也可每亩施生物有机肥 500~600 千克或无害化处理过的有机肥料 5000~6000 千克、尿素 15~25 千克、过磷酸钙 50~60 千克、大粒钾 20~35 千克。第一次灌水时用沟灌法浇透，以促进有机肥料的分解和沉实土壤。

3. 番茄是连续开花和坐果的蔬菜，分别在缓苗后、开花坐果期、果实膨大期、采收期多次进行滴灌施肥。肥料品种也可选用尿素、工业级磷酸一铵和氯化钾，施用量可进行折算。

4. 采收后期可进行叶面追肥。选择晴天傍晚或雨后晴天喷施 0.2%~0.3% 磷酸二氢钾或尿素溶液。若发生脐腐病可及时喷施 0.5% 氯化钙溶液，连喷数次，防治效果明显。

5. 参照灌溉施肥制度表提供的养分量，可以选择其他的肥料品种组合，并换算成具体的肥料数量。

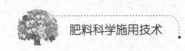

第五节 辣椒科学施肥

辣椒，也称牛角椒、长辣椒、菜椒等，属于茄科辣椒属，是一年或有限多年生草本植物。辣椒是我国主要的夏秋蔬菜之一。

一、辣椒的需肥特点

辣椒吸肥量较多，每生产1000千克鲜辣椒需氮（N）3.5~5.5千克、磷（P_2O_5）0.7~1.4千克、钾（K_2O）5.5~7.2千克、钙（CaO）2~5千克、镁（MgO）0.7~3.2千克。不同产量水平下辣椒对氮、磷、钾的吸收量见表10-7。

表10-7 不同产量水平下辣椒对氮、磷、钾的吸收量

产量水平/（千克/亩）	养分吸收量/（千克/亩）		
	氮	磷	钾
2000	10.4	0.9	10.7
3000	15.6	1.4	16.1
4000	20.7	1.9	21.5

辣椒在各个不同生育期，所吸收的氮、磷、钾等营养物质的量也有所不同。从出苗到现蕾，由于根少叶小，干物质积累较慢，因而需要的养分也少，约占全生育期吸收总量的5%；从现蕾到初花，植株生长加快，营养体迅速扩大，干物质积累量也逐渐增加，对养分的吸收量增多，约占全生育期吸收总量的11%；从初花至盛花结果是辣椒营养生长和生殖生长旺盛的时期，也是吸收养分和氮最多的时期，约占全生育期吸收总量的34%；从盛花至成熟期，植株的营养生长较弱，这时对磷、钾的需要量最多，约占全生育期吸收总量的50%；在成熟果收摘后，为了及时促进枝叶生长发育，这时又需施用较大量的氮肥。

二、辣椒缺素症的诊断与补救

要做好辣椒科学施肥，首先要了解辣椒缺肥时的各种表现症状。辣椒生产中常见的缺素症主要是缺氮、缺磷、缺钾、缺钙、缺镁、缺硫、缺硼、缺锌、缺铁、缺锰、缺铜、缺钼等，各种缺素症状与补救措施可以参

考表10-8。

表10-8 辣椒缺素症状与补救措施

营养元素	缺素症状	补救措施
氮	幼苗缺氮时，植株生长不良，叶呈浅黄色，植株矮小，停止生长。成株期缺氮时，全株叶片呈浅黄色（严重时病株叶片呈金黄色）	叶面喷施0.2%~0.3%尿素溶液2~3次
磷	苗期缺磷时，植株矮小，叶色深绿，由下而上落叶，叶尖变黑、枯死，生长停滞，早期缺磷一般很少表现症状。成株期缺磷时，植株矮小，叶背多呈紫红色，茎细、直立、分枝少，结果和成熟延迟，并引起落蕾、落花	叶面喷施0.2%~0.3%磷酸二氢钾溶液或0.5%过磷酸钙浸出液2~3次
钾	症状多表现在开花以后。发病初期，下部叶尖开始发黄，然后沿叶缘在叶脉间形成黄色斑点，叶缘逐渐干枯，并向内扩展至全叶，叶呈灼伤状或坏死状，果实变小；叶片症状是从老叶到新叶、从叶尖向叶柄发展。如果土壤钾不足，在结果期叶片会表现缺钾症状，坐果率低，产量不高	叶面喷施0.2%~0.3%磷酸二氢钾溶液或1%草木灰浸出液2~3次
钙	辣椒对钙的吸收量比番茄低，若不足，则易诱发果实脐腐病	叶面喷施0.5%氯化钙溶液2~3次
镁	叶片变成灰绿色，接着叶脉间黄化，基部叶片脱落，植株矮小，果实稀疏，发育不良	叶面喷施1%~3%硫酸镁或1%硝酸镁溶液2~3次
硫	植株生长缓慢，分枝多，茎坚硬、木质化，叶呈黄绿色、僵硬，结果少或不结果	结合镁、锌、铜等缺素症防治喷施含硫肥料
锌	植株矮小，发生顶枯，顶部小叶丛生，叶畸形细小，叶片上有褐色条斑，叶片易枯黄或脱落	叶面喷施0.1%硫酸锌溶液1~2次
硼	茎叶变脆、易折，上部叶片扭曲畸形，果实易出毛根	叶面喷施0.05%~0.1%硼砂溶液2~3次

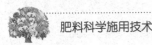

（续）

营养元素	缺素症状	补救措施
锰	中上部叶片的叶脉间变成浅绿色	叶面喷施 1% 硫酸锰溶液 2～3 次
铁	上部叶的叶脉仍呈绿色，叶脉间变成浅绿色	叶面喷施 0.5%～1% 硫酸亚铁溶液 3～5 次
铜	顶部叶片呈罩盖状，植株生长差	叶面喷施 0.02%～0.03% 硫酸铜溶液 2～3 次
钼	叶脉间出现黄斑，叶缘向内侧卷曲	叶面喷施 0.05%～0.1% 钼酸铵溶液 1～2 次

三、辣椒科学施肥技术

借鉴 2011—2021 年农业农村部辣椒科学施肥指导意见和相关测土配方施肥技术研究资料、书籍，提出推荐施肥方法，供农民朋友参考。

1. 设施栽培辣椒科学施肥

（1）施肥原则　针对生产中普遍存在的重施氮肥，轻施磷钾肥；重施化肥，轻施或不施有机肥料，忽视中、微量元素肥料等突出问题，提出以下施肥原则：因地制宜增施优质有机肥料；开花期控制施肥，从始花到分枝坐果期，除植株严重缺肥可略施速效肥外，都应控制施肥，以防止落花、落叶、落果；幼果期和采收期要及时施用速效肥，以促进幼果迅速膨大；辣椒移栽后到开花期前，促控结合，薄肥勤浇；忌用高浓度肥料，忌湿土追肥，忌在中午高温时追肥，忌过于集中追肥。

（2）施肥建议　将优质农家肥 2000～4000 千克/亩作为基肥一次性施用。产量水平为 2000 千克/亩以下时，施氮肥（N）10～12 千克/亩、磷肥（P_2O_5）3～4 千克/亩、钾肥（K_2O）8～10 千克/亩；产量水平为 2000～4000 千克/亩时，施氮肥（N）15～18 千克/亩、磷肥（P_2O_5）4～5 千克/亩、钾肥（K_2O）10～12 千克/亩；产量水平为 4000 千克/亩以上时，施氮肥（N）18～22 千克/亩、磷肥（P_2O_5）5～6 千克/亩、钾肥（K_2O）13～15 千克/亩。将氮肥总量的 20%～30% 用作基肥，70%～80% 用作追肥；磷肥全部用作基肥；钾肥总量的 50%～60% 用作基肥，40%～50% 用作追肥。在辣椒生长中期注意分别喷施适宜的叶面硼肥和叶面钙肥产品，防治辣椒脐腐病。

2. 露地栽培辣椒科学施肥

（1）**育苗施肥**　以宽 1.2 米、长 10 米的畦为标准，每畦内施入充分腐熟的牛粪 175 千克、研碎的辣椒专用配方肥 1 千克、过磷酸钙 0.25 千克，能平衡发芽后所需要的多种元素和养分。施肥后和播种前要灌足水，使地表下 20 厘米的土层土壤保持湿润。定植前 15～20 天冲施辣椒专用冲施肥 1 千克。

（2）**大田基肥**　辣椒宜用迟效性肥料，每亩用厩肥 5000～6000 千克，辣椒专用配方肥 50 千克，将上述肥料混匀后，结合整地沟施或穴施，覆土后移苗定植、浇水。

（3）**大田追肥**　第一次追肥在植株成活后，每亩冲施辣椒专用冲施肥 10～15 千克或硫酸铵 20～25 千克。第二次追肥在植株现蕾时，用人粪尿约 600 千克稀释 3 倍或硫酸铵 15 千克兑水配成 4% 溶液灌根，或冲施辣椒专用冲施肥 10 千克。第三次追肥于 5 月下旬，第一簇果实开始长大时，这时需要大量的营养物质来促进枝叶生长，否则不但影响结果而且植株生长也受到抑制，此时宜用速效性肥料，每亩用人粪尿约 800 千克稀释 2 倍灌根；或硫酸铵约 20 千克、过磷酸钙约 15 千克，将上述肥料混匀后条施或穴施后浇水；或冲施辣椒专用冲施肥 20～25 千克。第四次追肥在 6 月下旬，此时天气转热，正是辣椒结果旺期，结合浇水追肥，用肥量和施肥方法参照第三次追肥。第五次追肥在 8 月上旬，此时气温高，辣椒生长缓慢，叶色浅绿，果实小而结果少，每亩用人粪尿约 800 千克稀释 5 倍或 2% 硫酸铵溶液，以促进秋后辣椒枝叶的生长和结果。第六次追肥在 9 月中旬，施用量和施肥方法参照第五次，保证生长后期的收获。

3. 露地栽培甜椒科学施肥

露地甜椒科学施肥技术可参考表 10-9。

表 10-9　露地甜椒科学施肥技术简表

施肥类型	施肥技术	作用
基肥	亩产为 5000 千克时，施用有机肥料 5000～8000 千克（猪圈粪、人粪尿、土杂肥等），过磷酸钙 25～50 千克与有机肥料堆制，掺入硫酸钾 25～30 千克。整地前撒施 60% 基肥，定植时沟施 40%	保证较长时期对肥料的需要

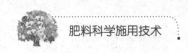

（续）

施肥类型	施肥技术	作用
育苗肥	在 11.3 米^2 的苗床上，施入 150 ~ 200 千克有机肥料，撒施过磷酸钙 1 ~ 2 千克，翻耕 3 ~ 4 遍	
追肥	门椒以上的茎叶长出 3 ~ 4 节时，结合浇水追施腐熟的人粪尿每亩 2000 千克。15 天后，追施第二次，量同前。30 天后，每亩追施有机肥料 1500 ~ 2000 千克，硫酸铵 20 千克	保果壮秧
叶面追肥	在开花结果期，也可叶面喷施 0.5% 尿素和 0.3% 磷酸二氢钾溶液	提高结果数，改善果实品质

第六节　茄子科学施肥

　　茄子，又名矮瓜、白茄、吊菜子、落苏、紫茄、青茄，为草本或亚灌木植物，植株高度可达 1 米。茄子原产于亚洲的热带地区，我国各省均有栽培。茄子喜温怕湿、喜光不耐阴、喜肥耐肥、生育期长、需肥量大。

一、茄子的需肥特点

　　有关研究资料表明，生产 1000 千克茄子需氮（N）2.62 ~ 3.3 千克、磷（P_2O_5）0.63 ~ 1.0 千克、钾（K_2O）4.7 ~ 5.6 千克、钙（CaO）1.2 千克、镁（MgO）0.5 千克，其吸收比例为 1:0.27:1.42:0.39:0.16。从全生育期来看，茄子对钾的吸收量最多，氮、钙次之，磷、镁最少。

　　茄子对各种养分吸收的特点是：从定植开始到收获结束逐步增加，特别是开始收获后养分吸收量增多，至收获盛期急剧增加。其中在生长中期吸收钾与吸收氮的情况相近，到生育后期钾的吸收量远比氮要多，到后期磷的吸收量虽有所增多，但与钾、氮相比要小得多。

　　在苗期，氮、磷、钾三要素的吸收量分别仅为其全生育期吸收总量的 0.05%、0.07%、0.09%。在开花初期，养分的吸收量逐渐增加，到盛果期至末果期养分的吸收量占全生育期吸收总量的 90% 以上，其中盛果期的养分吸收量占 2/3 左右。各生育期对养分的要求不同，生育初期的肥料主要用于促进植株的营养生长，随着生育期的推进，养分向花和果实的输送量增加。在盛花期，氮和钾的吸收量显著增加，这个时期如果氮不足，会造成花发育不良，短柱花增多，产量降低。

二、茄子缺素症的诊断与补救

要做好茄子科学施肥，首先要了解茄子缺肥时的各种表现症状。茄子生产中常见的缺素症主要是缺氮、缺磷、缺钾、缺钙、缺镁、缺硼、缺锌、缺铁、缺锰、缺铜、缺钼等，各种缺素症状与补救措施可以参考表10-10。

表 10-10　茄子缺素症状与补救措施

营养元素	缺素症状	补救措施
氮	叶色变浅，老叶黄化；严重时叶片干枯脱落，花蕾停止发育并变黄，心叶变小	叶面喷施 0.3%～0.5% 尿素溶液2～3次
磷	茎秆细长，纤维发达，花芽分化和结果期延长，叶片变小，颜色变深，叶脉发红	叶面喷施 0.2%～0.3% 磷酸二氢钾溶液或 0.5% 过磷酸钙浸出液2～3次
钾	初期心叶变小，生长慢，叶色变浅；后期叶脉间失绿，出现黄白色斑块，叶尖、叶缘逐渐干枯。生产上茄子的缺钾症较为少见	叶面喷施 0.2%～0.3% 磷酸二氢钾溶液或 1% 草木灰浸出液2～3次
钙	植株生长缓慢，生长点畸形，幼叶的叶缘失绿，叶片的网状叶脉变为褐色，呈铁锈状	叶面喷施 2% 氯化钙溶液2～3次
镁	叶脉附近，特别是主叶脉附近变黄，叶片失绿，果实变小，发育不良	叶面喷施 1%～3% 硫酸镁溶液2～3次
硫	叶呈浅绿色、向上卷曲，植株呈浅绿色或黄绿色，心叶枯死，或结果少	结合镁、锌、铜等缺素症防治喷施含硫肥料
锌	叶小、呈丛生状，新叶上出现黄斑，逐渐向叶缘发展，全叶黄化	叶面喷施 0.1% 硫酸锌溶液1～2次
硼	茄子自顶叶开始黄化、凋萎，顶端茎及叶柄折断，内部变黑，茎上有木栓状龟裂	叶面喷施 0.05%～0.2% 硼砂溶液2～3次

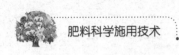

（续）

营养元素	缺素症状	补救措施
锰	新叶的脉间组织呈黄绿色，不久变为褐色，叶脉仍为绿色	叶面喷施1%硫酸锰溶液2～3次
铁	幼叶和新叶呈黄白色，叶脉残留绿色。在土壤呈酸性及多肥、多湿的条件下常会发生缺铁症	叶面喷施0.5%～1%硫酸亚铁溶液3～5次
铜	叶色浅，上部叶稍有下垂，出现沿主脉的脉间组织呈小斑点状失绿的叶	叶面喷施0.02%～0.03%硫酸铜溶液2～3次
钼	从果实膨大期开始，叶脉间出现黄斑，叶缘向内侧卷曲	叶面喷施0.05%～0.1%钼酸铵溶液1～2次

三、茄子科学施肥技术

借鉴2011—2021年农业农村部茄子科学施肥指导意见和相关测土配方施肥技术研究资料、书籍，提出推荐施肥方法，供农民朋友参考。

1. 设施栽培茄子科学施肥

（1）**苗期施肥** 每10米^{2}苗床施入过筛后的腐熟有机肥料200千克、过磷酸钙与硫酸钾各0.5千克，或茄子专用配方肥50～60克。苗期追施氮肥1千克，如果土温低，可用0.1%的尿素喷叶，使叶片变绿，可以培育壮苗，促进花芽分化。

（2）**施足基肥** 每亩施用腐熟有机肥料8000～10000千克、过磷酸钙50千克、硫酸钾25千克，或施用腐熟有机肥料8000～10000千克、磷酸二铵和硫酸钾各25千克，或施用腐熟有机肥料10000～12000千克，茄子专用配方肥100千克。

作为基肥施用的化肥可用2/3在整地时施用，1/3在移栽定植前作为种肥施用，以保证苗期养分供应。为防止作物缺素症的发生，可以在基肥中添加硼、铁、锌、铜等微量元素各1～2千克，钙镁肥20千克。在老棚区由于土壤偏酸，可以在整地时加入适量生石灰以中和土壤酸性。

（3）**植后追肥** 在缓苗后，结合浇水施1次人粪尿200千克或尿素10千克。从第1朵花开后，到果实长到青桃大小时要结合浇水追肥，以氮肥为主，每亩施用硫酸铵15～20千克或尿素10～15千克；或冲施茄子专用冲施肥 20~25 千克。门茄充分膨大时，对茄也已坐住，此时应增加追肥次数，10 天左右追肥 1 次，直至收获期结束。追肥方式以冲施或叶面喷施为主，冲施时用茄子专用冲施肥 25~35 千克。

进行设施蔬菜生产时，由于室内外空气流通较少，室内容易缺乏二氧化碳，光合作用减弱。在生产过程中应适当应用二氧化碳气肥，或应用秸秆反应堆技术，增加二氧化碳浓度。

采用水肥一体化栽培的日光温室冬春茬茄子滴灌施肥方案可参考表 10-11。

表 10-11 日光温室冬春茬茄子滴灌施肥方案

生育期	灌水次数（次）	每次灌水量/（米^3/亩）	每次灌溉加入的养分量/（千克/亩）				备注
			氮（N）	磷（P$_2$O$_5$）	钾（K$_2$O）	合计	
苗期	2	10	1.0	1.0	0.5	2.5	施肥 2 次
开花期	3	10	1.0	1.0	1.4	3.4	施肥 3 次
采收期	10	15	1.5	0	2.0	3.5	施肥 10 次

注：1. 该方案早熟品种每亩栽植 3000~3500 株、晚熟品种每亩栽植 2500~3000 株，目标产量为 4000~5000 千克/亩。

2. 苗期不能太早灌水，只有当土壤出现缺水现象时，才能进行施肥灌水。

3. 开花后至坐果前，应适当控制水肥供应，以利于开花坐果。

4. 进入采收期，植株对水肥的需求量加大，一般前期每 8 天滴灌施肥 1 次，中后期每 5 天滴灌施肥 1 次。

2. 露地栽培茄子科学施肥

（1）**培育壮苗** 一般要求在 10 米^2 的育苗床上，施入腐熟过筛的有机肥料 200 千克、过磷酸钙 5 千克、硫酸钾 1.5 千克，将床土与有机肥料和化肥混匀。如果用营养土育苗，可在菜园土中等量地加入由 4/5 腐熟马粪与 1/5 腐熟人粪混合而成的有机肥料，也可参考番茄育苗营养土的配制方法。如果遇到低温或土壤供肥不足，可喷施 0.3%~0.5% 尿素溶液。

（2）**整地施肥** 春季定植前，每亩施腐熟有机肥料 5000~6000 千克、茄子专用配方 50~60 千克，翻耕整平作畦，开沟或挖穴栽苗；或每亩施 5000~6000 千克腐熟有机肥料、25~35 千克过磷酸钙和 15~20 千克硫酸钾，均匀地撒在土壤表面，并结合翻地均匀地耙入耕作层土壤。定植时，最好将有机肥料与磷钾肥充分拌匀，撒入栽植穴内，栽后浇水。

（3）**巧施追肥** 蹲苗到门茄"瞪眼"期结束。结合浇水每亩施腐熟人粪尿 1000 千克或尿素 9~11 千克或硫酸铵 20~25 千克；或冲施茄子专

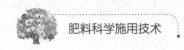

用冲施肥 20~30 千克。这次施肥不能过迟或过早，过早则容易造成"疯秧"，过迟则造成茄子果皮发紫，影响果实的发育和以后的分枝结果。对茄、四母斗开花时，也是茄子需肥水最多的时期，此时一般每 5~6 天浇 1 次水，保持土壤湿润，结合浇水每亩施腐熟人粪尿或腐熟饼肥 1000 千克或冲施茄子专用冲施肥 25~35 千克。之后浇 1 次清水，1 次肥水交替进行，即每隔 15 天左右追肥 1 次，共计追肥 8~9 次。

（4）及时喷肥　对于栽培的中晚熟品种，在结果盛期，可用 0.2% 尿素或 0.3% 磷酸二氢钾溶液进行叶面喷施，也可用沼液兑水稀释后喷施，有利于植株的生长和坐果。若土壤中缺镁或施用氮钾肥过量时，在缺镁初期要及时叶面喷施 0.1%~0.2% 硫酸镁溶液，每周 1 次，共 3 次。

第七节　黄瓜科学施肥

黄瓜，又名胡瓜、刺瓜、王瓜、勤瓜、青瓜、唐瓜、吊瓜，属于葫芦科黄瓜属，是一年生蔓生或攀缘草本植物。黄瓜在我国各地普遍栽培，现广泛分布于温带和热带地区。黄瓜喜温暖，不耐寒冷。

一、黄瓜的需肥特点

黄瓜的营养生长与生殖生长并进时间长，产量高，需肥量大，喜肥但不耐肥，是典型的果蔬型瓜类作物。每 1000 千克商品瓜需氮（N）2.8~3.2 千克、磷（P_2O_5）1.2~1.8 千克、钾（K_2O）3.3~4.4 千克、钙（CaO）2.9~3.9 千克、镁（MgO）0.6~0.8 千克，氮、磷、钾的比例为 1:0.4:1.6。黄瓜在全生育期中需钾最多，其次是氮，再次为磷。

黄瓜对氮、磷、钾的吸收随着生育期的推进而有所变化，从播种到抽蔓对各养分的吸收量增加；进入结瓜期，对各养分吸收的速度加快；到盛瓜期养分吸收量达到最大值，结瓜后期养分吸收量则又减少。黄瓜对养分的吸收量因品种及栽培条件而异。分析各时期植株养分的相对含量，氮、磷、钾的含量在收获初期偏高，随着生育期的推进，它们的相对含量下降；而钙和镁的相对含量则随着生育期的推进而上升。

黄瓜茎秆和叶片中的氮、磷含量高，茎的钾含量高。当器官形成时，约 60% 的氮、50% 的磷和 80% 的钾集中在果实中。当采收种瓜时，矿物质元素的含量更高。始花期以前进入植株体内的营养物质不多，仅占各种养分总吸收量的 10% 左右，绝大部分养分是在结瓜期进入植株体内的。当采收嫩瓜基本结束之后，矿物质元素进入植株体内的很少。但采收种瓜时则不同，在后期对营养元素吸收还较多，氮与磷的吸收量约占它们各自全生育期总吸收量的 20%，钾的吸收量则为全生育期总吸钾量的 40%。

二、黄瓜缺素症的诊断与补救

要做好黄瓜科学施肥，首先要了解黄瓜缺肥时的各种表现症状。黄瓜生产中常见的缺素症主要是缺氮、缺磷、缺钾、缺钙、缺镁、缺硼、缺锌、缺铁、缺锰、缺铜、缺钼等，各种缺素症状与补救措施可以参考表 10-12。

表 10-12　黄瓜缺素症状与补救措施

营养元素	缺素症状	补救措施
氮	叶片小，从下位叶到上位叶逐渐变黄，叶脉凸出可见。最后全叶变黄，坐果数少，瓜果生长发育不良	叶面喷施 0.5% 尿素溶液 2~3 次
磷	苗期叶色深绿，叶片发硬，植株矮化；定植到露地后，植株停止生长，叶色深绿；果实成熟晚	叶面喷施 0.2%~0.3% 磷酸二氢钾溶液或 0.5% 过磷酸钙浸出液 2~3 次
钾	早期叶缘出现轻微的黄化，叶脉间黄化；生育中、后期，叶缘枯死，随着叶片不断生长，叶向外侧卷曲，瓜条稍短，膨大不良	叶面喷施 0.2%~0.3% 磷酸二氢钾溶液或 1% 草木灰浸出液 2~3 次
钙	距生长点近的上位叶叶片小，叶缘枯死，叶形呈蘑菇状或降落伞状，叶脉间黄化、叶片变小	叶面喷施 0.3% 氯化钙溶液 2~3 次
镁	先是上部叶片发病，随后向附近叶片及新叶扩展，黄瓜的生育期提早，果实开始膨大，且在进入盛期时仅在叶脉间出现褐色小斑点，下位叶的叶脉间渐渐黄化，进一步发展会发生严重的叶枯病或叶脉间黄化；生育后期叶缘残存绿色外，其他部位全部呈黄白色，叶缘上卷，叶片枯死	叶面喷施 0.8%~1% 硫酸镁溶液 2~3 次

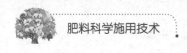
营养元素	缺素症状	补救措施
硫	整个植株生长几乎没有异常，但中、上位叶的叶色变浅	结合镁、锌、铜等缺素症防治喷施含硫肥料
锌	植株从中位叶开始失绿，叶脉间逐渐失绿，叶缘黄化至变为褐色，叶缘枯死，叶片稍外翻或卷曲	叶面喷施 0.1%～0.2% 硫酸锌溶液 1～2 次
硼	生长点附近的节间明显缩短，上位叶外卷，叶脉呈褐色，叶脉有萎缩现象，果实表皮出现木质化或有污点，叶脉间不黄化	叶面喷施 0.15%～0.25% 硼砂溶液 2～3 次
锰	植株顶部及幼叶的叶脉间失绿，呈浅黄色斑纹状。初期末梢仍保持绿色，随后呈现明显的网纹状。后期除主脉外，全部叶片均呈黄白色，并在叶脉间出现下陷的坏死斑。叶白化最重，并最先死亡。芽的生长严重受阻，常呈黄色。新叶细小，蔓较短	叶面喷施 1% 硫酸锰溶液 2～3 次
铁	植株新叶、腋芽开始变为黄白色，尤其是上位叶及生长点附近的叶片和新叶叶脉先黄化，逐渐失绿，但叶脉间不出现坏死斑	叶面喷施 0.1%～0.5% 硫酸亚铁溶液 3～5 次
铜	植株节间短，全株呈丛生状；幼叶小，老叶叶脉间失绿；后期叶片呈浅黄绿色到褐色，并出现坏死，叶片枯黄。失绿是从老叶向幼叶发展的	叶面喷施 0.02%～0.05% 硫酸铜溶液 2～3 次
钼	叶片小，叶脉间出现不明显的黄斑，叶白化或黄化，但叶脉仍为绿色，叶缘焦枯	叶面喷施 0.05%～0.1% 钼酸铵溶液 1～2 次

三、黄瓜科学施肥技术

借鉴 2011—2021 年农业农村部黄瓜科学施肥指导意见和相关测土配方施肥技术研究资料、书籍，提出推荐施肥方法，供农民朋友参考。

1. 设施栽培黄瓜科学施肥

（1）施肥原则　设施黄瓜的种植季节分为秋冬茬、越冬长茬和冬春茬，针对其生产中存在的过量施肥，施肥比例不合理，过量灌溉导致养分损失严重，施用的有机肥料多以畜禽粪为主导致养分比例失调和土壤生物活性降低，以及连作障碍等导致土壤质量退化严重，养分吸收效率下降，蔬菜品质下降等问题，提出以下施肥原则：合理施用有机肥料，提倡施用优质有机堆肥（建议施用植物源有机堆肥），老菜棚注意多施高碳氮比的外源秸秆或有机肥料，少施畜禽粪肥；依据土壤肥力条件和有机肥料的施用量，综合考虑土壤养分供应，适当调整氮、磷、钾肥的用量；采用合理的灌溉施肥技术，遵循"少量多次"的灌溉施肥原则；氮肥和钾肥主要作为追肥，少量多次施用，避免追施磷含量高的复合肥，苗期不宜频繁追肥，重视中后期追肥；土壤酸化严重时应适量施用石灰等酸性土壤调理剂。

（2）施肥建议　育苗肥增施腐熟有机肥料，补施磷肥，每 10 米^2 苗床施用腐熟的有机肥料 60 ~ 100 千克、钙镁磷肥 0.5 ~ 1 千克、硫酸钾 0.5千克，根据苗情喷施 0.05% ~ 0.1% 尿素溶液 1 ~ 2 次；基肥施用优质有机肥料 2000 千克/亩。

产量水平为 14000 ~ 16000 千克/亩时，推荐施用氮肥（N）40 ~ 45 千克/亩、磷肥（P_2O_5）13 ~ 18 千克/亩、钾肥（K_2O）50 ~ 55 千克/亩；产量水平为 11000 ~ 14000 千克/亩时，推荐施用氮肥（N）35 ~ 40 千克/亩、磷肥（P_2O_5）12 ~ 17 千克/亩、钾肥（K_2O）40 ~ 50 千克/亩；产量水平为 7000 ~ 11000 千克/亩时，推荐施用氮肥（N）28 ~ 35 千克/亩、磷肥（P_2O_5）11 ~ 13 千克/亩、钾肥（K_2O）30 ~ 40 千克/亩；产量水平为 4000 ~ 7000 千克/亩时，推荐施用氮肥（N）20 ~ 28 千克/亩、磷肥（P_2O_5）10 ~ 12 千克/亩、钾肥（K_2O）25 ~ 30 千克/亩。

如果采用滴灌施肥技术，可减少 20% 的化肥施用量，如果大水漫灌，每次施肥则需要增加 20% 的肥料用量。

对于设施黄瓜，全部有机肥料和磷肥作为基肥施用；初花期以控为主，全部的氮肥和钾肥按生育期养分需求定期分 6 ~ 8 次追施；每次追施氮肥数量不超过 5 千克/亩；秋冬茬和冬春茬的氮钾肥分 6 ~ 7 次追肥，越冬长茬的氮钾肥分 8 ~ 11 次追肥。如果采用滴灌施肥技术，可采取少量多次的原则，灌溉施肥次数在 15 次左右。

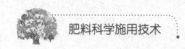

2. 露地栽培黄瓜科学施肥

（1）育苗施肥　要重视苗期培养土的制备，一般可用50%菜园土、30%草木灰、20%腐熟的干猪粪掺匀组成。幼苗期不易缺肥，如发现缺肥现象可增加营养补液。其配方是：0.3%尿素和0.3%磷酸二氢钾混合液，可结合浇水施用5%～10%充分腐熟的人粪尿进行追肥。在幼苗期适当增施磷肥，可增加黄瓜幼苗的根重和侧根的条数，加大根冠比值。

（2）大田基肥　种植黄瓜的菜田要多施基肥，一般每亩普施腐熟厩肥5000～6000千克，还可再在畦内按行开深、宽各30厘米的沟，施饼肥100～150千克和黄瓜专用配方肥40千克，然后覆平畦面以备移植。

（3）大田追肥　根据每亩生产5000千克以上产量计算，从黄瓜定植至采收结束，共需追肥8～10次。

定植后，为促进缓苗和根系的发育，在浇缓苗水时追施人粪尿或沤制的畜禽粪水，也可用迟效性的有机肥料，开沟条施或环施。在缺磷的菜园土中，也可每亩再追施过磷酸钙10～15千克。在此之后追肥以速效性氮肥为主，化肥与人粪尿交替使用，每次每亩施用尿素8～10千克或冲施黄瓜专用冲施肥15～20千克。在采瓜盛期，要增加追肥次数和数量，并选择在晴天追施，冲施黄瓜专用冲施肥20～25千克。还可结合喷药时叶面喷施1%尿素和1%磷酸二氢钾混合液2～3次，可促瓜保秧，力争延长采收时期。

身边案例

北方日光温室春茬黄瓜膜下软管滴灌栽培技术

（1）适时定植　选择白天定植，株距为25厘米，保苗3500～3700株/亩。定植时施磷酸二铵7～10千克/亩作为埯肥。浇透定植水，水渗下后把灌水沟铲平，以待覆盖地膜。

（2）铺管与覆膜　北方日光温室的建造方位多为东西延长，根据温室内做畦的方向，滴灌管的铺设方式有以下几种。

1）南北向铺滴灌管。要求滴灌管全长最多不超过50米，若温室长度超过50米。应在进水口两侧的输水软管上各装1个阀门，分成2组轮流滴灌。

2）东西向铺滴灌管。有2种方式：一是在温室中间部位铺设2条输水软管，管上用接头连接滴灌管，向温室两侧输水滴灌；二是在大棚的东西两侧铺设输水软管，输水软管用接头连接滴灌管，向一侧输水滴灌。软管铺设后，应通水检查滴灌管滴水情况，要注意滴灌管的滴孔应朝上，如果情况正常，将滴灌管绷紧拉直，末端用竹（木）棍固定。然后覆盖地膜，绷紧并放平。两侧用土压严。定植后扣小拱棚保温。

（3）水肥管理 定植水要足，缓苗水用量以黄瓜根际周围有水迹为宜，此后要进行适当的蹲苗，在蔬菜生长旺盛的高温季节，增加浇水次数和浇水量。

基肥一般施腐熟鸡粪1500~300千克/亩。滴灌只能施化肥，并必须将化肥溶解过滤后输入滴灌管中随水追肥。目前国内生产的软管滴灌设备有过滤装置，用水桶等容器把化肥溶解后，用施肥器将化肥溶液直接输入到滴灌管中，使用很方便（表10-13）。

表10-13 日光温室早春茬黄瓜膜下软管滴灌施肥制度

生育期	灌溉次数（次）	灌水定额/［米³/（亩·次）］	每次灌溉加入的纯养分量/（千克/亩）			备注
			氮（N）	磷（P₂O₅）	钾（K₂O）	
定植前	1	40	10	15	20	沟灌
定植至苗期	3~4	20	3~4		4	滴灌
初花期	1~2	20	5		1	滴灌
初瓜期	2	20~30	11.2		6	滴灌
盛瓜期	3~5	25	4		5~6	滴灌
末瓜期	1~2	12	5	1.7	3~4	滴灌

注：目标产量为6000~8000千克/亩。

（4）妥善保管滴灌设备 输水软管及滴灌管用后清洗干净，卷好放到阴凉的地方保存，防止高温、低温和强光暴晒，以延长其使用寿命。

第八节　芹菜科学施肥

芹菜是绿叶类的速生蔬菜，为伞形科二年生草本植物，适应性强，栽培面积大，可多茬栽种，是春、秋、冬季的重要蔬菜。

一、芹菜的需肥特点

芹菜是需肥量大的蔬菜品种之一。根据多方面的资料统计，每生产1000千克芹菜需吸收氮（N）1.8～3.6千克、磷（P_2O_5）0.7～1.7千克、钾（K_2O）3.9～5.9千克、钙（CaO）1.5千克、镁（MgO）0.8千克，吸收比例为1:0.43:1.80:0.56:0.30。但实际生产中的施肥量，特别是施氮量、施磷量要比其吸收量高2～3倍，这主要是因为芹菜的耐肥力较强而吸肥能力较弱，它需要在土壤养分浓度较高的条件下才能大量吸收养分。

西芹又名洋芹、西洋芹，其生长迅速，产量较普通芹菜高很多，对养分需求更多。不同净菜产量水平下西芹氮、磷、钾的吸收量见表10-14。

表10-14　不同净菜产量水平下西芹氮、磷、钾的吸收量

产量水平/（千克/亩）	养分吸收量/（千克/亩）		
	氮	磷	钾
4000	11.1	1.2	19.0
6000	16.7	1.8	28.5
8000	22.3	2.4	37.9

芹菜的生长前期以发棵、长叶为主，进入生长的中、后期则以伸长叶柄和叶柄增粗为主。芹菜在其生长期中吸收的养分是随着生长量的增加而增加的，各种养分的吸收动态呈"S"形曲线变化。在芹菜的营养生长阶段，以苗期和生长后期需肥较多，对各种养分的具体需求特点是：前期主要以吸收氮、磷为主，促进根系发达和叶片生长；到中期养分的吸收以氮、钾为主，氮、钾吸收比例平衡，有利于促进心叶的发育。随着生长天数增加，氮、磷、钾的吸收量迅速增加。芹菜生长最盛期（8～12片叶期）也是养分吸收最多的时期，其氮、磷、钾、钙、镁的吸收量占它们各自全生育期总吸收量的84%以上，其中钙和钾的吸收量分别占其全生育期总吸收量的98.1%和90.7%。

二、芹菜缺素症的诊断与补救

要做好芹菜科学施肥，首先要了解芹菜缺肥时的各种表现症状。芹菜生产中常见的缺素症主要是缺氮、缺磷、缺钾、缺钙、缺镁、缺硼、缺锌、缺铁、缺锰、缺铜、缺钼等，各种缺素症状与补救措施可以参考表10-15。

表10-15 芹菜缺素症状与补救措施

营养元素	缺素症状	补救措施
氮	植株生长缓慢，从外部叶开始黄白化至全株黄化。老叶变黄、干枯或脱落，新叶变小	叶面喷施0.2%～0.5%尿素溶液2～3次
磷	植株生长缓慢，叶片变小但不失绿，外部叶逐渐开始变黄，但嫩叶的叶色与缺氮症相比显得更深些；叶脉发红，叶柄变细，纤维发达；下部叶片后期出现红色斑点或紫色斑点，并出现坏死斑点	叶面喷施0.3%～0.5%磷酸二氢钾溶液3次或2%～4%过磷酸钙浸出液2～3次
钾	在外部叶的叶缘开始变黄的同时，叶脉间出现褐色小斑点，初期心叶变小，生长慢，叶色变浅。后期叶脉间失绿，出现黄白色斑块，叶尖、叶缘渐渐干枯，然后老叶出现白色或黄色斑点，斑点后期坏死	叶面喷施1%～2%磷酸二氢钾溶液2～3次
钙	植株生长点的生长发育受阻，中心幼叶枯死，外叶呈深绿色	叶面喷施0.5%氯化钙溶液或0.2%高效钙溶液1～2次
镁	叶脉黄化，且从植株下部向上发展，外部叶的叶脉间渐渐地变白；进一步发展下去，除了叶脉、叶缘残留绿色外，叶脉间均黄白化。嫩叶色浅绿	叶面喷施0.5%硫酸镁溶液，严重的隔5～7天再喷施1次
硫	植株整株呈浅绿色，嫩叶出现特别的浅绿色	结合镁、锌、铜等缺素症防治喷施含硫肥料
铁	嫩叶的叶脉间变为黄白色，接着叶色变白	叶面喷施0.2%～0.5%硫酸亚铁溶液2～3次
硼	叶柄异常肥大、短缩，茎叶部有许多裂纹，心叶的生长发育受阻，畸形，生长差	叶面喷施0.1%～0.2%硼砂溶液1～2次
锰	叶缘的叶脉间呈浅绿色，后变为黄色	叶面喷施0.03%～0.05%硫酸锰溶液2～3次

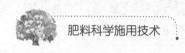

营养元素	缺素症状	补救措施
锌	叶易向上、向外侧卷曲，茎秆上可发现色素	叶面喷施 0.1% ~ 0.2% 硫酸锌或螯合锌溶液 2 ~ 3 次
铜	叶色浅绿，在下部叶上易出现黄褐色的斑点	叶面喷施 0.02% ~ 0.05% 硫酸铜溶液 2 ~ 3 次

三、芹菜科学施肥技术

借鉴2011—2021年农业农村部芹菜科学施肥指导意见和相关测土配方施肥技术研究资料、书籍，提出推荐施肥方法，供农民朋友参考。

1. 设施栽培芹菜科学施肥

（1）培育壮苗　设施芹菜一般都要经过育苗，然后再定植。营养土的配制按体积比 1∶1 的菜园土与腐熟晾干的农家肥混匀，并按重量的 2% ~ 3% 掺入过磷酸钙。幼苗长出 1 ~ 2 片真叶时，结合灌水追施 0.1% ~ 0.2% 尿素溶液。育苗后期，若幼苗长势弱，可结合灌水再追施 0.1% ~ 0.2% 尿素溶液，定植前 10 天停止浇水、施肥，进行炼苗。

（2）秋延迟栽培芹菜施肥

1）施足基肥。在芹菜定植前 3 ~ 7 天，每亩施商品有机肥料 400 ~ 500 千克，或腐熟农家肥 3000 ~ 4000 千克。在施足有机肥料的基础上，再施芹菜专用配方肥 15 ~ 20 千克，或过磷酸钙 25 ~ 30 千克。缺硼土壤每亩可施入硼砂 0.5 ~ 1 千克。

2）提苗肥。定植后缓苗期间一般不再追肥，缓苗后植株生长缓慢，为了促进新根和新叶生长，可施 1 次提苗肥，每亩施尿素 5 ~ 7 千克。

3）旺盛生长期肥。在芹菜旺盛生长期进行 3 次追肥。当芹菜进入旺盛生长期，进行第 1 次追肥，每亩施尿素 6 ~ 8 千克、硫酸钾 5 ~ 7 千克，或芹菜专用冲施肥 20 ~ 25 千克。半个月后进行第 2 次追肥，每亩施尿素 6 ~ 8 千克、硫酸钾 10 ~ 12 千克，或芹菜专用冲施肥 20 ~ 25 千克。再经半个月进入第 3 次追肥，每亩施尿素 6 千克、硫酸钾 10 ~ 12 千克，或芹菜专用冲施肥 15 ~ 20 千克。收获前 20 天停止追肥。

4）叶面追肥。叶面喷施硼肥可在一定程度上避免茎裂的发生，每亩每次喷施 0.2% 硼砂或硼酸溶液 40 ~ 75 千克。如发现心腐病，可叶面喷施 0.3% ~ 0.5% 硝酸钙或氯化钙溶液。

（3）越冬生长季节和春提早栽培芹菜施肥　芹菜越冬栽培和春提早

栽培施肥方式类似，因其生长期较长，需加大施肥量。

1）施足基肥。在芹菜定植前3~7天，每亩施商品有机肥料500~600千克，或腐熟农家肥3500~5000千克。在施足有机肥料的基础上，再施芹菜专用配方肥20~25千克，或过磷酸钙30~35千克。缺硼土壤每亩可施入硼砂0.5~1千克。

2）提苗肥。定植后缓苗期间一般不再追肥，缓苗后植株生长缓慢，为了促进新根和新叶生长，可施1次提苗肥，每亩施尿素8~10千克。

3）旺盛生长期肥。在芹菜旺盛生长期进行3次追肥。当芹菜进入旺盛生长期，进行第1次追肥，每亩施尿素8~10千克、硫酸钾10~15千克，或芹菜专用冲施肥25~30千克。间隔15~20天结合灌水可再追肥1次，每亩施尿素6~8千克、硫酸钾10~12千克，或芹菜专用冲施肥20~25千克。

4）叶面追肥。叶面喷施硼肥可在一定程度上避免茎裂的发生，每亩每次喷施0.2%硼砂或硼酸溶液40~75千克。如发现心腐病，可叶面喷施0.3%~0.5%硝酸钙或氯化钙溶液。

2. 露地栽培芹菜科学施肥

（1）培育壮苗　先进行营养配制，即用3年内未种过芹菜的菜园土与优质腐熟有机肥料混合，其比例为（3~5）:（5~7），并配合适量芹菜专用配方肥20千克。育苗床土用50%多菌灵可湿性粉剂与50%福美双可湿性粉剂按1:1的比例混合，或用25%甲霜灵可湿性粉剂与70%代森锰锌可湿性粉剂按9:1的比例混合消毒，每平方米用药8~10克与15~30千克细土混合，取1/3撒在畦面上，播种后再把其余2/3药土盖在种子上。

苗床土保温保湿，适时分苗、炼苗，控制幼苗徒长。当幼苗长出2~3片真叶时，追施尿素3~5千克，促进幼苗生长。在苗龄50~60天、长出5~6片真叶时即可定植。

（2）重施基肥　每亩施用优质腐熟有机肥料4000~5000千克、芹菜专用配方肥30~40千克，对缺硼地块底施硼砂0.5~1千克。施肥后深耕20~30厘米。定植后浇足水。

（3）巧施追肥　定植时或缓苗后还应少量施用速效性氮肥，每亩开沟追施硫酸铵15~20千克。蹲苗结束后，每隔10天追肥1次，结合浇水冲施，每亩每次用腐熟人粪尿1000千克，或芹菜专用冲施肥15~20千克，追肥2~3次，到收获前15~20天停止施肥。

（4）叶面追肥　如发现心腐病，可叶面喷施0.3%~0.5%硝酸钙或氯化钙溶液。叶面喷施硼肥可在一定程度上避免茎裂的发生，每亩每次喷施0.2%硼砂或硼酸溶液40~75千克。

第十一章

主要果树科学施肥

我国地域广阔，种植的果树种类繁多，南北方差异较大，北方以种植落叶果树为主，南方以种植常绿果树为主。落叶果树的主要种类有苹果、梨、桃、葡萄等；常绿果树的主要种类有柑橘、荔枝、龙眼、芒果等；除此之外，还有一类是草本果树，主要有香蕉、草莓等。

第一节　苹果科学施肥

我国是世界上最大的苹果生产国，苹果果园面积超过 190 万公顷，总产量在 4000 万吨左右，苹果种植面积和产量均占世界的 50% 以上。我国共有 24 个省（自治区、直辖市）生产苹果，主要集中在渤海湾、西北黄土高原、黄河故道和西南冷凉高地等四大产区，其中陕西省、山东省、河北省、甘肃省、河南省、山西省和辽宁省是我国七大苹果主产省。

一、苹果树的需肥特点

苹果树是多年生木本植物，在不同的生长发育时期，对养分的种类和数量需求不同，对营养的需求具有明显的年龄性和季节性特点。

1. 苹果树在生命周期内的需肥特点

苹果树的生长发育过程一般分为幼树期、初结果树期、盛结果树期和衰老树期 4 个时期。

（1）幼树期　幼树期是指苗木定植到开花结果的这段时期，属于营养生长时期。由于养分供应生长而积累较少，这一时期一般不结果，一般为 3～6 年。幼树期的苹果树对养分的需要量相对较少，但对养分很敏感。需氮较多，需磷、钾较少。此期的苹果树要积累更多的营养，及时满足幼树树体健壮生长和新梢抽发的需要，使其尽快形成树体骨架，为以后的开花结果奠定良好的物质基础。

（2）初结果树期 初结果树期是指开始结果到大量结果的这段时期。苹果树的初结果树期一般为 4 ~ 5 年。初结果树期是营养生长到生殖生长转化的时期，此期既要促进树体储备养分，健壮生长，提高坐果率，又要控制无效新梢的抽发和徒长。因此，既要注重氮、磷、钾的合理配比，又要控制氮肥的用量，以协调营养生长和生殖生长之间的平衡。若营养生长长势较强，施肥要以磷肥为主，配施钾肥，少施氮肥；若营养生长较弱，则以磷肥为主，适当增施氮肥，配施钾肥。

（3）盛结果树期 盛结果树期是指苹果树大量结果而产量最高的时期。苹果树的盛结果树期为 15 年，有的甚至达 45 年以上。盛结果树期施肥的目的是促进果实优质丰产，维持树体健壮。此期对磷、钾的需求量增大，对氮的需求量相对比较稳定，因此应根据产量和树势适当调节氮、磷、钾的比例，同时注意中、微量元素的供应。

（4）衰老树期 衰老树期是指苹果树衰老严重且退化的时期。在衰老树期的后期，更新的树冠再度衰老时，便失去栽培价值。此期主要重视氮的吸收，以延长结果时间。

2. 苹果树在年生长周期内的需肥特点

苹果树在一年中随环境条件的变化出现一系列的生理与形态的变化并呈现一定的规律性，这种随气候而变化的生命活动称为年生长周期。在年生长周期中，苹果树进行营养生长的同时也开花、结果与花芽分化。

（1）未结果苹果树 在未结果苹果树的年生长周期中，氮的吸收量自春季至夏季随气温上升而增加，到 8 月上旬达到高峰，以后随气温下降，吸收量逐渐下降。磷的吸收规律与氮的大致相同，但吸收量较少，高峰期不明显。钾的吸收量自萌芽开始，随着枝条生长而急剧增加；枝条停止生长后，吸收量急剧减少。

（2）结果苹果树

1）在结果苹果树的年生长周期中，苹果树在生长前期对氮的需求量最大，新梢生长、花期和幼果生长都需要大量的氮，但这时期需要的氮主要来源于树体储藏的养分，因此增加氮的储藏非常重要。进入 6 月下旬以后，氮需求量减少，如果 7 ~ 8 月氮肥施用过多，必然造成秋梢旺长，影响花芽分化和果实膨大。从采收到休眠前是根系的再次生长高峰，也是氮的储藏期，苹果树对氮肥的需求量又明显回升。

2）对磷元素的需求表现为生长初期迅速增加，花期达到吸收高峰，以后一直维持较高水平，直至生长后期仍无明显变化。

3）对钾元素的需求表现为前低、中高、后低，即花期需求量少，后期逐渐增加，至8月果实膨大期达到高峰，后期又逐渐下降。

4）钙元素在苹果树幼果期达到吸收高峰，占全年需求量的70%。因此，幼果期补充充足的钙对果实生长发育至关重要。

5）苹果树对镁的需求量随着叶片的生长而逐渐增加，并维持在较高水平。

6）硼元素的需求量在花期最大，其次是幼果期和果实膨大期。因此，花期是补硼的关键时期，可提高坐果率，增加优质果率。

7）锌元素的需要量在发芽期最大，必须在发芽前进行补充。

二、苹果树缺素症的诊断与补救

要做好苹果科学施肥，首先要了解苹果树缺肥时的各种表现症状。苹果生产中常见的缺素症主要是缺氮、缺磷、缺钾、缺钙、缺镁、缺铁、缺锌、缺锰、缺硼、缺铜等，各种缺素症状与补救措施可以参考表11-1。

表11-1　苹果树缺素症状与补救措施

营养元素	缺素症状	补救措施
氮	新梢短而细，叶小直立，新梢下部的叶片逐渐失绿转黄，并不断向顶端发展，花芽形成少，果小且早熟易落，须根多，大根少，新根发黄。严重缺氮时，嫩梢木质化后呈浅红褐色，叶柄、叶脉变红，严重者甚至造成生理落果	叶面喷施0.5%～0.8%尿素溶液2～3次
磷	新梢和根系长势减弱，枝条细弱而分枝少，叶片小而薄，老叶呈古铜色，叶脉间出现浅绿色斑，幼叶呈暗绿色，叶柄、叶背呈紫色或紫红色。严重缺磷时，老叶会出现黄绿和深绿相间的花叶，甚至出现紫色、红色的斑块，叶缘出现半月形坏死，枝条茎部叶片早落，而顶端则长期保留一簇簇叶片。枝条下部的芽不充实，春天不萌发，展叶开花迟缓，花芽少，果实着色面小、色泽差。树体抗逆性差，常引起早期落叶，产量下降。苹果树上早春或夏季生长较快的枝叶，几乎都呈紫红色，新梢末端的枝叶特别明显，这种现象是缺磷的重要特征	叶面喷施3%～5%过磷酸钙浸出液

（续）

营养元素	缺素症状	补救措施
钾	根和新梢加粗，长势减弱，新梢细弱，叶尖和叶缘常出现褐红色的枯斑，易受真菌危害，降低果实产量和品质。严重缺钾时，叶片从边缘向内焦枯，向下卷曲枯死而不易脱落，花芽小而多，果实色泽差，着色面小	叶面喷施 0.2% ~ 0.3% 磷酸二氢钾溶液 2 ~ 3 次，或 1.5% 硫酸钾溶液 2 ~ 3 次
钙	缺钙的果实，细胞间的黏结作用消失，细胞壁和中胶层变软，细胞破裂，储藏期果实变软，甚至出现水心病、苦痘病	喷施 0.2% ~ 0.3% 硝酸钙溶液 3 ~ 4 次
镁	幼树缺镁时，新梢下部叶片先开始失绿，并逐渐脱落，仅先端残留几片软而薄的浅绿色叶片。成龄树缺镁，老叶叶缘或叶脉间先失绿或坏死，后逐渐变为黄褐色，新梢、嫩枝细长，抗寒力明显降低，并导致开花受抑，果小味差	在 6 ~ 7 月叶面喷施 1% ~ 2% 硫酸镁溶液 2 ~ 3 次
铁	最先产生于新梢嫩叶，叶片变黄，俗称黄叶病。其表现是叶肉发黄，叶脉为绿色，呈典型的网状失绿。缺铁严重时，除叶片主脉靠近叶柄部分保持绿色外，其余部均呈黄色或白色，甚至干枯死亡。随着病叶叶龄的增长和病情的发展，叶片失去光泽，叶片皱缩，叶缘变为褐色、破裂	对发病严重的树在发芽前可喷 0.3% ~ 0.5% 硫酸亚铁溶液，或在果树中、短枝顶部 1 ~ 3 片叶失绿时，喷 0.5% 尿素 + 0.3% 硫酸亚铁溶液，每隔 10 ~ 15 天喷 1 次，连喷 2 ~ 3 次
锌	早春发芽晚，新梢节间极短，从基部向顶端逐渐落叶，叶片狭小、质脆、小叶簇生，俗称"小叶病"，数月后可出现枯梢或病枝枯死现象。病枝以下可再发新梢，新梢叶片初期正常，随后又变得窄长，产生花斑，花芽形成减少，且病枝上的花显著变小，不易坐果，果实小而畸形。幼树缺锌，根系发育不良，老树则有根系腐烂现象	在萌芽前喷 2% ~ 3%、展叶期喷 0.1% ~ 0.2%、秋季落叶前喷 0.3% ~ 0.5% 硫酸锌溶液，对重病苹果树连续喷 2 ~ 3 年可使缺素症得以大幅度缓解甚至治愈
锰	常出现缺锰性失绿。从老叶叶缘开始，逐渐扩大到主脉间失绿，在中脉和主脉处出现宽度不等的绿边，严重时全叶黄化，而顶端叶仍为绿色	喷施 0.2% ~ 0.3% 硫酸锰溶液 2 ~ 3 次

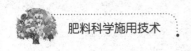

（续）

营养元素	缺素症状	补救措施
硼	花器官发育不良，受精不良，落花落果加重发生，坐果率明显降低。叶片变黄并卷缩，叶柄和叶脉质脆易断裂。严重缺硼时，根和新梢生长点枯死，根系长势变弱，还能导致果实畸形（即缩果病）。病果味淡而苦，果面凹凸不平，果皮下的部分果肉木栓化，致使果实扭曲、变形，严重时，木栓化的一边果皮开裂，形成品相差的所谓"猴头果"	在开花前、开花期和落花后各喷 1 次 0.3% ～0.5% 硼砂溶液，溶液浓度在发芽前为 1% ～2%，萌芽至花期为 0.3% ～0.5%
铜	最初叶片上出现褐色斑点，扩大后变成深褐色，引起落叶，新生枝条顶端 10～30 厘米枯死，第二年春季从枯死处下部的芽开始生长	喷施 0.04% ～0.06% 硫酸铜溶液 2～3 次

三、苹果科学施肥技术

借鉴 2011—2021 年农业农村部苹果科学施肥指导意见和相关测土配方施肥技术研究资料、书籍，提出推荐施肥方法，供农民朋友参考。

1. 施肥原则

在我国，苹果主产区果园有机肥料投入不足，果园土壤有机质含量低、缓冲能力差；非石灰性土壤产区，果园土壤酸化加重趋势明显，中、微量元素钙、镁、钼和硼缺乏时有发生；石灰性土壤产区，果园土壤中的铁、锌和硼缺乏问题普遍；集约化果园氮肥和磷肥用量普遍偏高，中、微量元素养分投入不足，肥料增产效率下降，生理性病害发生严重；在施肥时期上，存在忽视秋季施肥，春、夏季施肥偏多等施肥问题，针对这些问题，提出以下施肥原则。

1）增施有机肥料。长期施用畜禽粪便发酵腐熟类有机肥料的果园，改用优质堆肥或生物有机肥，提倡有机肥料和无机肥料配合施用。

2）依据土壤肥力和产量水平，适当调减氮肥和磷肥的用量；注意钙、镁、钼、硼和锌的配合施用。

3）出现土壤酸化的果园，可通过施用土壤调理剂、硅钙镁肥或石灰改良土壤。

4）与覆草、覆膜、自然生草和起垄等优质高产栽培技术相结合。

2. 施肥建议

（1）有机肥料施用方案　早熟品种或土壤较肥沃或树龄小或树势强的果园施农家肥 3000 ~ 5000 千克/亩，或生物有机肥 300 千克/亩；晚熟品种或土壤瘠薄或树龄大或树势弱的果园施农家肥 4000 ~ 5500 千克/亩，或生物有机肥 350 千克/亩。

（2）化肥施用方案

1）施肥量建议：产量水平为 4500 千克/亩以上的果园，推荐施用氮肥（N）15 ~ 25 千克/亩、磷肥（P_2O_5）7.5 ~ 12.5 千克/亩、钾肥（K_2O）15 ~ 25 千克/亩；产量水平为 3500 ~ 4500 千克/亩的果园，推荐施用氮肥（N）10 ~ 20 千克/亩、磷肥（P_2O_5）5 ~ 10 千克/亩、钾肥（K_2O）12 ~ 20 千克/亩；产量水平为 3500 千克/亩以下的果园，推荐施用氮肥（N）10 ~ 15 千克/亩、磷肥（P_2O_5）5 ~ 10 千克/亩、钾肥（K_2O）10 ~ 15 千克/亩。

2）缺素补救：土壤缺锌、硼、钙的果园，相应施用硫酸锌 1 ~ 1.5 千克/亩、硼砂 0.5 ~ 1 千克/亩、硝酸钙 20 千克/亩左右，与有机肥料混匀后在 9 月中旬 ~ 10 月中旬施用（晚熟品种于采果后尽早施用）；施肥方法为穴施或沟施，穴或沟的深度为 40 厘米左右，每株树 3 ~ 4 个（条）。

3）施肥时期：化学肥料分 3 ~ 4 次施用（晚熟品种 4 次），第一次在 9 月中旬 ~ 10 月中旬（晚熟品种于采果后尽早施用），在有机肥料和硅钙镁肥基础上施用 40% 氮肥、60% 磷肥、40% 钾肥，适当增加氮肥和磷肥的比例；第二次在第二年 4 月中旬进行，以氮肥和磷肥为主，施用 20% 氮肥、20% 磷肥；第三次在第二年 6 月初果实套袋前后进行，根据留果情况配合施用氮、磷、钾，施用 20% 氮肥、20% 磷肥、40% 钾肥；第四次在第二年 7 月下旬 ~ 8 月中旬，施用 20% 氮肥、20% 钾肥，根据降雨、树势和产量情况采取少量多次的方法进行，以钾肥为主，配合少量氮肥。在 10 月底 ~ 11 月中旬，连续喷 3 次 1% ~ 7% 尿素溶液，浓度前低后高，间隔时间为 7 ~ 10 天。

（3）配方肥施用方案　在 9 月中旬 ~ 10 月中旬（晚熟品种于采果后尽早施用）施用采果肥。在施用农家肥 2000 ~ 3000 千克/亩（或生物有机肥 300 千克/亩）、硅钙镁肥 50 千克/亩、硫酸锌 1 ~ 1.5 千克/亩、硼砂 0.5 ~ 1 千克/亩的基础上，推荐 15-15-15（N-P_2O_5-K_2O）或相近配方，配方肥推荐用量为 80 ~ 120 千克/亩。在 3 月中旬 ~ 4 月中旬施 1 次钙肥，每亩施硝酸铵钙 30 ~ 50 千克，尤其是对有苦痘病、裂纹等缺钙症状严重

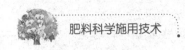

的果园。在第二年6月初果实套袋前后施用套袋肥，根据留果情况，配合施用氮、磷、钾，推荐18-10-17（N-P$_2$O$_5$-K$_2$O）或相近配方，配方肥推荐施用量为40~80千克/亩。在第二年7月中旬~8月中旬施用二次膨果肥，推荐15-5-25（N-P$_2$O$_5$-K$_2$O）或相近配方，配方肥推荐用量为20~60千克/亩。

▌身边案例

苹果不同树势科学施肥原则

应根据苹果树的树势合理追肥，主要有旺长树、衰弱树、大小年树、结果壮树等树势。

（1）旺长树　追肥应避开新梢旺盛期，提倡"两停"（春梢和秋梢停长期）追肥，尤其注重"秋停"追肥，有利于养分分配均衡、苹果树缓和旺长。应注重施用磷肥、钾肥，促进成花。春梢停长期追肥（5月下旬~6月上旬），时值花芽生理分化期，追肥以铵态氮肥为主，配合磷肥、钾肥，结合小水、适当干旱、提高浓度，促进发芽分化；秋梢停长期追肥（8月下旬），时值秋梢花芽分化和芽体充实期，追肥应以磷肥、钾肥为主，补充氮肥，注重配方肥、有机肥料充足。

（2）衰弱树　应在旺长前期追施速效肥，以硝态氮肥为主，有利于促进生长。萌芽前追氮，配合浇水，加盖地膜。春梢旺长前追肥，配合大水。夏季借雨勤追，猛催秋梢，恢复树势。秋天带叶追，增加储备，提高芽质，促进秋根生长。

（3）大小年树　"大年树"追肥时期宜在花芽分化前1个月左右，以利于促进花芽分化，增加第二年产量；追氮量宜占全年总施氮量的1/3。"小年树"追肥宜在发芽前，或开花前及早进行，以提高坐果率，增加当年产量；追氮量宜占全年总施氮量的1/3。

（4）结果壮树　萌芽前追肥以硝态氮肥为主，有利于发芽抽梢、开花坐果。果实膨大期追肥，以磷肥、钾肥为主，配合铵态氮肥，加速果实增长，增糖增色。采收后补肥浇水，恢复树体，增加储备。

第二节　梨科学施肥

梨是我国分布面积最广的重要果树之一，全国各地均有栽培。我国的梨园面积和梨产量仅次于苹果和柑橘，名列第三位。梨树对土壤的适应能力强，且较易获得高产。梨的品种繁多，晚熟品种极耐储藏与运输，对保证水果的周年供应和调节市场有重要意义，是人们喜食果品之一。

一、梨树的需肥特点

梨树是多年生木本植物，在不同的生长发育时期，对养分的种类和数量需求不同，对营养的需求具有明显的年龄性和季节性特点。

1. 梨树在生命周期内的需肥特点

幼龄梨树以长树、扩大树冠、搭好骨架为主，以后逐步过渡到以结果为主。幼树需要的主要养分是氮和磷，特别是磷，其对植物根系的生长发育具有良好的作用。

成年梨树需求的主要养分是氮和钾，特别是由于果实的采收带走了大量的氮、钾、磷等许多营养元素，若不能及时补充则将影响梨树第二年的生长及产量。

梨树随树龄增加，结果部位不断更替，对养分需求的数量和比例也随之发生变化。

2. 梨树在年生长周期内的需肥特点

梨树对各种元素的需要量不是一成不变的，而是依据各个生长发育阶段的不同而有多有少。在一年中需氮有 2 个高峰期，第一次大高峰在 5 月，吸收量可达全年吸收量的 80%，这是由于此期是枝、叶、根生长的旺盛期，需要的营养多；第二次小高峰在 7 月，比第一次吸收的量少35% ~ 40%，这是由于此期是果实的迅速膨大期和花芽分化期，需要养分较多。磷的吸收在全年的变化不大，只在 5 月有个小高峰，这是由于此期是种子发育和枝条木质化阶段，需磷量较多。需钾也有 2 个高峰期，出现时期与氮相同，由于第二次高峰正值果实迅速膨大和糖分转化，需钾量较多，所以 2 次峰值的差幅没有氮大，只比第一次少8%左右。

二、梨树缺素症的诊断与补救

要做好梨科学施肥，首先要了解梨树缺肥时的各种表现症状。生产中常见的梨树缺素症状主要是缺氮、缺磷、缺钾、缺钙、缺镁、缺硫、缺硼、缺锌、缺铁、缺锰、缺铜等，各种缺素症状与补救措施可以参考表 11-2。

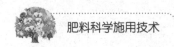

表 11-2　梨树缺素症状与补救措施

营养元素	缺素症状	补救措施
氮	长势减弱，叶小而薄，呈黄绿色或灰绿色，老叶变为橙红色或紫色，易早落；花芽、花及果实都少；果小，但着色较好，口感较甜	在雨季和秋梢迅速生长期，可在树冠喷施 0.3%～0.5% 尿素溶液
磷	叶片呈紫红色；新梢和根系发育不良，植株瘦长或矮化，易早期落叶，果实较小；树体抗旱性减弱	在展叶期，叶面喷施 0.3% 磷酸二氢钾溶液或 2.0% 过磷酸钙浸出液
钾	当年生枝条的中下部叶片边缘先表现出枯黄色，后呈焦枯状，叶片皱缩，严重时全叶焦枯；枝条生长不良，果实小、品质差	在果实膨大期，施硫酸钾 0.4～0.5 千克/株；在 6～7 月，叶面喷施 0.2%～0.3% 磷酸二氢钾溶液 2～3 次
钙	新梢嫩叶形成失绿斑，叶尖及叶缘向下卷曲，几天后失绿部分变成暗褐色并形成枯斑，并逐渐向下部叶片扩展	喷施 0.3%～0.5% 氯化钙溶液或硝酸钙溶液 4～5 次
镁	叶绿素渐少，先从基部叶开始出现失绿症，枝条上部花叶呈深棕色，叶脉间出现枯死斑。严重的从枝条基部开始落叶	在 6～7 月，叶面喷施 2%～3% 硫酸镁溶液 3～4 次
硫	初期幼叶边缘呈浅绿色或黄色并逐渐扩大，仅在主、侧脉结合处保留一块呈楔形的绿色，最后幼叶全部失绿	可结合补铁、锌喷施硫酸亚铁、硫酸锌溶液
铁	梨树出现黄叶病，多从新梢顶部嫩叶开始，初期叶片较小，叶肉失绿变黄；随病情加重，全叶黄化、白化，叶缘出现褐色的焦枯斑，严重时可焦枯脱落，顶芽枯死	发芽后喷施 0.5% 硫酸亚铁溶液，或树干注射 0.05%～0.1% 酸化硫酸亚铁溶液
锌	叶小而窄，有杂色斑点，叶缘向上或不伸展，叶呈浅黄绿色，节间缩短，细叶簇生呈丝状，花芽渐少，不易坐果	在落花后 3 周，用 300 毫克/千克环烷酸锌乳剂或 0.2% 硫酸锌溶液＋0.3% 尿素溶液，再和 0.2% 石灰水混喷
锰	叶片出现肋骨状失绿，多从新梢中部叶开始	在叶片生长期，喷施 0.3% 硫酸锰溶液 2～3 次

（续）

营养元素	缺素症状	补救措施
硼	小枝顶端枯死，叶稀疏；果实开裂，果面凹凸不平，未熟先黄；树皮出现溃烂	在花前、花期或花后，喷施0.5%硼砂溶液并灌水
铜	顶叶失绿，梢间变黄，结果少，品质差	喷施0.05%硫酸铜溶液

三、梨科学施肥技术

借鉴2011—2021年农业农村部梨科学施肥指导意见和相关测土配方施肥技术研究资料、书籍，提出推荐施肥方法，供农民朋友参考。

1. 施肥原则

针对梨生产中存在的有机肥料施用少，土壤有机质含量较低，氮肥投入量大、利用率低，钾肥及中、微量元素投入较少，施肥时期、施肥方式、肥料配比不合理，以及梨园土壤中钙、铁、锌、硼等中、微量元素缺乏普遍，尤其是南方地区梨园土壤中磷、钾、钙、镁缺乏，土壤酸化严重等问题，提出以下施肥原则。

1）增加有机肥料的施用，实施果园种植绿肥、覆盖秸秆，以培肥土壤；土壤酸化严重的果园施用石灰和有机肥料进行改良。

2）依据梨园土壤肥力条件和梨树生长状况，适当减少氮肥和磷肥的用量，增加钾肥施用，通过叶面喷施补充钙、镁、铁、锌、硼等中、微量元素。

3）结合绿色增产增效栽培技术及产量水平、土壤肥力条件，确定肥料施用时期、用量和养分配比。

4）优化施肥方式，改撒施为条施或穴施，合理配合灌溉与施肥，以水调肥。

2. 施肥建议

（1）施肥量建议　产量水平为4000千克/亩以上的果园，推荐施用有机肥料2500～3000千克/亩、氮肥（N）20～25千克/亩、磷肥（P_2O_5）8～12千克/亩、钾肥（K_2O）15～25千克/亩；产量水平为2000～4000千克/亩的果园，推荐施用有机肥料1000～1500千克/亩、氮肥（N）15～20千克/亩、磷肥（P_2O_5）8～12千克/亩、钾肥（K_2O）15～20千克/亩；产量水平为2000千克/亩以下的果园，推荐施用有机肥料1000～1500千克/亩、氮肥（N）10～15千克/亩、磷肥（P_2O_5）8～12千克/亩、钾肥（K_2O）10～15千克/亩。

（2）缺素补救　土壤钙、镁较缺乏的果园，磷肥宜选用钙镁磷肥；

缺铁、锌和硼的果园，可通过叶面喷施浓度为 0.3% ~0.5% 硫酸亚铁溶液、0.3% 硫酸锌溶液、0.2% ~0.5% 硼砂溶液来矫正。根据有机肥料的施用量，酌情增减氮肥和钾肥的用量。

（3）施肥时期　全部有机肥料、全部磷肥、50% ~60% 氮肥、40% 钾肥作为基肥，在梨采收后施用；其余 40% ~50% 氮肥和 60% 钾肥分别在 3 月萌芽期和 6 ~7 月果实膨大期施用，根据梨树树势强弱可适当增减追肥次数和用量。

▌**身边案例**

不同树龄梨树基肥和追肥方案

不同树龄梨树的基肥和追肥方案具体见表 11-3。

表 11-3　不同树龄梨树基肥和追肥方案

树龄/年	基肥	追肥
1	定植肥：每亩施有机肥料 1000 千克，磷酸二铵 3 克	6 月中旬：每亩施磷酸二铵 5 千克，或尿素 2 千克、过磷酸钙 10 千克
2 ~5	秋季基肥：每亩施有机肥料 1500 千克、复合肥（20-10-10）10 ~20 千克，或有机肥料 2000 ~3000 千克、尿素 5 ~10 千克、过磷酸钙 10 ~20 千克、硫酸钾 3 千克	3 月中旬：每亩施复合肥（20-10-10）10 ~15 千克，或尿素 5 千克、过磷酸钙 10 ~15 千克、硫酸钾 3 千克； 6 月中旬：每亩施复合肥（10-10-20）15 ~20 千克，或过磷酸钙 10 ~15 千克、硫酸钾 3 千克
6 ~10	秋季基肥：每亩施有机肥料 2000 ~3000 千克、复合肥（20-10-10）10 ~20 千克，或有机肥料 3000 ~4000 千克、尿素 10 ~20 千克、过磷酸钙 20 ~30 千克、硫酸钾 5 千克	3 月中旬：每亩施复合肥（20-10-10）20 ~40 千克，或尿素 5 ~10 千克、过磷酸钙 15 ~20 千克、硫酸钾 5 千克； 6 月中旬：每亩施复合肥（10-10-20）30 ~40 千克，或过磷酸钙 10 ~20 千克、硫酸钾 10 千克
11 ~25	秋季基肥：每亩施有机肥料 3000 ~4000 千克、复合肥（20-10-10）20 ~30 千克，或有机肥料 3000 ~4000 千克、尿素 10 ~20 千克、过磷酸钙 20 ~30 千克、硫酸钾 5 千克	3 月中旬：每亩施复合肥（20-10-10）55 ~70 千克，或尿素 10 ~20 千克、过磷酸钙 35 ~40 千克、硫酸钾 10 千克； 6 月中旬：每亩施复合肥（10-10-20）30 ~40 千克，或过磷酸钙 50 千克、硫酸钾 20 千克； 8 月上旬：对于晚熟品种，每亩施复合肥（10-10-20）15 ~30 千克，或硫酸钾 5 ~10 千克

（续）

树龄/年	基肥	追肥
25～30	秋季基肥：每亩施有机肥料 3000～4000 千克、复合肥（20-10-10）30～35 千克，或有机肥料 3000～4000 千克、尿素 10～20 千克、过磷酸钙 20～30 千克、硫酸钾 5 千克	3 月中旬：每亩施复合肥（20-10-10）50～80 千克，或尿素 20～30 千克、过磷酸钙 35～40 千克、硫酸钾 10 千克； 6 月中旬：每亩施复合肥（10-10-20）40～50 千克，或尿素 5 千克、过磷酸钙 50 千克、硫酸钾 20 千克

第三节　桃科学施肥

桃原产于我国黄河上游海拔 1200～1300 米的高原地带，是我国普遍栽培的一种果树。我国规模化栽培桃树的地区主要集中在华北、华东、华中、西北和东北的一些省份，其中，山东省肥城市、青州市，河北省秦皇岛市抚宁区、遵化市、深州市、临漳县，甘肃省宁县、张掖市，江苏省太仓市、无锡市、徐州市，浙江省宁波市，天津市蓟州区，河南省商水县、开封市，北京市平谷区，陕西省宝鸡市、西安市，四川省成都市，辽宁省大连市等地都是我国著名的桃产区。

一、桃树的需肥特点

桃树的生长具有一定的积累作用，同时又具有周年变化的特点，因此在桃树整个生命周期中，不同时期需要的养分不同，一年内树体的养分需求也有差异。

1. 桃树在生命周期内的需肥特点

桃树从幼树到死亡，一般经过幼树期、初结果树期、盛结果树期、衰老树期等过程。在不同时期，由于其生理功能的差异造成对养分需求的差异。

桃树第一次开花结果以前的时期称为幼树期。幼树期的桃树需肥量少，但对肥料特别敏感。对氮的需求不是太多，若施用氮肥较多，易引起

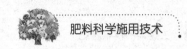

营养生长过旺，花芽分化困难；对磷的需要迫切，施用磷肥可促进根系生长。因此施肥时应施足磷，适量施钾，少施或不施氮。

桃对第一次开花结果到经济产量形成之前的时期成为初结果树期。此期是桃树由营养生长向生殖生长转化的关键时期，施肥上应针对树体状况区别对待。若营养生长较强，应以施磷为主，配合钾，少施氮；若营养生长未达到结果要求，则培养健壮树势仍是重点，应以施磷为主，配合施氮、钾。

桃树大量结果的时期称为盛结果树期。此期以维持健壮树势，保证优质丰产为主要目的。进入盛结果树期后，根系的吸收能力有所降低，而树体对养分的需求量又较多，此时如供氮不足，易引起树势衰弱，抗性差、产量低，结果寿命缩短。施肥上应以氮、磷、钾配合，并根据树势和结果多少有所侧重。

在衰老树期，主要是维持结果时间，保证一定产量。因此施肥上应偏施氮肥，以促进更新复壮，维持树势，延长结果年份。

2. 桃树在年生长周期内的需肥特点

桃树的年生长周期可分为 4 个时期：利用储藏营养期、储藏营养与当年生营养交替期、利用当年生营养期和营养转化积累储藏期。

桃树的利用储藏营养期在早春，此期萌芽、枝叶生长、根系生长与开花坐果对养分的竞争激烈，开花坐果对养分竞争力最强，因此在协调矛盾时主要采取疏花疏果措施，减少无效消耗，把尽可能多的养分节约下来，用于营养生长，为以后的生长发育打下坚实基础。在施肥上，应注意提高地温，促进根系活动，加强树体对养分的吸收，从萌芽前就开始进行根外追肥，缓和养分竞争，保证桃树正常生长发育。

桃树储藏营养与当年生营养交替期，又称青黄不接期，是衡量树体养分状况的临界期，若养分储藏不足或分配不合理，则会出现"断粮"现象，制约桃树的正常生长发育。加强秋季管理，提高树体营养储藏水平；春季地温早回升、疏花疏果节约养分等措施均有利于延长春季养分储藏供应的时间，提高当年生营养供应，缓解矛盾，是保证桃树连年生产稳产的基本措施。

在利用当年生营养期，有节奏地进行养分积累、营养生长、生殖生长是养分合理运用的关键，此期养分利用的中心主要是枝梢生长和果实发育，新梢持续旺长和坐果过多是造成营养失衡的主要原因。因此，调节枝类组成、合理负荷是保证桃树有节律生长发育的基础；此期是氮的大量吸收期，并应注意根据树势调整氮、磷、钾的比例。

营养转化积累储藏期是叶片中各种养分回流到枝干和根系中的过程。早熟、中熟品种从采果后开始积累，晚熟品种在采果前已经开始，回流持续到落叶前。适时采收、早施基肥和加强秋季根外追肥、防止秋梢生长过旺、保护秋叶等措施是保证养分及时、充分回流的有效手段。

二、桃树缺素症的诊断与补救

要做好桃科学施肥，首先要了解桃树缺肥时的各种表现症状。桃生产中常见的缺素症主要是缺氮、缺磷、缺钾、缺钙、缺镁、缺硼、缺锌、缺铁、缺锰等，各种缺素症状与补救措施可以参考表11-4。

表11-4　桃树缺素症状与补救措施

营养元素	缺素症状	补救措施
氮	枝梢顶部叶片呈浅黄绿色，基部叶片呈红黄色，出现红色、褐色的斑点或坏死斑点；叶片早期脱落，枝梢细尖、短、硬。果小、品质差，涩味重，但着色好。红色品种会出现晦暗的颜色	叶面喷施0.3%～0.5%尿素溶液，间隔5～7天喷1次，连喷2～3次
磷	叶片由暗绿色转为青铜色，或发展为紫色；一些较老的叶片窄小，近叶缘处向外卷曲；早期落叶，叶片稀少	叶面喷施0.5%～1.0%过磷酸钙浸出液、1.0%磷酸铵溶液或0.5%磷酸二氢钾溶液，间隔7～10天喷1次，连喷2～3次
钾	当年生新梢中部的叶片变皱且卷曲，随后坏死；叶片出现裂痕，开裂；叶背呈浅红色或紫红色；小枝纤细，花芽少	应土施和叶喷相结合。如成年树土施硫酸钾0.5～1.0千克/株或施草木灰2～5千克/株，果实膨大期施硫酸钾0.4～0.5千克/株；叶面喷施0.2%～0.3%磷酸二氢钾溶液2～3次
钙	顶部枝梢的幼由叶尖及叶缘或沿中脉干枯。严重缺钙时小枝顶枯。大量落叶，根短、呈球根状，出现少量线状根后根回缩干枯	在新生叶生长期可叶面喷施0.3%～0.5%硝酸钙溶液或0.3%磷酸二氢钙溶液，间隔5～7天喷1次，连喷2～3次
镁	当年生枝的基部叶出现坏死区，呈深绿色水渍状斑纹，具有紫红边缘，坏死区几小时内可变为灰白色至浅绿色，然后变为浅黄棕色；落叶严重，小枝柔韧，花芽形成大量减少	叶面喷施1%～2%硫酸镁溶液，间隔7～10天喷1次，连喷4～5次

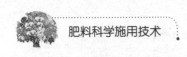
（续）

营养元素	缺素症状	补救措施
铁	症状多从新梢顶端叶片开始出现，而且自上而下渐轻。缺铁抑制了叶绿素的合成，使桃树表现出从失绿到黄化再到白化的症状。轻度缺铁时，一般叶片不萎蔫，新梢顶芽仍然生长；缺铁严重时，叶缘焦枯，有时叶片出现褐色坏死，连较细的侧脉也变黄，新梢顶端枯死，其中上部叶片早落	叶面喷施尿素铁、柠檬酸铁或ED-TA-Fe、DTPA-Fe螯合物，并掌握好浓度，以免发生肥害。也可采取树干注射法、灌根法，将0.2%～0.5%柠檬酸铁溶液或硫酸亚铁溶液注射入主干或侧枝内。对于酸性土壤可施用10～30克/株的EDTA-Fe；对于碱性土壤可施用10～30克/株的DTPA-Fe或EDDHA-Fe，或硫黄粉15～20千克/亩
锌	叶片失绿，花叶症状从枝梢最基部的叶片向上发展；叶片变窄，并发生不同程度的皱叶；枝梢短，近枝梢顶部节间出现莲座状叶；花芽形成减少，果实少、畸形	叶面喷施0.3%～0.5%硫酸锌溶液，或在硫黄合剂中加入0.1%～0.3%硫酸锌溶液。一般间隔10～15天喷1次，连喷2～3次
锰	叶脉间失绿，从叶缘开始；顶梢的叶仍保持绿色，顶部生长受阻	在叶片生长期喷施0.3%硫酸锰溶液，每隔7～10天喷1次，连喷3～4次
硼	小枝顶枯，随之落叶；出现许多侧枝；叶片小而厚，畸形且脆	用0.1%～0.2%硼砂溶液叶面喷布或灌根，施用的最佳时期是果树开花前3周。当土壤严重缺硼时，可土施硼砂或含硼肥料，成年树施硼砂0.1～0.2千克/株

三、桃科学施肥技术

借鉴2011—2021年农业农村部桃科学施肥指导意见和相关测土配方施肥技术研究资料、书籍，提出推荐施肥方法，供农民朋友参考。

1. 施肥原则

针对桃园施肥量差异较大，肥料用量、氮磷钾配比、施肥时期和方法等不合理，忽视施肥和灌溉协调等问题，提出以下施肥原则。

1）合理增加有机肥料的施用量，依据土壤肥力、产量水平和早中晚熟品种的区别，合理调控氮、磷、钾的施用量，一般早熟品种需肥量比晚熟品种少 15% ～30%；同时，注意钙、镁、硼、锌、铁或铜肥的配合施用。

2）肥料分配。以桃果采摘后 1 个月左右进行秋季基肥为宜，桃果膨大期前后是追肥的关键时期。

3）与绿色增产增效栽培技术相结合，采摘前 3 周不宜追施氮肥和大量灌水，以免影响品质；在夏季，排水不畅的平原地区桃园需做好起垄、覆膜、生草等土壤管理工作；干旱地区提倡采用地膜覆盖、穴贮肥水技术。

2. 施肥建议

（1）施肥量建议　产量水平为 3000 千克/亩以上时，推荐施用有机肥料 1500～2500 千克/亩、氮肥（N）18～20 千克/亩、磷肥（P_2O_5）8～10 千克/亩、钾肥（K_2O）20～22 千克/亩；产量水平为 2000～3000 千克/亩时，推荐施用有机肥料 1000～1500 千克/亩、氮肥（N）15～18 千克/亩、磷肥（P_2O_5）7～9 千克/亩、钾肥（K_2O）18～20 千克/亩；产量水平为 1500～2000 千克/亩时，推荐施用有机肥料 1000～1500 千克/亩、氮肥（N）12～15 千克/亩、磷肥（P_2O_5）5～8 千克/亩、钾肥（K_2O）15～18 千克/亩。

（2）缺素补救　对前一年落叶早或产量高的果园，应加强根外追肥，在萌芽前可喷施 2～3 次 1%～3% 尿素溶液，在萌芽后至 7 月中旬之前，定期按 2 次尿素与 1 次磷酸二氢钾的方式喷施，磷酸二氢钾的浓度为 0.3%～0.5%。中、微量元素推荐采用"因缺补缺"、矫正施用的管理策略。出现中、微量元素缺素症时，通过叶面喷施进行矫正。

（3）施肥时期　若施用有机肥料数量较多，则当年秋季基施的氮肥和钾肥可酌情减少 1～2 千克/亩，果实膨大期的氮肥和钾肥追施量可酌情减少 2～3 千克/亩。

全部有机肥料、30%～40% 氮肥、50% 磷钾肥作为基肥，于秋季桃果采摘后采用开沟方法施用；其余 60%～70% 氮肥和 50% 磷钾肥分别在春季桃树萌芽期、硬核期和果实膨大期分次追施（早熟品种 1～2 次、中晚熟品种 2～4 次）。

第四节　葡萄科学施肥

葡萄的种类繁多，全世界有 8000 多种，我国有 500 种以上。我国各地基本都能种植葡萄，主要产区有新疆维吾尔自治区、黄土高原区、晋冀京、环渤海湾、黄河故道及南方欧美杂交种产区等，我国鲜食葡萄产量多

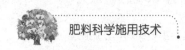

年稳居世界首位，2018年我国葡萄栽培面积已达72.51万公顷，葡萄产量达到1366.68万吨。

一、葡萄的需肥特点

葡萄生长量大，在盛果树期80%以上的枝蔓、叶均在几个月中生长完成。成龄葡萄根系发达，枝干输送养分、水分的能力强，枝蔓生长量大，产量又高，因此葡萄是一种喜肥作物，需高水肥管理。

1. 葡萄的肥料需求

葡萄植株约有63.5%的氮集中在枝干和叶，约66.6%的磷集中在枝干和根，约48.4%的钾集中于果实，约56%的钙集中在枝干，50%的镁集中在主干。在对树体各部位主要营养元素含量分析的基础上得出葡萄全树含氮、磷、钾、钙、镁的比例是1:0.59:1.10:1.36:0.09，含量从高到低的顺序为钙、钾、氮、磷、镁，生产施肥中要注意其营养平衡。

（1）**葡萄需肥量大** 葡萄生长旺盛，结果量大，因此对养分的需求也更多。研究表明，在一个生长季节中，丰产葡萄园每生产1000千克葡萄鲜果，每年要从土壤中吸收氮（N）7.5千克、磷（P_2O_5）4.2千克、钾（K_2O）8.3千克；产量一般的葡萄园，每亩每年从土壤中吸收氮（N）5~7千克、磷（P_2O_5）2.5~3.5千克、钾（K_2O）6~8千克、钙（CaO）4.64千克、镁（MgO）0.026千克。

（2）**葡萄需钾量大** 葡萄也被称为"钾质果树"，整个生育期都需要大量的钾，对钾的需要量居肥料三要素的首位。葡萄在其生长过程中对钾的需求和吸收显著超过其他各种果树，为梨树的1.7倍、苹果树的2.25倍。葡萄果实的含钾量为含氮量的1.4倍，是含磷量的4倍多；叶片的含钾量虽仅相当于含氮量的75%，但却是含磷量的4倍多。因此，葡萄施肥应特别注意钾肥的施用。在一般生产条件下，葡萄对氮、磷、钾的需求比例为1:0.5:1.2，若产量进一步提高和品质改善，对钾的需求量会更大。

（3）**葡萄需钙、镁、硼等元素多** 除钾外，葡萄对钙、镁、硼等元素的需求量也明显高于其他果树，特别是钙在葡萄吸收的营养中占有重要比例，葡萄对钙的需求远高于苹果、梨、柑橘等，且钙对产量和品质影响较大。葡萄在整个生育期直至果实成熟都不断吸收钙。

镁也是葡萄不可缺少的营养元素之一，但其吸收量只为氮吸收量的1/5以下，大量施用钾肥容易导致镁缺乏。

葡萄是需硼较多的果树，对土壤中的硼含量极为敏感，如不足就会发生缺硼症。

2. 葡萄在年生长周期内的需肥特点

葡萄在年生长周期内经历萌芽、开花、坐果、果实发育、果实成熟等过程，在不同物候期因生长发育特性的不同，对养分种类及量的需求也不同。

葡萄对营养元素的吸收自萌芽后不久就开始了，并且吸收量逐渐增加，在末花期至转色期和采收后至休眠前各有1个吸收高峰，且吸收高峰与葡萄根系生长高峰正好吻合，说明葡萄新根发生和生长与营养吸收密切相关。其中，末花期至转色期吸收的营养元素主要用于当年的枝叶生长、果实发育、形态建成等，采收后至休眠前吸收的营养元素主要用于储藏营养的生成与积累。

一年之中，在葡萄生长发育的不同阶段，对营养元素的需求种类和数量也有明显不同。一般从萌芽至开花前主要需要氮和磷，开花期需要硼和锌，幼果生长至成熟需要充足的磷和钾，到果实成熟前则主要需要钙和钾。

从萌动、开花至幼果初期，需氮量最多，约占全年需氮量的64.5%；磷的吸收则随枝叶生长、开花坐果和果实增大而逐步增多，至新梢生长最盛期和果粒增大期达到高峰；钾的吸收从展叶抽梢开始，以果实肥大至着色期需钾最多；开花期需要硼较多，花芽分化、浆果发育、产量品质形成需要大量的磷、钾、锌等元素，果实成熟需要钙，而采收后需要补充一定的氮。葡萄对铁的吸收和转运都很慢，叶面喷施硫酸亚铁类化合物效果不佳。

二、葡萄缺素症的诊断与补救

要做好葡萄科学施肥，首先要了解葡萄缺肥时的各种表现症状。葡萄生产中常见的缺素症主要是缺氮、缺磷、缺钾、缺钙、缺镁、缺硼、缺锌、缺铁、缺锰等，各种缺素症状与补救措施可以参考表11-5。

表 11-5　葡萄缺素症状与补救措施

营养元素	缺素症状	补救办法
氮	发芽早，叶片小而薄，呈黄绿色；枝、叶量少，新梢生长弱，停止生长早；叶柄细，花序小、不整齐，落花落果严重；果穗果粒小，品质差	叶面喷施 0.3%～0.5% 尿素溶液 2～3 次

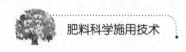

（续）

营养元素	缺素症状	补救办法
磷	新梢细弱，叶小、浆果小；叶色由暗绿色转为暗紫色，叶尖、叶缘干枯，叶片变厚变脆；果实发育不良，着色差，果穗变小，落花落果严重，果粒大小不匀	叶面喷施 0.3% ~ 0.5% 磷酸二氢钾溶液或 2.0% 过磷酸钙浸出液
钾	新梢纤细、节间长，叶片薄、叶色浅，基部叶片的叶脉间叶肉变黄，叶缘出现黄色干枯坏死斑；叶缘出现干边并向上翻卷，叶面凹凸不平，叶脉间叶肉由黄褐色转为干枯；果穗少而小，果粒小、着色不均匀、大小不整	叶面喷施 1% 磷酸二氢钾溶液 2 ~ 3 次，或 1% ~ 1.5% 硫酸钾溶液 2 ~ 3 次
钙	幼叶叶脉间和边缘失绿，叶脉间有褐色斑点，叶缘干枯；新梢顶端枯死	喷施 0.2% ~ 0.3% 氯化钙溶液 3 ~ 4 次
镁	多在果实膨大期出现症状，基部老叶的叶脉间失绿，继而发展成带状黄化斑点，最后叶肉组织变为褐色、坏死，仅剩叶脉保持绿色；成熟期推迟，果实着色差、品质差	叶面喷施 3% ~ 4% 硫酸镁溶液 3 ~ 4 次
铁	新梢顶端叶呈鲜黄色，叶脉两侧呈绿色脉带，严重时呈浅黄色或黄白色，后期叶缘、叶尖出现不规则坏死斑，受害新梢生长量小，花穗变为黄色，坐果率低，果粒小，有时花蕾全部落光	喷施 0.5% 硫酸亚铁溶液，或树干注射 1% ~ 3% 硫酸亚铁溶液 3 ~ 4 次
锌	夏初新梢旺盛生长时表现为叶斑驳；新梢和副梢生长量小，叶片小、节间短，梢端弯曲，叶片基部裂片发育不良，叶柄洼浅，叶缘无锯齿或少锯齿；坐果率低，果粒大小不一，常出现保持坚硬、绿色、不发育、不成熟的"豆粒"果	喷施 300 毫克/千克的环烷酸锌乳剂或 0.2% ~ 0.3% 硫酸锌溶液 3 ~ 4 次
锰	夏初新梢基部的叶片变为浅绿色，脉间组织出现较小的黄色斑点，斑点类似花叶病，黄斑逐渐增多，并为最小的绿色叶脉所限制；新梢、叶片生长缓慢，果实成熟晚	喷施 0.3% 硫酸锰溶液 2 ~ 3 次

（续）

营养元素	缺素症状	补救办法
硼	症状最初出现在春天刚抽出的新梢上。新梢生长缓慢，节间短、两节之间有一定角度，有时呈结节状肿胀，然后坏死；新梢上部的叶片出现油渍状斑点，梢尖坏死，其附近的卷须呈黑色，有时花序干枯；中后期老叶发黄，并向叶背翻卷，叶肉表现失绿或坏死；坐果率低，果粒大小不均匀，"豆粒"果现象严重	叶面喷施 0.1% ~ 0.2% 硼砂溶液或硼酸溶液 2 ~ 3 次

三、葡萄科学施肥技术

借鉴 2011—2021 年农业农村部葡萄科学施肥指导意见和相关测土配方施肥技术研究资料、书籍，提出推荐施肥方法，供农民朋友参考。

1. 施肥原则

针对葡萄园土壤酸化普遍，镁、铁、锌、钙普遍缺乏，施肥量偏高，肥料配比不合理，叶面肥施用针对性不强等问题，提出以下施肥原则。

1）重视有机肥料施用，根据不同生育期养分需求特点合理搭配氮、磷、钾肥，视葡萄品种、长势、气候等因素调整施肥计划。

2）土壤酸化较强果园，适量施用石灰、钙镁磷肥来调节土壤酸碱度和补充相应养分。

3）有针对性地施用中、微量元素肥料，预防生理性病害。

4）施肥与栽培管理措施相结合。水肥一体化葡萄果园遵循少量多次的灌溉施肥原则。

2. 施肥建议

（1）施肥量建议 产量水平为 2000 千克/亩以上的果园，推荐施用氮肥（N）35 ~ 40 千克/亩、磷肥（P_2O_5）20 ~ 25 千克/亩、钾肥（K_2O）20 ~ 25 千克/亩；产量水平为 1500 ~ 2000 千克/亩的果园，推荐施用氮肥（N）25 ~ 35 千克/亩、磷肥（P_2O_5）10 ~ 15 千克/亩、钾肥（K_2O）15 ~ 20 千克/亩；产量水平为 1500 千克/亩以下的果园，推荐施用氮肥（N）20 ~ 25 千克/亩、磷肥（P_2O_5）10 ~ 15 千克/亩、钾肥（K_2O）10 ~ 15 千克/亩。

（2）缺素补救 缺硼、锌、镁和钙的果园，相应的施用硫酸锌 1 ~ 1.5 千克/亩、硼砂 1 ~ 2 千克/亩、硫酸钾镁 5 ~ 10 千克/亩、过磷酸钙 50

千克/亩左右，与有机肥料混匀后在 9 月中旬～10 月中旬施用（晚熟品种于采果后尽早施用）；施肥方法采用穴施或沟施，穴或沟的深度为 40 厘米左右。

（3）有机肥料施用　有机肥料适宜作为基肥（秋肥、冬肥）施用，要选择充分腐熟的畜禽粪肥或堆肥，严禁施用半腐熟有机肥料甚至生粪。用量为 15～20 千克/株，可沟施或条施，深度为 40 厘米左右。微量元素肥料宜与腐熟的有机肥料混匀后一起施入。

（4）化肥分期施用　第一次施用化肥在 9 月中旬～10 月中旬（晚熟品种于采果后尽早施用）进行，在施用有机肥料和硼、锌、钙、镁肥的基础上，施用20% 氮肥、20% 磷肥、10% 钾肥；第二次在第二年 4 月中旬（葡萄出土上架后）进行，以氮肥和磷肥为主，施用30% 氮肥、20% 磷肥、10% 钾肥；第三次在第二年 6 月初果实套袋前后进行，根据留果情况适当增减肥料用量，一般施用40% 氮肥、40% 磷肥、20% 钾肥；第四次在第二年 7 月下旬～8 月中旬进行，施用10% 氮肥、20% 磷肥、60% 钾肥，根据降雨、树势和坐果量，适当调节肥料用量，总原则是以钾肥为主，配合少量氮肥和磷肥。在雨水多的季节，肥料可分几次开浅沟（深度为 10～15 厘米）施入。

（5）叶面喷施　花前至初花期喷施 0.3%～0.5% 的优质硼砂溶液；坐果后到成熟前喷施 3～4 次 0.3%～0.5% 的优质磷酸二氢钾溶液；幼果膨大期至转色前喷施 0.3%～0.5% 的优质硝酸钙或氨基酸钙肥。

（6）水肥一体化　采用水肥一体化栽培管理的田块，在萌芽到开花前，追施平衡型复合肥（$N:P_2O_5:K_2O = 1:1:1$）8～10 千克/亩，每 10 天追肥 1 次，共追肥 3 次；开花期追肥 1 次，以氮肥和磷肥为主（$N:P_2O_5:K_2O = 2:1:1$），施用量为 5～7 千克/亩，辅以叶面喷施硼、钙、镁肥；果实膨大期着重追施氮肥和钾肥（$N:P_2O_5:K_2O = 3:2:4$）25～30 千克/亩，每 10 天追肥 1 次，共追肥 9～12 次；着色期追施高钾型复合肥（$N:P_2O_5:K_2O = 1:1:3$）5～6 千克/亩，每 7 天追肥 1 次，叶面喷施补充中、微量元素。控制总氮、磷、钾投入量，共施入氮肥（N）28～35 千克/亩，磷肥（P_2O_5）18～23 千克/亩，钾肥（K_2O）25～30 千克/亩。

第五节　柑橘科学施肥

柑橘是橘、柑、橙、金柑、柚、枳等的总称。我国有 4000 多年的柑橘栽培历史，是柑橘的重要原产地之一，柑橘资源丰富，优良品种繁多。2018 年，我国柑橘产量为 4138 万吨，居世界第一位。我国的柑橘栽培区主要集中在北纬 20 ~ 33 度，海拔 1000 米以下，其中主产柑橘的有浙江省、福建省、湖南省、四川省、广西壮族自治区、湖北省、广东省、江西省、重庆市和台湾省等 21 个省（市、自治区）。本节所说的柑橘主要是指柑和橘。

一、柑橘树的需肥特点

柑橘树生长发育所需的养分，主要靠根系从土壤中吸收，柑橘的叶片、枝梢、果实及主干等也能不同程度地吸收养分。

柑橘是常绿果树，在年生长周期中无明显的休眠期，根系可全年吸收养分，加之其根系发达，茎叶繁茂，一年多次抽梢，所以需肥量大，是落叶果树的 1 ~ 2 倍。综合各地研究资料，每生产 1000 千克柑橘果实，需氮（N）1.18 ~ 1.85 千克、磷（P_2O_5）0.17 ~ 0.27 千克、钾（K_2O）1.70 ~ 2.61 千克、钙（CaO）0.36 ~ 1.04 千克、镁（MgO）0.17 ~ 1.19 千克，硼、锌、锰、铁、铜、钼等微量元素 10 ~ 100 毫克/千克。

柑橘树对养分的吸收，随物候期不同而有所变化。早春气温低，柑橘对养分的需要量比较少。当气温回升，春梢抽发时，需要养分量逐渐增加。在夏季，由于枝梢生长和果实膨大，需要养分量明显增多，不仅需要大量的氮，还需要磷、钾配合。在秋季，随着秋梢停长，根系进入第三次生长高峰，为补充树体营养，储藏养分，促进花芽分化，柑橘仍需大量养分。以后随着气温的降低，生长量渐小，需要养分量也逐渐减少。

总的来说，4 ~ 10 月是柑橘树一年中吸肥量最多的时期，氮、钾的吸收从仲夏开始增加，在 8 ~ 9 月出现最高峰。新梢对氮、磷、钾的吸收由春季开始迅速增长，在夏季达到高峰，入秋后开始下降，入冬后氮、磷的吸收基本停止，接着钾的吸收也停止。果实对磷的吸收，从仲夏逐渐增加，至夏末秋初达到高峰，以后趋于平稳；对氮、钾的吸收从仲夏开始增加，在秋季出现最高峰。

二、柑橘树缺素症的诊断与补救

要做好柑橘科学施肥，首先要了解柑橘树缺肥时的各种表现症状。柑橘生产中常见的缺素症主要是缺氮、缺磷、缺钾、缺钙、缺镁、缺硼、缺锌、缺铁、缺锰等，各种缺素症状与补救措施可以参考表 11-6。

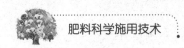

表 11-6　柑橘树缺素症状与补救措施

营养元素	缺素症状	补救办法
氮	新梢抽发不正常，枝叶稀少而细小；叶薄、发黄，呈浅绿色至黄色，以致全株叶片均匀黄化，提前脱落；花少果小，果皮苍白光滑，常早熟；严重缺氮时出现枯梢，树势衰退，树冠光秃	叶面喷施 1% ~ 2%尿素溶液 2~3 次
磷	幼树生长缓慢，枝条细弱，较老的叶片变为浅绿色至暗绿色或青铜色、失去光泽，有的叶片上有不定形枯斑，下部叶片趋向紫色，病叶早落；落叶后抽生的新梢上有小而窄的稀疏叶片，有的病树枝条枯死，开花很少或花而不实。成年树长期缺磷会造成生长极度衰弱、矮小、叶片狭小，密生；果皮厚而粗糙，未成熟即变软脱落，未落果畸形，味酸	叶面喷施 0.5% ~ 1%磷酸二氢钾溶液或 1.5%过磷酸钙浸出液
钾	老叶的叶尖和上部叶缘部分首先变黄，逐渐向下部扩展变为黄褐色至褐色焦枯，叶缘向上卷曲，叶片畸形，叶尖枯落；树冠顶部衰弱，新梢纤细，叶片较小；严重缺钾时在开花期即大量落叶，枝梢枯死；果小皮薄光滑，汁多酸少，易腐烂脱落；根系生长差，全树长势衰退	叶面喷施 0.5% ~ 1%磷酸二氢钾溶液 2~3 次，或 1% ~ 1.5%硫酸钾溶液 2~3次
钙	首先在春梢嫩叶的上部叶缘处呈黄色或黄白色；主、侧脉间及叶缘附近黄化，主、侧脉及其附近叶肉仍为绿色；随后黄化部分扩大，叶面大块黄化，并产生枯斑，病叶窄而小、不久脱落；生理落果严重，枝梢从顶端向下枯死，侧芽发出的枝条也会很快枯死；病果常小而畸形，呈浅绿色，汁胞皱缩；根系少，长势减弱，呈棕色，最后腐烂	喷施 0.5% ~ 1%硝酸钙溶液 3~4 次
镁	老叶和果实附近的叶片先发病，症状表现也最明显。病叶沿中脉两侧出现不规则黄斑，并逐渐向叶缘扩展，使侧脉向叶肉呈肋骨状黄白色带，以后则黄斑相互联合，叶片大部分黄化，仅中脉及其基部或叶尖处残留三角形或倒 V 形的绿色部分。严重缺镁时病叶全部黄化，遇不良环境较易脱落	叶面喷施 1% ~ 2%硫酸镁溶液 3~4 次

（续）

营养元素	缺素症状	补救办法
铁	新梢嫩叶发病后变薄黄化，叶肉呈浅绿色至黄白色，叶脉呈明显绿色网纹状，症状以小枝顶端嫩叶更为明显，但病树的老叶仍保持绿色。严重缺铁时，除主脉近叶柄处为绿色外，全叶变为黄色至黄白色、失去光泽，叶缘变为褐色并破裂，全株叶片均可变为橙黄色至白色	喷施0.5%硫酸亚铁溶液，或树干注射0.5%～1%硫酸亚铁溶液3～4次
锌	一般新梢的成熟新叶叶肉先黄化，呈黄绿色至黄色，主、侧脉及其附近叶肉仍为正常绿色。老叶的主、侧脉具有不规则的绿色带，其余部分呈浅绿色、浅黄色或橙黄色。有的叶片仅在绿色的主、侧脉间呈现黄色和浅黄色的小斑块。严重缺锌时，病叶显著直立、窄小，新梢缩短，枝叶呈丛生状，随后小枝枯死，但在主枝或树干上长出的新梢叶片接近正常	叶面喷施0.3%～0.5%硫酸锌溶液3～4次
锰	幼叶上表现明显症状，病叶变为黄绿色，主、侧脉及附近叶肉呈绿色至深绿色。轻度缺锰时，叶片在长成后可恢复正常；严重或继续缺锰时，侧脉间的黄化部分逐渐扩大，最后仅主脉及部分侧脉保持绿色，病叶变薄。表现缺锰症的病叶大小、形状基本正常，黄化部分颜色较绿。缺锰症不同于缺锌症和缺铁症，表现缺锌症的嫩叶小而尖，黄化部分颜色较黄；表现缺铁症的病叶黄化部分呈显著的黄白色	叶面喷施0.3%硫酸锰溶液2～3次
硼	开始时嫩叶上出现水渍状的细小黄斑，叶片扭曲；随着叶片长大，黄斑扩大，呈黄白色半透明或透明状，叶脉也变黄；主、侧脉肿大并木栓化，最后开裂。病叶提早脱落，以后抽出的新芽丛生，严重时全树黄叶脱落和枯梢。老叶的主、侧脉也肿大、木栓化和开裂，且有暗褐色斑点，斑点多时全叶呈暗褐色、无光泽，叶肉较厚，病叶向背面卷曲、畸形。病树幼果果皮生出乳白色微凸起小斑，严重时出现下陷的黑斑，并引起大量落果。残留在树上的果实小、畸形，皮厚而硬，果面有褐色的木栓化瘤状凸起	叶面喷施0.1%～0.2%硼砂溶液或硼酸溶液2～3次

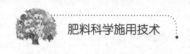
（续）

营养元素	缺素症状	补救办法
铜	幼嫩枝叶先表现出明显症状。幼枝长而软弱，上部扭曲下垂或呈 S 形，随后顶端枯死。嫩叶变大而呈深绿色，叶面凹凸不平，叶脉弯曲呈弓形；以后老叶也变大而呈深绿色，略显畸形。严重缺铜时，从病枝一处能长出许多柔嫩的细枝，形成丛枝，长至数厘米时则从顶端向下枯死。果实常较枝条表现症状晚，轻度缺铜时果面出现许多大小不一的褐色斑点，之后则斑点变为黑色。严重缺铜时病树不结果，或结的果小、显著畸形，呈浅黄色。果皮光滑增厚，幼果常纵裂或横裂而脱落，其果皮、主干及嫩枝有流胶现象	叶面喷施 0.2% ~ 0.3% 硫酸铜溶液 3 ~ 4 次

三、柑橘科学施肥技术

借鉴 2011—2021 年农业农村部柑橘科学施肥指导意见和相关测土配方施肥技术研究资料、书籍，提出推荐施肥方法，供农民朋友参考。

1. 施肥原则

针对柑橘生产中常存在的忽视有机肥料施用和土壤改良培肥，瘠薄果园面积大，土壤保水保肥能力弱；农户用肥量差异较大，肥料用量和配比、施肥时期和方法等不合理；赣南—湘南—桂北柑橘带、浙—闽—粤柑橘带土壤酸化严重，中、微量元素钙、镁、硼普遍缺乏，长江上中游柑橘带部分土壤偏碱性，锌、铁、硼、镁缺乏时有发生，肥料利用率低等问题，提出以下施肥原则：重视有机肥料的施用，大力发展果园绿肥，实施果园生草或秸秆覆盖；酸化严重的果园，适量施用硅钙肥或石灰等酸性土壤调理剂；根据柑橘产量水平、果园土壤肥力状况，优化氮、磷、钾肥料的用量、配施比例和施肥时期，针对性地补充钙、镁、硼、锌、铁等中、微量元素；施肥方式改全园撒施为集中穴施或沟施；施肥与水分管理和绿色增产增效栽培技术结合，有条件的果园提倡采用水肥一体化技术。

2. 施肥建议

（1）单质肥料施肥方案

1）施肥量建议。产量水平为 3000 千克/亩以上的果园，施用农家肥 1500 ~ 3000 千克/亩或生物有机肥、商品有机肥料 300 千克/亩，氮肥（N）20~30千克/亩、磷肥（P_2O_5）8~12千克/亩、钾肥（K_2O）20~30千克/亩；产量水平为1500~3000千克/亩的果园，施用农家肥1500~3000千克/亩或生物有机肥、商品有机肥料300千克/亩、氮肥（N）15~25千克/亩、磷肥（P_2O_5）6~10千克/亩、钾肥（K_2O）15~25千克/亩；产量水平为1500千克/亩以下的果园，施用农家肥1500~2500千克/亩或生物有机肥或商品有机肥料300千克/亩、氮肥（N）10~20千克/亩、磷肥（P_2O_5）6~10千克/亩、钾肥（K_2O）10~20千克/亩。

2）缺素补救。缺钙、镁的果园，秋季选用钙镁磷肥25~50千克/亩与有机肥料混匀后施用；钙和镁严重缺乏的南方酸性土果园在5~7月再施用硝酸钙20千克/亩、硫酸镁10千克/亩左右。缺硼、锌、铁的果园，施用硼砂0.5~0.75千克/亩、硫酸锌1~1.5千克/亩、硫酸亚铁2~3千克/亩，与有机肥料混匀后于秋季施用；土壤pH小于5的果园，施用硅钙肥或石灰50~100千克/亩，50%在秋季施用，50%在夏季施用。

3）施肥时期。春季施肥（萌芽肥或花前肥）：30%~40%氮肥、30%~40%磷肥、20%~30%钾肥在2~3月萌芽前施用；夏季施肥（壮果肥）：30%~40%氮肥、20%~30%磷肥、40%~50%钾肥在6~7月施用；秋冬季施肥（采果肥）：20%~30%氮肥、40%~50%磷肥、20%~30%钾肥，以及全部有机肥料和硼肥、锌肥、铁肥在10~12月采果前后施用。

（2）配方肥施肥方案

1）秋冬季施肥（采果肥）。在10~12月采果前后施用，推荐平衡性配方，如15-15-15（N-P_2O_5-K_2O）或相近配方。在施用有机肥料的基础上，配方肥推荐用量为30~50千克/亩（为柑橘产量在1500~3000千克/亩水平的推荐用量，下同）。

2）春季施肥（萌芽肥或花前肥）。在第二年2~4月施用，推荐高氮中磷中钾型配方，如20-10-10（N-P_2O_5-K_2O）或相近配方，推荐用量为30~50千克/亩。在缺锌、缺硼的果园注意补施锌肥、硼肥。

3）夏季施肥（壮果肥）。在第二年6~8月施用，推荐高钾型配方，例如15-5-25（N-P_2O_5-K_2O）或相近配方，推荐用量为40~50千克/亩。在钙、镁缺乏的果园注意补施钙肥、镁肥。

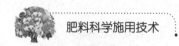

身边案例

柑橘幼树施肥技术

柑橘幼树根浅且少，幼嫩、耐肥力弱，幼树施肥的重点在于促进枝梢的速生快长，迅速扩大树冠骨架，培育健壮枝条，为早结果和丰产打下基础。因此，柑橘幼树在肥料分配上要求施足有机肥料以培肥土壤；化肥做到前期薄肥勤施，后期控肥水、促老熟。

在长江流域，柑橘树每年抽生3次新梢，因此以3次重肥为主，即2月底~3月初施春梢肥，5月中旬施夏梢肥，7月上中旬施早秋梢肥，11月下旬还要补施冬肥。夏季修剪结合整形，重施氮、磷、钾肥，以促发7月下旬抽生的早秋梢。丘陵山地的橘园，应多积制有机肥料，深埋深施，深耕改土，促进根系的生长和扩展，全年施肥3~5次。

根据各地经验，一般1~3年生的柑橘幼树全年施肥量为：平均每株施用有机肥料15~30千克、尿素0.7~0.8千克、过磷酸钙0.7~1.3千克、氯化钾0.3~0.4千克，或40%专用肥1.5~2千克。随着树龄增加，树冠不断扩大，对养分的需求也不断增加，因此，柑橘幼树施肥坚持从少到多、逐年提高的原则。

柑橘幼树株行间空地较多。为了改良土壤，提高肥力，改善果园小气候，防除杂草，应在冬季和夏季种植豆科绿肥，深翻入土。绿肥深翻入土时可混合石灰，每亩用50~80千克。

柑橘幼树施肥以环状沟施为主，在树冠外围挖一条20~40厘米宽、15~45厘米深的环状沟，然后将表土和基肥混合施入，以后施肥位置依次轮换。

第六节 荔枝科学施肥

荔枝是我国南方的特色水果，是色、香、味俱佳的优质水果。我国荔枝的主要产地为广东省、广西壮族自治区、福建省、台湾省和海南省，另外四川省、云南省、浙江省、贵州省等也有少量栽培。目前，我国荔枝栽培面积约有800万亩，总产量为200万吨左右。

一、荔枝树的需肥特点

1. 荔枝果实带走的养分量

不同品种荔枝果实带走的养分量是不同的，据有关研究资料，每 1000 千克果实的氮带走量在 1.35～2.29 千克，其中以桂味、淮枝和三月红最高；磷带走量在 0.28～0.90 千克，以桂味最高，其他品种差异不大；钾带走量为 2.08～2.94 千克，品种间的差异相对较少；钙和镁则以桂味带走量较高。

2. 荔枝树主要生长部位的养分动态变化

综合三月红、黑叶、白蜡、妃子笑和糯米糍等荔枝品种有关测定结果，荔枝树氮、磷、钾的含量在秋梢老熟期最高，在盛花期有较大幅度的下降，在幼果期氮、磷的含量有所回升而钾的含量有所下降，到果实成熟后期，氮、磷、钾的含量又显著下降。这表明在秋梢生长和花穗发育期间，必须加强对氮、磷、钾的补充，而在果实生长后期主要是加强磷和钾的供应。

（1）叶片 叶片中钙和硼的含量在采果后开始下降，至花穗发育初期降至最小值，以后从花穗发育中期逐步升高，到果实成熟期达最大值。叶片中镁的含量除采果后有所升高外，其余时期与钙和硼相同。叶片中锌的含量一般在结果梢生长期、开花坐果期和成熟期较高。

（2）果实 据邱燕平（2005）的研究结果，荔枝开花当天的子房氮、磷、钾的含量较高，其比例为 6.36∶1∶2.94，氮的含量最高，钾次之，磷较少；谢花后，由于开花消耗，幼果的氮、磷、钾的含量有所下降，授粉后 12 天和 22 天，幼果的氮的含量比磷高出一倍多，授粉后 30～50 天，氮、磷、钾的含量处于较低水平，授粉后 50 天达到最低；50 天后果肉迅速生长，氮、磷、钾的含量急剧上升，比 50 天时分别提高 44.4%、35.3% 和 61.5%，氮与钾的比例接近 1∶1，可见果实发育后期需要大量的钾。

果实的钙含量有 2 个高峰：一是雌花刚开至幼果子房分大小的时期，二是果肉迅速生长至成熟期。因此，在雌花开放前的花穗抽生期到果肉迅速生长期，应补充钙，防止裂果。

3. 荔枝树的需肥特点

荔枝树生长发育需要吸收 16 种必须营养元素，从土壤中吸收最多的是氮、磷、钾。据报道，每生产 1000 千克鲜荔枝果实，需从土壤中吸收氮（N）13.6～18.9 千克、磷（P_2O_5）3.18～4.94 千克、钾（K_2O）20.8～25.2 千克，其吸收比例为 1∶0.25∶1.42，由此可见，荔枝是喜钾果树。

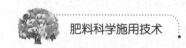

荔枝对养分吸收有2个高峰期：一是2~3月抽发花穗和春梢期，此时对氮的吸收最多，磷次之；二是5~6月果实迅速生长期，此时对氮的吸收达到高峰，对钾的吸收也逐渐增加，如果养分供应不足，易造成落花落果。

二、荔枝树缺素症的诊断与补救

要做好荔枝科学施肥，首先要了解荔枝树缺肥时的各种表现症状。荔枝生产中常见的缺素症主要是缺氮、缺磷、缺钾、缺钙、缺镁、缺硫、缺硼、缺锌等，各种缺素症状与补救措施可以参考表11-7。

表 11-7　荔枝树缺素症状与补救措施

营养元素	缺素症状	补救措施
氮	叶变小，老叶黄化，叶变薄，叶缘卷曲易脱落；根系变小，树势较弱，果实小	叶面喷施 0.5% 尿素溶液或硝酸铵溶液 2~3 次
磷	老叶叶尖和叶缘干枯，呈棕褐色，并向主脉发展；枝梢生长细弱，果汁少、酸度大	叶面喷施 1% 磷酸二氢钾溶液或磷酸铵溶液 2~3 次
钾	老叶叶片变为褐色，叶尖有枯斑，并沿叶缘发展，叶片易脱落；坐果少，果实甜度低	叶面喷施 0.5% ~1% 磷酸二氢钾溶液 2~3 次
钙	新叶叶片小，叶缘干枯、易折断，老叶较脆，枝梢顶端易枯死；根系发育不良，易折断；坐果少，果实耐储性差	叶面喷施 0.5% 硝酸钙溶液或螯合钙溶液 2~3 次
镁	老叶叶肉呈浅黄色，叶脉仍呈绿色，表现为鱼骨状失绿，叶片易脱落	叶面喷施 0.5% 硫酸镁溶液或硝酸镁溶液 2~3 次
硫	老熟叶片沿叶脉出现坏死，呈褐灰色，叶片质脆，易脱落	叶面喷施 0.5% 硫酸钾溶液或硫酸镁溶液 2~3 次
锌	顶端幼芽易长出簇生小叶，叶片呈青铜色，枝条下部叶片表现为叶脉间失绿，叶片小，果实小	叶面喷施 0.2% ~0.3% 硫酸锌溶液或螯合锌溶液 2~3 次
硼	生长点坏死，幼梢节间变短，叶脉坏死或木栓化，叶片厚、质脆；花粉发育不良，坐果少	叶面喷施 0.2% ~0.3% 硼砂溶液或硼酸溶液 2~3 次

三、荔枝科学施肥技术

借鉴 2011—2021 年农业农村部荔枝科学施肥指导意见和相关测土配方施肥技术研究资料、书籍，提出推荐施肥方法，供农民朋友参考。

1. 施肥原则

针对荔枝果园土壤酸化普遍，保肥保水能力差，镁、硼、锌、钙普遍缺乏，施肥量和肥料配比不合理，叶面肥滥用及针对性不强等问题，提出以下施肥原则：重视有机肥料施用，根据生育期施肥，合理搭配氮、磷、钾肥，视荔枝品种、长势、气候等因素调整施肥计划；土壤酸性较强果园，适量施用石灰、钙镁磷肥来调节土壤酸碱度和补充相应养分；采用适宜施肥方法，有针对性地施用中、微量元素肥料；施肥与其他管理措施相结合，如采用滴喷灌施肥、拖管淋灌施肥、施肥枪施肥料溶液等。

2. 施肥建议

（1）盛结果荔枝树（每株产 50 千克左右）　每株施有机肥料 10～20 千克、氮肥（N）0.75～1.0 千克、磷肥（P_2O_5）0.25～0.3 千克、钾肥（K_2O）0.8～1.1 千克、钙肥（CaO）0.35～0.50 千克、镁肥（MgO）0.10～0.15 千克。

（2）幼年未结果荔枝树或结果较少荔枝树　每株施有机肥料 5～10 千克、氮肥（N）0.4～0.6 千克、磷肥（P_2O_5）0.1～0.15 千克、钾肥（K_2O）0.3～0.5 千克、镁肥（MgO）0.1 千克。

（3）施肥时间　肥料分 6～8 次分别在采后（一梢一肥，施 2～3 次）、花前、谢花及果实发育期施用。视荔枝树体长势，可将花前肥和谢花肥合并施用，或将谢花肥和壮果肥合并施用。氮肥在上述 4 个生育期施用比例分别为 45%、10%、20% 和 35%，磷肥可在采后 1 次施入或分采后、花前 2 次施入，钾钙镁肥在上述 4 个生育期的施用比例为 30%、10%、20% 和 40%。在花期可喷施磷酸二氢钾溶液。

（4）缺素补救　缺硼和缺钼的果园，在花前、谢花及果实膨大期喷施 0.2% 硼砂溶液和 0.05% 钼酸铵溶液；在荔枝梢期喷施 0.2% 硫酸锌溶液或复合微量元素。对土壤 pH 小于 5 的果园，每亩施用石灰 100 千克；对土壤 pH 在 5 以上的果园，每亩施用石灰 40～60 千克，在冬季清园时施用。

第七节　香蕉科学施肥

香蕉是热带、亚热带的特产水果，具有产量高、投产快、风味独特、营养丰富、价值高、供应期长、综合利用范围广等特点。香蕉通常仅在南、北纬23°的区域有大规模种植，我国香蕉种植主要分布在广东省、广西壮族自治区、海南省、福建省、台湾省等，在云南省、四川省南部也有种植。

一、香蕉的需肥特点

香蕉为多年生常绿大型草本植物。若以中等产量（每亩产2000千克蕉果）计算，每亩香蕉约需从土壤中吸收氮（N）24千克、磷（P_2O_5）7千克、钾（K_2O）87千克，而香蕉1千克鲜物中含有氮（N）5.6克、磷（P_2O_5）1克、钾（K_2O）28.3克，三者的比例为1:0.2:5。可见，香蕉是非常喜钾的植物。

香蕉在营养生长期（18片大叶前），氮、磷、钾的吸收量占全生育期总吸收量的10.7%，吸收的比例为1:0.10:2.72；在孕蕾期（18~28片大叶），氮、磷、钾的吸收量占全生育期总吸收量的35.4%，吸收的比例为1:0.11:3.69；在果实发育成熟期，氮、磷、钾的吸收量占全生育期总吸收量的53.9%，吸收的比例为1:0.10:3.19。

香蕉对养分的需求随着叶期增大而增加，其中，18~40叶期生长发育的好坏对香蕉的产量与质量起决定性作用，是香蕉的重要施肥期。这个时期又可分为2个重要施肥期：一是营养生长中后期（18~29叶，春植蕉植后3~5个月，夏秋植蕉植后与宿根蕉出芽定笋后5~9个月），此期处于营养生长盛期，对养分要求十分强烈，反应最敏感。二是花芽分化期（30~40叶，春植蕉植后5~7个月，夏秋植蕉植后与宿根蕉出芽定笋后9~11个月），由抽大叶1~2片至形成短圆的葵扇叶，叶距由疏转密，抽叶速度转慢；假茎发育至最粗；球茎（蕉头）开始呈坛状；此期处于生殖生长的花芽分化过程，需要大量养分供幼穗生长发育，才能形成穗大果长的果穗。

二、香蕉缺素症的诊断与补救

要做好香蕉科学施肥，首先要了解香蕉缺肥时的各种表现症状。香蕉生产中常见的缺素症主要是缺氮、缺磷、缺钾、缺钙、缺镁、缺硫、缺铁、缺锰、缺硼、缺锌、缺铜等，各种缺素症状与补救措施可以参考表11-8。

表11-8 香蕉缺素症状与补救措施

营养元素	缺素症状	补救办法
氮	叶色浅绿而失去光泽，叶小而薄，新叶生长慢，茎干细弱；吸芽萌发少；果实细而短，果穗的梳数少，皮色暗，产量低	叶面喷施1%~2%尿素溶液2~3次
磷	老叶边缘会表现失绿状态，继而出现紫褐色斑点，后期会连片产生锯齿状的枯斑，导致叶片卷曲，叶柄易折断，幼叶呈深蓝绿色；吸芽抽身迟而弱，果实香味和甜味均差	叶面喷施0.5%~1%磷酸二氢钾溶液或1.5%过磷酸钙浸出液
钾	植株表现脆弱，易折；叶变小且展开缓慢，老叶出现橙黄色失绿，提早黄化，使植株保存青叶数少；抽蕾迟，果穗的梳数、果数较少，果实瘦小畸形、品质下降，不耐储运	叶面喷施1%~1.5%氯化钾溶液2~3次
钙	最初的症状表现在幼叶上，其侧脉变粗，且叶缘失绿，继而向中脉扩展，呈锯齿状叶斑。有的蕉园还表现出叶片变形或几乎没有叶片，即"穗状叶"	叶面喷施0.3%~0.5%的硝酸钙溶液3~4次
镁	叶片出现枯点，进而转为黄晕，但叶缘仍呈绿色，仅叶边缘与中脉两侧的叶片黄化，叶柄有紫斑，叶鞘与假茎分开，叶的寿命缩短，并影响果实发育	叶面喷施1%~2%硫酸镁溶液3~4次
硫	幼叶呈黄白色，随硫缺乏程度加深，叶缘出现坏死斑点，侧脉稍微变粗，有时出现没有叶片的叶。缺硫会抑制香蕉的生长，果穗长得很小或抽不出来	叶面喷施0.5%~1%硫酸盐溶液3~4次
铁	主要表现在幼叶上，最常见的症状是整个叶片失绿，呈黄白色，失绿程度在春季比夏季严重，干旱条件下更为明显。铁的过剩症状是叶边缘变黑，接着便坏死	喷施0.5%硫酸亚铁溶液3~4次

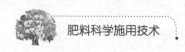
（续）

营养元素	缺素症状	补救办法
锌	叶片条带状失绿并有时坏死，但仍可抽正常叶；果穗小、呈水平状、不下垂，果指先端呈乳头状	叶面喷施 0.3% ~ 0.5% 硫酸锌溶液 3 ~ 4 次
锰	幼叶叶缘附近的叶脉间失绿，叶面有针头状的褐黑斑，第 2 ~ 4 叶条纹状失绿，主脉附近的叶脉间保持绿色；叶柄出现紫色斑块，叶片易出现旅人蕉式排列；果小，果肉呈黄色，果实表面有 1 ~ 6 毫米的深褐色至黑色斑点	叶面喷施 0.3% 硫酸锰溶液 2 ~ 3 次
硼	叶片失绿下垂，有时心叶不直，新叶主脉处出现交叉状失绿条带，叶片窄短；根系生长差、坏死，果心、果肉或果皮下出现琥珀色	叶面喷施 0.1% ~ 0.2% 硼砂溶液或硼酸溶液 2 ~ 3 次
铜	植株所有叶片上出现均匀一致的灰白色，症状与氮的缺乏相似，氮叶柄不出现粉红色，柄脉弯曲，使整株呈伞状。植株易感真菌和病毒	叶面喷施 0.2% ~ 0.3% 硫酸铜溶液 3 ~ 4 次

三、香蕉科学施肥技术

借鉴 2011—2021 年农业农村部香蕉科学施肥指导意见和相关测土配方施肥技术研究资料、书籍，提出推荐施肥方法，供农民朋友参考。

1. 施肥原则

针对香蕉生产中普遍忽视有机肥料施用和土壤培肥，钙、镁、硼等中、微量元素缺乏，施肥总量不足及过量现象同时存在，重施钾肥但时间偏迟等问题，提出施肥要依据"合理分配肥料、重点时期重点施用"的原则；氮、磷、钾肥配合施用，根据生长时期合理分配肥料，花芽分化期后加大肥料用量，注重钾肥施用，增加钙肥和镁肥，补充缺乏的微量元素；施肥配合灌溉，有条件地方采用水肥一体化技术；整地时增施石灰调节土壤酸碱度，同时补充土壤钙营养及杀灭有害菌。

2. 施肥建议

（1）施肥量建议 产量水平为5000千克/亩以上的蕉园，视有机肥料的种类决定用量，传统有机肥料用量为 1000 ~ 3000 千克/亩，腐熟禽畜粪的用量不超过 1000 千克/亩，推荐施用氮肥（N）45~55 千克/亩、磷肥（P_2O_5）15~20 千克/亩、钾肥（K_2O）70~90 千克/亩；产量水平为 3000~5000 千克/亩的蕉园，传统有机肥料的用量为 1000~2000 千克/亩，腐熟禽畜粪用量不超过 1000 千克/亩，推荐施用氮肥（N）30~45 千克/亩、磷肥（P_2O_5）8~12 千克/亩、钾肥（K_2O）50~70 千克/亩；产量水平为 3000 千克/亩以下的蕉园，传统有机肥料的用量为 1000~1500 千克/亩，腐熟禽畜粪的用量不超过 1000 千克/亩，推荐施用氮肥（N）18~25 千克/亩、磷肥（P_2O_5）6~8 千克/亩、钾肥（K_2O）30~45 千克/亩。

（2）缺素补救　根据土壤酸度，定植前每亩施用石灰 40~80 千克、硫酸镁 25~30 千克，与有机肥料混匀后施用；缺硼、锌的果园，每亩施用硼砂 0.3~0.5 千克、七水硫酸锌 0.8~1.0 千克。

（3）施肥时期　香蕉苗定植成活后至花芽分化前，施入约占总肥料量 20% 的氮肥、50% 的磷肥和 20% 的钾肥；在花芽分化期前至抽蕾前施入约占总施肥量 45% 的氮肥、30% 的磷肥和 50% 的钾肥；在抽蕾后施入 35% 氮肥、20% 磷肥和 30% 钾肥。前期可施水溶性肥料或撒施固体肥，从花芽分化期开始宜沟施或穴施，共施肥 7~10 次。

第八节　草莓科学施肥

草莓是蔷薇科的常绿多年生草本植物，在园艺学上属于浆果类。草莓具有结果最快、成熟最早、繁殖最易、周期最短、病虫最少、管理方便等特点，一般栽培后数月即有产量。草莓的气候适应性广，我国各省、自治区、直辖市均有栽培，产区主要分布在北到辽宁省、南至浙江省等中东部地区，其中栽培最为集中的产地有辽宁省丹东市、河北省保定市满城区、山东省烟台市、江苏省句容市、上海市青浦区和奉贤区、浙江省建德市等。

一、草莓的需肥特点

1. 草莓对养分的需求

草莓对养分的需求与木本果树相比较有明显的差异，其中对氮、磷、钾、钙、镁的需要量较多，而对铁、锌、锰、铜、硼、钼等微量元素的需要量较少；对氮、磷、钾的需求，以钾最多，氮次之，磷较少。据研究，每生产 1000 千克草莓果实需从土壤中吸收氮（N）6~10 千克、磷

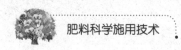

（P_2O_5）2.5~4千克、钾（K_2O）9~13千克，氮、磷、钾的吸收比例为1:（0.34~0.40）:（1.34~1.38）。

2. 草莓生长期吸收养分的动态变化

露地栽培草莓随着气温变化有一个明显的休眠期，其吸肥大体上可分为5个阶段。第一阶段是植株定植后至完成自然休眠为止。在此期近4个月的生长中，由于植株休眠因而对养分吸收相对较少。根据对植株干物质的分析结果，此期氮、磷、钾的吸收比例为1:0.34:0.3，以氮的吸收量最高。第二阶段是自然休眠解除后到植株现蕾期。随着温度的升高，植株开始较为旺盛的生长，养分吸收较前一阶段有所增加，此期氮、磷、钾的吸收比例为1:0.26:0.65。第三阶段是随着气温与土温的升高，植株进入旺盛生长期。开花、坐果均在这一时期，吸收和消耗的养分达到高峰。这一阶段氮、磷、钾三元素的吸收比例为1:0.28:0.93，钾的吸收量几乎与氮的吸收量相当。第四阶段是随着果实的膨大与成熟，草莓植株在吸肥上表现为氮的吸收速度明显降低，磷、钾的吸收量增加。氮、磷、钾三元素的比例为1:0.37:1.72，钾的吸收量达到高峰，可能与果实膨大及成熟对钾元素的大量需求有关。第五阶段是采果后，结果造成植株大量消耗营养，需要壮苗，同时大量抽生匍匐茎也需吸收营养，因此要及时补充氮肥和少量磷钾肥。

二、草莓缺素症的诊断与补救

要做好草莓科学施肥，首先要了解草莓缺肥时的各种表现症状。草莓生产中常见的缺素症状主要是缺氮、缺磷、缺钾、缺钙、缺镁、缺铁、缺硼、缺锌、缺铜等，各种缺素症状与补救措施可以参考表11-9。

表11-9　草莓缺素症状与补救措施

营养元素	缺素症状	补救措施
氮	叶片逐渐由绿色变为浅绿色或黄色，局部焦枯而且比正常叶片略小；老叶的叶柄和花萼呈微红色，叶色较浅或呈锯齿状亮红色	叶面喷施0.3%~0.5%尿素溶液或硝酸铵溶液2~3次
磷	植株生长发育不良，叶、花、果变小，叶片呈青铜色至暗绿色，近叶缘处出现紫褐色斑点	叶面喷施0.1%~2%磷酸二氢钾溶液或1%过磷酸钙浸出液2~3次

（续）

营养元素	缺素症状	补救措施
钾	小叶的中脉周围呈青铜色，叶缘呈灼伤状或坏死，叶柄变为紫色，随后坏死；老叶的叶脉间出现褐色小斑点；果实颜色浅、味道差	叶面喷施0.3%～0.5%硫酸钾溶液2～3次
钙	症状多出现在开花前现蕾时，新叶端部及叶缘变为褐色、呈灼伤状或干枯，叶脉间失绿变脆，小叶展开后不能正常生长；根系短、不发达，易产生硬果	叶面喷施1%硝酸钙溶液或0.3%氯化钙溶液2～3次
镁	最初上部叶片的边缘黄化和变为褐色、焦枯，进而叶脉间失绿并出现暗褐色斑点，部分斑点发展为坏死斑；焦枯加重时，基部叶片呈浅绿色并肿起，焦枯现象随着叶龄的增长和缺镁程度的加重而加重	叶面喷施0.1%～0.2%硫酸镁溶液或硝酸镁溶液2～3次
铁	幼叶黄化、失绿，开始时叶脉仍为绿色，叶脉间变为黄白色。严重时，新长出的小叶变白，叶片边缘坏死或小叶黄化	叶面喷施0.3%～0.5%硫酸亚铁溶液2～3次
锌	老叶变窄，特别是基部叶片缺锌越重，窄叶部分越长。严重缺锌时，新叶黄化，叶脉微红，叶片边缘呈明显的锯齿形	叶面喷施0.2%～0.3%硫酸锌溶液或螯合锌溶液2～3次
硼	叶片短缩呈环状、畸形、有皱纹，叶缘呈褐色；老叶叶脉间失绿，叶上卷；匍匐茎生长很慢，根少；花小，授粉和结实率低，果实畸形或呈瘤状，果小种子多，果品质量差	叶面喷施0.01%～0.02%硼砂溶液或硼酸溶液2～3次
铜	新叶的叶脉间失绿，出现花白斑	叶面喷施0.1%～0.2%硫酸铜溶液2～3次
钼	叶片的颜色均匀地转为浅绿色，随着缺钼程度的加重，叶片上出现焦枯、叶缘卷曲现象	叶面喷施0.01%～0.03%钼酸铵溶液或钼酸钠溶液2～3次

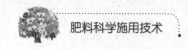

三、草莓科学施肥技术

借鉴 2011—2021 年农业农村部设施草莓科学施肥指导意见和相关测土配方施肥技术研究资料、书籍，提出设施草莓科学施肥方法，供农民朋友参考。

1. 施肥原则

针对草莓生长期短、需肥量大、耐盐力较低和病虫害较严重等问题，提出以下施肥原则：重视有机肥料施用，施用优质有机肥料，减少土壤病虫害；根据不同生育期合理搭配氮、磷、钾肥，视草莓品种、长势等因素调整施肥计划；采用适宜的施肥方法，有针对性的施用中、微量元素肥料；施肥与其他管理措施相结合，有条件的可采用水肥一体化种植模式，遵循少量多次的灌溉施肥原则。

2. 施肥建议

（1）施肥量建议 产量水平为 2000 千克/亩以上的草莓园，推荐施用氮肥（N）18～20 千克/亩、磷肥（P_2O_5）10～12 千克/亩、钾肥（K_2O）15～20 千克/亩；产量水平为 1500～2000 千克/亩的草莓园，推荐施用氮肥（N）15～18 千克/亩、磷肥（P_2O_5）8～10 千克/亩、钾肥（K_2O）12～15 千克/亩；产量水平为 1500 千克/亩以下的草莓园，推荐施用氮肥（N）13～16 千克/亩、磷肥（P_2O_5）5～8 千克/亩、钾肥（K_2O）10～12 千克/亩。

（2）施肥时期 常规施肥模式下，化肥分 3～4 次施用。底肥施用量占总施肥量的 20%，追肥分别在苗期、初花期和采果期施用，施肥量分别占总施肥量的 20%、30%、30%。采用水肥一体化施肥模式的田块，在基施优质腐熟有机肥料 1500～2500 千克/亩的基础上，现蕾期第一次追肥（N：P_2O_5：K_2O = 1：5：1），着重追施磷肥，每 10 天随水灌施 2～3 千克/亩；开花后第二次追肥（N：P_2O_5：K_2O = 1：5：1），每 10 天随水灌施 2～3 千克/亩；果实膨大期第三次追肥（N：P_2O_5：K_2O = 2：1：6），着重追施钾肥，每 10 天随水灌施 2～3 千克/亩。每次施肥前先灌水 20 分钟再施肥，施肥结束后再灌水 30 分钟，防治滴灌堵塞。

（3）缺素补救 土壤缺锌、硼和钙的果园，相应施用硫酸锌 0.5～1 千克/亩、硼砂 0.5～1 千克/亩、叶面喷施 0.3% 氯化钙溶液 2～3 次。

参 考 文 献

［1］崔德杰，金圣爱. 安全科学施肥实用技术［M］. 北京：化学工业出版社，2012.

［2］崔德杰，杜志勇. 新型肥料及其应用技术［M］. 北京：化学工业出版社，2017.

［3］陈清，陈宏坤. 水溶性肥料生产与施用［M］. 北京：中国农业出版社，2016.

［4］鲁剑巍，曹卫东. 肥料使用技术手册［M］. 北京：金盾出版社，2010.

［5］马国瑞，侯勇. 肥料使用技术手册［M］. 北京：中国农业出版社，2012.

［6］宋志伟，王阳. 土壤肥料［M］. 4 版. 北京：中国农业出版社，2015.

［7］宋志伟，武金果. 肥料配方师［M］. 北京：中国农业出版社，2015.

［8］宋志伟，杨首乐. 无公害经济作物配方施肥［M］. 北京：化学工业出版社，2017.

［9］宋志伟，杨净云. 无公害果树配方施肥［M］. 北京：化学工业出版社，2017.

［10］宋志伟，杨首乐. 无公害露地蔬菜配方施肥［M］. 北京：化学工业出版社，2017.

［11］宋志伟，杨首乐. 无公害设施蔬菜配方施肥［M］. 北京：化学工业出版社，2017.

［12］宋志伟，等. 粮经作物测土配方与营养套餐施肥技术［M］. 北京：中国农业出版社，2016.

［13］宋志伟，等. 果树测土配方与营养套餐施肥技术［M］. 北京：中国农业出版社，2016.

［14］宋志伟，等. 蔬菜测土配方与营养套餐施肥技术［M］. 北京：中国农业出版社，2016.

［15］宋志伟，等. 设施蔬菜测土配方与营养套餐施肥技术［M］. 北京：中国农业出版社，2017.

［16］宋志伟，等. 农业节肥节药技术［M］. 北京：中国农业出版社，2017.

［17］涂仕华. 常用肥料使用手册（修订版）［M］. 成都：四川科学技术出版社，2014.

［18］武翻江，李城德，蒋春明. 肥料质量安全知识问答［M］. 北京：中国计量出版社，2010.

［19］奚振邦，黄培钊，段继贤. 现代化学肥料学（增订版）［M］. 2 版. 北京：

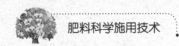

中国农业出版社，2013.

［20］赵秉强，等. 新型肥料［M］. 北京：科学出版社，2013.

［21］张洪昌，段继贤，廖洪. 肥料应用手册［M］. 北京：中国农业出版社，2011.

［22］张洪昌，段继贤，赵春山. 肥料安全施用技术指南［M］. 2 版. 北京：中国农业出版社，2014.

［23］黄照愿. 科学施肥［M］. 4 版. 北京：金盾出版社，2015.

［24］高祥照，申眺，郑义，等. 肥料实用手册［M］. 北京：中国农业出版社，2002.

［25］姚素梅. 肥料高效施用技术［M］. 北京：化学工业出版社，2014.